QUANTITATIVE ANALYSIS IN
URBAN PLANNING AND PRACTICES IN
WUHAN

城市规划量化分析研究
与武汉实践

武 汉 市 规 划 研 究 院　著
陈韦　丘永东　胡冬冬　望开磊　张古月

中国建筑工业出版社

图书在版编目（CIP）数据

城市规划量化分析研究与武汉实践 =QUANTITATIVE
ANALYSIS IN URBAN PLANNING AND PRACTICES IN
WUHAN / 陈韦等著 . -- 北京：中国建筑工业出版社，2020.12
ISBN 978-7-112-25727-0

Ⅰ.①城… Ⅱ.①陈… Ⅲ.①城市规划 – 研究 – 武汉
Ⅳ.① TU984.263.1

中国版本图书馆 CIP 数据核字 (2020) 第 247354 号

责任编辑：刘　丹
责任校对：张　颖
书籍设计：龙丹彤

QUANTITATIVE ANALYSIS IN
URBAN PLANNING AND PRACTICES IN
WUHAN

城市规划量化分析研究
与武汉实践

*

武 汉 市 规 划 研 究 院　著
陈韦 丘永东 胡冬冬 望开磊 张古月

中国建筑工业出版社　出版、发行（北京海淀三里河路 9 号）

各地新华书店、建筑书店经销

北京富诚彩色印刷有限公司印刷

*

开本：880 毫米 ×1230 毫米　1/16　印张：14　字数：405 千字
2021 年 8 月第一版　2021 年 8 月第一次印刷
定价：178.00 元
ISBN 978-7-112-25727-0
　　　（36746）

本书编委会

编　委：

陈　韦　丘永东　胡冬冬　望开磊　张古月

主要编写人员：

胡冬冬　望开磊　张古月　王　磊　黄晓芳

吕维娟　严　飞　闵　雷　周星宇　余　帆

徐　放　吴　思　吴　啸　周　勃　吴　坤

张　帆　杨　静　方　可　王　鼎　钱　昆

陆成杰　朱芳芳　靳小飞　游志康　罗　成

段吕晗　石　义　郑　玥　栾一博

　　城市作为开放的复杂巨系统，其发展和运行过程中包含着大量微观个体间多层次、不确定、动态的随机交互及作用影响。面对城市系统的复杂性与不确定性，科学化地系统分析和数据化地计量研究在城市规划领域逐渐占据越来越重要的地位。特别是在当今，信息化技术将世界推向了一个无处不计量的时代，普适计算和社交媒体使城市的物理环境和社会环境都可以进行精确地计量，与此同时，我国城市规划也正逐渐向精细化编制与管理转型，如何创新并运用量化分析技术进一步强化城市规划的理性内核，支撑理论发展和实践工作，对于城市规划工作者来说，始终是一个极富时代性、动态性的永恒课题。

　　纵观城市科学的发展历程，城市规划量化分析是伴随着经济学、计量地理学、计算机科学等相关学科的发展而不断发展的。早期的城市规划量化始于20世纪初期，至20世纪50年代形成了量化模型发展的初级阶段，这一阶段一些学者在城市形态与结构角度建立了如同心圆模式、中心地理论等城市量化模型。20世纪50年代末，计算机的出现和推广为城市计量模型研究带来了第一次高潮，以劳瑞模型和阿隆索地租模型为代表的空间交互模型以及"土地与交通"交互模型被引入城市规划领域。随后，由空间经济学与LUTI模型框架的结合产生了MEPLAN模型和TRANUS模型为代表的一类空间均衡模型，但至此应用于规划实践层面的城市模型仍以静态模型为主。自20世纪90年代开始，计算机硬件技术的进步、人工智能等相关领域的发展以及地理信息系统的日益成熟推动了元胞自动机模型等城市动态模型的发展，城市规划量化模型发展开始了第二轮高潮。21世纪初至今，随着信息网络技术的不断提高和大数据时代的到来，城市规划量化分析进入了第三轮黄金发展期，各类量化模型逐渐向高精度的、自下而上的微观模型发展，并逐渐与宏观模型互相融合构成一个综合的城市模型体系。

　　历经数十年的发展，城市规划量化分析作为一种以事实为基础，以数据为支撑的城市规划决策技术，经历了由单一有限数据归纳向多源海量数据分析、宏观整体模型向微观离散模型、二维静态表达向三维实时动态模拟的转变。而未来，在中国城市发展向集约化、定量化和科学化方向转变的宏观背景下，城市规划量化分析必然将逐步走向定制化、综合化和应用化，并在城市研究与实践领域发挥愈加重要的支撑作用。

　　本书在新信息技术形成和城市规划量化进入新一轮黄金发展期的历史大背景下，从服务新时期规划编制与实践的视角出发，遵循由深层结构到显相形态，由理论框架到实践应用，由宏观到微观的逻辑思路，对城市规划量化分析的理论与技术方法进行系统的论述和规律性总结，构建并阐述了理论框架，开展了基于多学科综合的城市规划量化实践探索。全书共分为八章，力求站在学科发展的前沿为读者提供一个系统和综合的城市规划量化研究体系。其中，第一章概述了城市规划量化分析的内涵特点，研究了其发展趋势，并提出"以数据为基础、以模型为方法，以平台为支撑"的理论框架。这一理论框架很有实用意义，它为以下章节的具体介绍和分析奠定了概念基础。第二章、第三章、第四章是理论框架的展开，分别从数据、模型、平台三大关键要素的层面阐述了相应的内容体系与应用方向，并探讨了其未来的发展趋势。第五章、第六章、第七章、第八章则为规划应用实践，以大量的资料和图件从宏观、中观、微观三个层面详细介绍了武汉市在人口、产业、土地、交通、街道等方面的规划量化实践案例与武汉市规划量化分析平台的功能特色，是对城市规划量化研究所作的一个有益探索。

本书重要的学术价值或理论贡献是作者在多元多方位因素作用下，在大量的城市规划量化应用实际工作中，概括、提炼的城市规划量化研究的理论框架体系。再者，本书是建立在武汉市近年来所作研究的大量第一手资料、数据之上的，其中很大部分的研究已经或正在应用于项目实施，在某种意义上形成了自身的资料库，同时也具有借鉴意义和启示作用。

城市研究本身即是一个十分复杂的命题，而致力于以数据化来科学客观地探究城市内生规律与发展轨迹的城市规划量化研究更是需要相关前沿学科、边缘学科和综合学科的共同推动，需要相关规划工作者和学者们孜孜不倦的努力。本书在运用城市规划量化技术不断实践的基础上，进一步丰富了当今城市规划量化理论，从而能够更好地创新规划技术方法，能够更好地辅助规划实践工作，也希望本书能被更多的读者所喜爱。

CONTENTS

目录

第一章
城市规划量化分析概述

　　城市系统的复杂性与不确定性始终是政府决策部门和城市研究者在科学规划与管理过程中需要应对的主要挑战。纵观城市科学的发展史，其经历了对于城市现象的记录、描述、归纳和总结，以及基于系统观点对于城市的发展引导，这一历程也是城市研究从定性到定量发展的过程。随着大数据时代的到来和国土空间规划体系的建立，城市规划量化分析既有日趋成熟的技术支撑，也有现实的发展需求。本章节首先界定了城市规划量化分析的内涵，梳理了其发展历程和发展趋势，再重点把握关键要素，建构城市规划量化分析的"数据—模型—平台"的理论和框架体系，最后形成针对各结构要素的分析研究基础。

1.1 城市规划量化分析的内涵界定

1.1.1 城市规划量化分析的涵义

城市规划的内核是方法与技术，规划方法与技术具体可以分为定性和定量两种类型，定量分析方法与技术是本书所讨论的对象。

关于城市规划量化分析的涵义，国内外相关领域学者对其进行了归纳梳理并提出了一些观点。Friedmann（1996）认为，城市规划定量方法是指基于一定的理论基础，采用多种数据和技术方法，针对城市发展规律探究、城市问题诊断、发展政策评估、解决方案制定等环节进行的一种科学辅助手段。牛强（2017）认为它旨在对各类规划要素的数量特征、数量关系与数量变化进行细致研究，是定性分析的有力补充，加深了对城市的认识，提高了成果的科学性和有效性，便利了实施的定量管理与评价。龙瀛（2019）认为，城市规划领域的数据定量研究与应用是指在一定的理论基础之上，采用各种数据和技术方法探索城市发展的一般规律，并模拟城市运行、评估发展政策、诊断城市问题、寻求解决方案的科学研究方法，可应用于支持城市规划现状分析、方案编制与方案评估等各个阶段。

随着我国空间规划体制和机制的改革，原有的以城乡规划为重心的空间规划正在转向经济社会发展规划、城乡规划、国土规划等多领域结合的综合性空间规划。新形势下的空间规划工作对于城市规划量化分析方法与技术提出了更新、更高的要求。本书认为，在以空间资源的合理保护和有效利用为核心的空间规划体系下，城市规划量化分析应当是基于普适性的空间发展理论，在不同的空间层次下，使用空间要素数据，以空间资源保护、空间要素统筹、空间结构优化、空间效率提升、空间权利公平等作为实践着力点，落实辅助规划编制、实施、评估、管理、监督的方法与技术手段。

1.1.2 城市规划量化分析的作用

城市规划量化分析是基于城市数据收集、数据处理、数据描述、数据分析等一系列技术方法，对现象进行客观、直观、全面的分析，并将分析结果提供给政府决策部门、规划设计单位、个人（行业专家、规划设计师、居民等），为相应的决策制定、方案设计、行为选择提供服务决策支持的手段。在规划体系的架构下，城市规划量化分析有以下几种主要作用。

（一）提高城市规划的科学性和可靠性

科学性是评判事物是否符合客观情况的重要标准，量化分析是一个学科（尤其是基于大量实践经验形成的工程类学科）提高科学性的有效途径，可以扭转城市规划领域单一的经验实证主义的状况。具体作用包括：提高规划视角的理性和客观性、提高规划过程的逻辑性和系统性，提高规划结果的科学性和确定性。基于计算机平台的城市规划量化分析还能大大提升规划分析过程的效率，缩短规划分析的周期，节省规划编制的时间成本与人力资源成本，这是传统方法难以比拟的。

在规划理论和方法的科学性基础上，量化分析可提高规划成果的可靠性，保证规划实施的效用。与定性分析不同，定量分析的特点是分析的过程和结论都基于数字化数据（包括可量化的空间属性数据）。如果量化分析的数据可靠、方法设计科学合理，分析过程中减少不必要的人工干预，则分析结论的可靠性通常是高于定性分析的。相比于定性分析的结论，量化分析结果的精准性、数据所反映的维度、数据呈现形式等均具有明显优势。不过需要注意的是，并不是所有的规划分析问题均需依赖定量分析，应当根据实际情况合理选择或结合使用，从而避免一味追求量化结果造成盲目分析的情况。

（二）提高城市规划的可理解性和可比较性

量化分析可将城市发展的各个因素用指标进行度量，将晦涩的规划语言，如城市形态、城市结构、交通可达性、居民职住分离度、生态敏感性、幸福指数等转换为指标或图示展示，使得公众和决策者能充分理解规划成果，提高公众参与度，便于规划者进行科学决策。可以说，城市规划量化分析技术打通了规划管理和公众参与之间的壁垒。

此外，基于定量测度城市发展现状、运用指标量化不同的规划方案、定量预测规划实施的效果及对城市发展的影响等方面的量化分析，可以使规划现状和实施效果之间、规划方案之间更具可比性。现行的国土空间规划体系将原属于不同部门与领域的国民经济发展规划、城乡规划、国土规划、海洋规划、生态保护规划等内容进行了整合，从而产生了"多规融合"的现实需要。对此，城市规划量化分析常用的 GIS 空间数据库保证了这一现实需要的可操作性。

（三）提高对城市空间和规划行为的认知与理解

在研究层面，规划定量分析建立在对城市空间各个要素相互作用和影响的理性认知和分析基础之上，定量方法研究实质上是对城乡空间和空间规划工作的深度研究。在应用层面，城市规划量化分析同时又能反映城市这个复杂系统的运作状态和运作规律，这些应用会促进人们对城市空间和空间规划工作的认知。

随着区域一体化发展需求的不断涌现，越来越多的空间规划已经不仅仅局限于一个城市，而是逐步地向城市群、大都市区、经济区等空间范畴拓展。各地经济社会发展背景、自然条件等特征的差异给不同领域（例如产业经济协调发展、生态环境共保共治、生态网络构建、交通一体化、市政基础设施统筹、历史文化资源保护、区域旅游体系建设等）之间的协同带来挑战。城市规划量化分析既有助于认识这种复杂空间系统，同时也有助于更深入地理解区域协同规划工作的逻辑。

1.1.3 城市规划量化分析的内容

按照一般的规划流程，城市规划量化分析的内容按照步骤可以分为现状测评和监督预警、发展预测和研判、规划决策和影响分析、规划实施绩效分析等。

（一）现状测评和监督预警

对城市现状进行测评是准确编制相关政策和规划的前提和基础，也是一切城市研究的前置程序。这一阶段的主要工作内容是分析城市现状问题、了解城市变化情况、准确判断城市发展方向，从而剖析城市发展动力机制，进而通过开展城市各方面的动态监测与评估，探索城市发展的客观规律。现状测评和监督预警工作通常包括城市人居环境质量评价、人口分布的集散程度、土地利用潜力评估等。

（二）发展预测和研判

发展预测和研判是基于现状基础，对特定地区的未来发展态势作出的整体性判断，其主要工作内容是基于现有发展条件、特定规划或政策情景来预测和模拟城市未来的改变情况，通常包括城市综合竞争力评价、城市化水平预测、交通客流量预测、城市地价预测等。

（三）规划决策和影响分析

规划决策和影响分析是对规划方案及其实施影响进行评估，对方案进行比选和决策。主要工作内容是对多个规划方案进行模拟和比选，对城市未来规划选择的影响进行评估，并根据相应的模拟结果做出判断与取舍，从而辅助规划决策，通常包括城市系统建模与分析、决策支持系统应用环境因素评估、城市空间利用影响评估、容积率扩容影响、城市规划实施评价、建设项目交通影响评估、用地布局优化效应评估、土地价格影响评估等。

（四）规划实施绩效分析

规划实施绩效分析为规划过程提供了一个有效的评判和反馈机制，是促进动态规划的重要途径。主要工作内容是客观评价规划实施后城市发生的变化，通常包括成本收益分析、投入绩效分析等。

1.2 城市规划量化分析的发展历程

城市规划量化分析是伴随着城市规划理论研究和计算机科学、经济学、计量地理学等相关学科的发展而不断发展的。尤其是计算机的出现和推广、信息技术和网络技术的发展带来了 20 世纪 60~70 年代和当前时期的两次城市规划量化分析发展高潮。总体上，城市规划量化分析的发展历程大致可以分为准备期、起步期、成熟期和爆发期四个阶段。

1.2.1　准备期：20 世纪初至 20 世纪中期

城市规划量化分析始于 20 世纪初，直至 20 世纪中期才度过了城市模型发展的初级阶段。当时的学者尝试在城市形态与结构角度建立城市模型，如伯吉斯提出的城市土地利用的同心圆模式（Concentric Ring Model）、克里斯塔勒提出的中心地理论（Central Place Theory）、霍伊特提出的土地利用扇形理论（Sector Model），以及哈里斯和厄尔曼提出的多核心土地利用模式（Multiple Nuclei Model）等（刘伦等，2014）。

由于这一时期计算机还未出现，相应的空间定量化分析与计算还难以大规模、高效率地实现，因此这一阶段的发展可以视为城市规划量化分析的准备期。这一阶段相关研究的主要特点是受到客观条件的限制，比较重视理论研究，实践深度较浅。

1.2.2　起步期：20 世纪中期至 20 世纪末

20 世纪中期，电子计算机的出现给城市规划量化分析带来了机遇，也标志着城市规划量化分析起步期的到来。这一时期的研究机构与学者主要集中在美国和英国的高校，例如宾夕法尼亚大学（第一台电子计算机的诞生地）、剑桥大学、利兹大学等。在这一阶段中，20 世纪 60~70 年代被普遍视为是城市模型研究的第一次黄金期与高潮期（刘伦等，2014）。这一阶段出现的城市模型以静态模型为主，包括空间交互（Spatial Interaction）模型、土地使用与交通环境交互（LUTI）模型、空间均衡模型（Spatial Equilibrium Models）等，主要应用于交通模拟、土地利用模拟、城市发展政策评估等。

这一时期的城市规划量化分析方法与技术的主要特点是：模型设计一定程度上考虑了经济、社会、空间等多重因素，具有一定的复杂性，但这一阶段的模型普遍实用性不强。究其原因，一是模型对于城市问题的描述仍处于简单概括水平，二是模型对于行为主体（即行为人）的复杂性考虑不够深入，三是模型对于城市发展机制与规律的理解不足。因此，这一时期的城市规划量化分析方法与技术的发展仍处于起步期。

1.2.3　成熟期：20 世纪末至 21 世纪初

20 世纪末，随着计算机硬件技术的加速发展以及国际互联网、地理信息系统等技术的出现与不断完善，城市规划量化分析也进入了成熟期。在这一阶段，出现了元胞自动机（Cellular Automata）模型、代理人基模型（Agent-based Modelling，ABM）、土地开发模型（Land Development Model）等城市规划量化分析方法与技术。与前一阶段静态模型为主的情况不同，这一阶段的城市模型多属于动态模型。这一阶段的研究机构和学者已经开始从英美等西方国家逐渐的扩散到中国、日本等国家和地区的高校和科研机构。

这一时期的城市规划量化分析出现了一些新的特点：（1）实用性提升，与实际规划结合更加深入；（2）重视政策对于空间发展的重要性；（3）分析模型日益专业化，并且重视不同模型的综合利用；（4）GIS技术的支撑作用日益显现，GIS平台成了规划师量化分析的重要工具。

1.2.4　爆发期：2010年左右至今

随着大数据、机器学习等新技术的出现、突破和应用的不断加深，空间规划领域对于量化分析的需求日益提升，具备一定量化分析能力的规划复合型人才越来越多，大致从2010年开始，城市规划量化分析进入了技术发展与应用的爆发期，并持续至今。这一时期的学者对于量化数据在规划分析中的作用也有更加理性和体系化的思考（龙瀛等，2015；曹哲静等，2017）。

国外学者首先注意到了手机信令、社交网站产生的用户大数据对于空间定量研究的重要价值，探索了使用大数据模拟行为特征与空间分布的方法，并基于空间分析结果证实了用户大数据用于空间定量研究的适用性（Krisp，2010；Becker，et al.，2011；Sagl，et al.，2014；Manfredini，et al.，2014）。我国学者也紧跟这一研究热点，在利用手机信令等大数据进行城市空间结构特征模拟、城市通勤空间关系模拟、城市群城镇体系结构识别、建成环境的评价等方面进行了具有重要意义的探索（钮心毅等，2014；丁亮等，2015，2017；王垚等，2018；谢栋灿等，2018）。这一时期的研究更加注重对于人的行为模式的深入研究，例如基于行为偏好的环境改善研究（刘珺等，2017）、商业街中人的行为流线模拟（朱玮等，2008）、大型活动中人在空间中的路径选择的模拟（朱玮等，2019）等。

本阶段的城市规划量化分析的主要特点有：（1）区别于传统数据，大数据的最小构成单元通常是直接产生数据的个体，例如手机信令数据的个体就是手机用户本身。因此，基于大数据的研究更加重视"自下而上"的研究。（2）更加重视"以人为本"的研究，一方面更多地把研究视角聚焦于人的行为模式；另一方面重视人的基本诉求，例如王兰等（2018）开始关注以健康为导向的城市设计方法。（3）大数据、机器学习、传统城市模型的综合应用趋势开始显现。

1.3　城市规划量化分析的发展趋势

1.3.1　研究理念的演变

（一）从基于土地的空间视角到基于个体的行为视角

以往的城市规划量化分析通常是以空间为基本单元，譬如土地使用规划支持决策系统就是以土地作为分析的基本对象。随着数据来源的丰富，基于人类个体行为数据（譬如网络行为习惯、GPS定位、刷卡数据等）的获取成了现实。通过对这些数据的分析，可以获得居民的行为特征和规律，还能得到居民对于城市建成环境的感受与反应。例如：利用微博签到数据和文字信息数据分析大众的情感变化，利用社交网络图片数据分析居民对于城市空间的认知意向，利用手机信令数据模拟居民在空间移动上的日常行为习惯等。

（二）从"自上而下"的宏观视角到"自下而上"的微观视角

以往的城市规划量化分析多是以"自上而下"的宏观视角建立模型，如多准则用地评价模型。随着规划理念的变迁、规划分析模型方法的演化、计算机运算能力的提升，城市规划量化分析越来越重视"自下而上"

的视角与理念,如元胞自动机模型。另外,一些综合性的分析模型越来越多地是"自上而下"的视角与"自下而上"的视角的结合,例如北京城市空间发展分析模型(龙瀛等,2010)。

(三)从普适性问题建模到专项问题建模

传统的城市战略规划、城市总体规划等宏观规划关注的重点是城市的总体发展方向,因此早期的城市量化分析模型多关注城市在空间布局上的发展方向,通过计算机模拟发展结果。这种普适性的规划决策支持对于把握城市的总体发展方向有一定意义,但是对于具体问题的把握与解决的作用则较为有限。随着城市量化分析模型的发展与积累,越来越多的专用模型可以针对城市发展中的特定问题或城市特定发展阶段进行分析,实现模型的精细化发展,例如英国卡迪夫大学开发的 sDNA 分析模型就专门用于分析城市道路各路段在路网中的中心性。

1.3.2 数据基础的演变

(一)从调查数据到个体数据

传统的规划定量分析方法的数据来源通常是调查获得的数据,这种数据一般是在某一个维度或者多个维度针对一定空间范围的事物进行调查得到的,如地形、人口统计、经济普查等。这一类数据的优点是数据量可控,调查精度可控,缺点是数据获取的成本较高。随着技术的发展,譬如手机信令、社交网络行为、传感数据等基于个体的数据也能够获取并运用到城市规划量化分析研究中来。这类数据的优点是数据量大、精度高,甚至可以精确了解个体行为,缺点是数据清洗任务重、数据获取难度较大、管理不易等。

(二)从小样本到大样本

随着采集数据的设备在日常生产生活中日益常见,数据采集的途径日益多样化,加上数据的开放程度(或者面向特定群体和单位的开放程度)也在不断提高,数据的样本量开始呈几何级增长。此外,计算机硬件的提升带来了数据运算能力的飞跃,以手机信令数据(规划领域中常见的典型大数据类型)的初阶段处理平台 SQL(Structured Query Language)为例,研究人员可以基于该平台根据研究需要编写相应的程序代码,基于大数据运算提取关键信息,再纳入 GIS 等空间分析平台作进一步的量化分析研究。因此,有赖于数据采集和数据处理能力的提升,城市规划量化分析正从小样本分析逐渐走向大样本分析。

(三)从小范围到大范围

在传统的研究中,受到数据获取条件以及计算机计算能力的限制,研究范围往往会局限在较小的区域,如单个城市或者城市的某个片区。并且,如果数据的精度较高,研究的尺度通常也较小。在保持研究精度不变的情况下,新的数据条件使得大幅度提高研究区域的尺度成为可能。因此,现阶段出现了不少针对城市群,乃至国家尺度的研究,甚至是基于个体行为数据的研究,这在以往是难以想象的。

(四)从私有数据到共享数据

随着互联网共享精神的发扬,越来越多具有同一类兴趣的用户通过互联网协作进行大量数据的分工编辑与维护。这种方式可以最大程度地将个体所掌握的核心信息对外共享,并且通过协作的方式提高了整体数据库构建的效率。通过这种方式,用户之间可以共享获取传统调研所无法获得的数据,维基百科就是一个典型例子。在空间数据的领域,开放街道地图(Open Street Map),就是由若干用户根据自己掌握的信息,对于全球范围内的熟悉区域进行路网绘制,从而逐步建成涵盖全球主要城市的路网数据库,来作为相应定量研究的数据参考。

1.3.3 技术方法的演变

（一）从线下"单军作战"到云空间"团队协作"

受制于互联网带宽及数据来源等因素，以往的城市规划量化分析通常是线下"单军作战"的模式。不同的研究者（或者不同的研究团队）之间难以做到数据或计算能力的共享，这就导致了单个研究者（或者研究团队）分析计算效率低下，也限制了规划辅助决策作用的发挥。随着基于互联网的云空间、云计算技术的发展，不同的研究者（团队）之间可以高效利用计算资源，并且实现海量数据的协作搜集、处理与分析。

（二）从简单模型到复杂模型

同所有的数据分析模型一样，城市量化分析模型也是对城市发展中的现实问题的简化。模型越简单，对于现实问题的简化程度越高，则分析的结果与实际发展结果的偏差会越大。为了减少模型分析结果与实际发展结果之间的偏差，更好地支持规划决策，规划分析模型的发展需要从简单模型向复杂模型转变。复杂模型的发展有几个方向，一是针对特定子问题加强模型的设计深度，二是引入新的技术方法加强模型的"智能"程度，三是面向新数据类型（例如大数据）优化传统模型。

（三）从单模型分析到多模型协作

随着模型的发展和技术条件的进步，城市模型分析正从以往的单模型转向多模型协作。通常表现为同一个领域的问题，可以从不同角度设计分析模型，综合多个模型的分析结果来支撑规划决策。这一发展方向有几个明显的优点：一是选择多角度制定模型可以降低每个模型的复杂程度；二是多角度模型的分析结果可以从多个角度收敛分析预测结果；三是多角度模型可以增加分析的维度，提升分析结果的可靠性。

1.4 城市规划量化分析的关键要素

城市规划量化分析是建立于经济、社会、生态、环境等多种数据的基础上，在 GIS、RS、Database 等分析平台上，运用一系列分析模型而形成的一种复杂交互的方法体系。因此，城市规划量化分析主要包含数据、模型和平台（信息系统）三个关键因素，并由此建立本书的基本框架（图1-4-1）。其中，分析数据是基础，分析模型是方法，信息系统是平台，也是支撑。信息系统提供的计算机化的系统将多类数据叠合，将分析模型程式化为操作简单的工具，提高了城市规划量化分析的效率。

1.4.1 数据——基础

数据是对客观事物的符号表达。城市规划量化分析是通过一定的技术手段，提取数据映射信息的方式，例如从遥感图像数据中可以提取出耕地、林地、草地、居住用地等多种信息。城市规划量化分析中常用的数据包括城市地理空间数据、城市经济社会统计数据、城市运营数据、城市居民的行为活动数据、空间形态数据、综合交通数据、区域联系数据等。数据是量化分析的基础，同时也推动了量化分析的发展（如蓬勃发展中的大数据分析）。

1.4.2 模型——方法

模型是对城市客观事物及其联系和相互影响的抽象化描述。其具体作用是解决传统方法所难以解决的规划问题，提高规划分析过程的科学性和可靠性，提升规划结果和规划逻辑的可比较性等。其研究内容是以数据为基础，研究不同时空尺度、不同因素影响下的城乡发展现状、未来趋势及其相互联系和影响。常

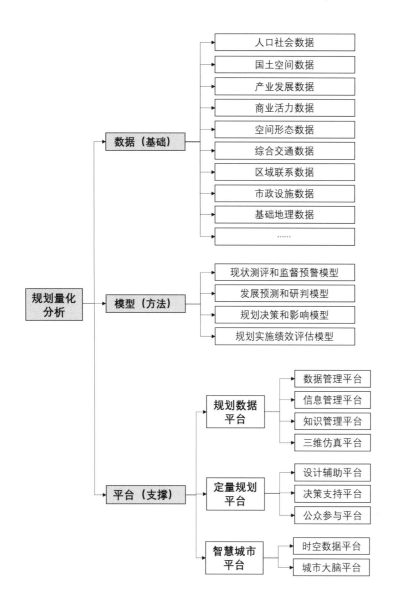

图1-4-1 城市规划量化分析的关键要素与研究框架示意图

见的城市规划量化分析模型包括现状测评和监督预警模型、发展预测和研判模型、规划决策和影响模型、规划实施绩效评估模型等。以规划决策和影响模型为例，具体的计量模型可以包括土地适宜性评价模型、区位配置模型、元胞自动机模型、CUF模型等（叶嘉安等，2006）。

1.4.3　平台——支撑

　　城市规划量化分析需要信息系统作为支撑平台，信息系统的外壳是计算机化的技术系统，包括数据采集、数据管理、数据处理和分析、图像可视化以及数据输出等子系统，如 GIS、RS、Database 等。常见的城市规划量化分析的平台包括规划信息管理平台（例如数据管理、信息管理、知识管理等）和决策支持系统平台（例如设计辅助、决策支持、公众参与等）。信息系统的主要作用是对地理空间数据和城市统计数据进行数据整合，提供集成化的模拟与分析评价平台，提高城市规划量化分析的效率，并基于其对数据的可视化功能，提高分析结果的直观性。

1.5 城市规划量化分析的适用性和局限性

1.5.1 城市规划量化分析的适用领域

（一）适用于可以定量的规划议题

相比于发展定位、发展理念、城市性质与职能等难以定量的议题，城市规划量化分析更加适用于容易定量的规划议题，如土地使用布局规划、开发强度布局规划、城市中小学布局规划、邻避设施布局规划布局等议题（宋小冬等，2014；陈晨，2015，2016；薄力之等，2017）。土地使用布局规划中的土地适宜性评价准则与指标体系、开发强度布局规划中的影响因子和开发量、城市中小学布局规划中的设施供需关系，以及设施规划布局对不同主体在空间上造成的正负面影响情况等均易于量化，因而这些规划议题适用于量化分析。

（二）适用于有数据支撑的议题

数据是量化分析的基础条件，没有数据支撑就会造成"无米之炊"的困境。近年来，规划领域中的数据条件越来越好，特别是手机信令等大数据获取相对容易，让城市规划量化分析的研究工作得到了长足发展。例如，利用手机信令数据模拟城市空间发展变化情况与模拟城市职住关系和通勤区的研究（钮心毅等，2015；丁亮等，2015）、利用三维可视化数据进行建筑天际线轮廓控制的研究（钮心毅等，2014）、基于元数据的城市规划信息管理方法（牛强等，2012）等。

（三）适用于有一定理论基础的议题

在规划研究领域，量化分析研究往往是为了证实某一个理论提出的现象、规律，或者是为了证实某一个方法的可行性和可靠性。如果没有理论和方法的基础支撑，定量研究则难以展开，会陷入"为了研究定量而研究定量"的死胡同中，形成成果的价值也会受限。因此，规划领域的量化分析一定程度上是作为定性研究的补充，用于证实定性研究的结论。近年来，不少有亮点的城市规划量化分析成果均是基于某一种或者几种理论方法，例如基于流行的空间句法、社会网络分析法等理论方法分析城市空间形态和城市网络联系（李江等，2003；赵渺希等，2012）。

1.5.2 城市规划量化分析的局限性

（一）理论方法的局限

在大部分工科院校中，城市规划学科曾经长期从属于建筑学；在部分理科院校中，城市规划学科曾经长期从属于地理学。一方面，城市规划学科的理论基础相对薄弱，且不稳定；另一方面，专业的内核不够聚焦，专业的实践操作属性较强，专业涉及面较广。如此一来，城市规划长期以来理论体系不够完善的短板就造成了规划理论方法的稳定性与深度不足。因此，即便在数据与软硬件条件均满足的情况下，城市规划量化分析在建模设计时也常因缺乏成熟的理论方法而不得不借鉴经济、管理、社会、信息、地理等学科的理论方法来指导模型的构建。然而，规划领域的研究者往往不具备相应领域学科的知识背景，如果简单地套用相关理论而无法深入理解，则相应的建模分析过程的科学性和结果的适用性会大打折扣。

（二）数据的局限

随着数据来源的丰富，包括手机信令、社交网络等大数据在内的数据获得成为可能，数据的获取渠道越来越广，数据的维度越来越多，从而给城市规划量化分析带来了大量的研究机遇。然而，我们需要清醒地认识到，现阶段可用的数据仍存在诸多局限。以移动运营商提供的手机信令数据为例：首先，信令数据虽然包括具体时间、基站名称与空间位置，但是受限于设备与基站信息交换的频率，通过数据勾勒出来的用户活动轨迹的精度有限；其次，信令数据不包括用户的个人属性，即无法获知用户的性别、年龄、职业等属性，这对研究的进一步深入造成了限制。虽然移动运营商掌握着用户登记的个人属性，但如果运营商将该信息提供给研究者，则存在泄露用户隐私的问题，并且也有相关的法律法规限制这一行为。因此，在条件允许的情况下，比较理想的方式是针对同一个问题，运用多种来源的数据进行分析，弥补不同数据之间的缺陷。

（三）应用的局限

城市规划量化分析在指标体系构建、模型建立的过程中均对现实中的城市问题进行了大量的简化。简化的指标必然不能精确地勾勒事物发展的原貌，简化的模型必然也不能精确地描绘事物发展的过程。因而，如果研究对象越复杂，模型的模拟时间段越长，则简化后的分析预测结果偏离实际结果的可能性越大。因此，定量分析结果的适用性和应用价值存在一定的局限。在实际应用中，近期的分析结果应用价值高于远期，远期分析结果一般用来判断趋势。

1.6 小结

相较于对量化分析的普遍理解，本章立足于城市规划的视角，对城市规划量化分析的内涵界定、发展历程、发展趋势等方面进行了概括的说明。在规划体系的架构下，城市规划量化分析使用空间要素数据，通过现状测评和监督预警分析、发展预测和研判、规划决策和影响分析、规划实施绩效分析，辅助规划编制—实施—评估—管理—监督的全过程。以此来提高规划的科学性和可靠性，提高规划的可理解性和可比较性，提高对城乡空间和规划行为的认知与理解。纵观城市规划量化分析模型的发展历程，其在研究理念、数据基础、技术方法三个方面都有了巨大的转变。现阶段，城市规划量化分析主要包含数据、模型和平台（信息系统）三个关键因素，这三个因素也是建立本书的基本框架的基础。值得注意的是，城市规划量化分析并不适用于城市规划的方方面面，本章也详细介绍了适合量化分析的议题和情景，以及理论方法、数据和应用方面的局限性，为以后的城市规划量化分析研究提供了理论基础。

本章参考文献

[1] BECKER R. A , CACERES R , HANSON K , et al. A Tale of One City: Using Cellular Network Data for Urban Planning[J]. IEEE Pervasive Computing, 2011, 10(4):18-26.

[2] FRIEDMANN, J. The Core Curriculum in Planning Revisited[J]. Journal of Planning Education and Research, 1996, 15(2):89-104.

[3] KRISP, JUKKA M . Planning Fire and Rescue Services by Visualizing Mobile Phone Density[J]. Journal of Urban Technology, 2010, 17(1):61-69.

[4] MANFREDINI F , PUCCI P , TAGLIOLATO P . Toward a Systemic Use of Manifold Cell Phone Network Data for Urban Analysis and Planning[J]. Journal of Urban Technology, 2014, 21(2):39-59.

[5] SAGL G , DELMELLE E , DELMELLE E . Mapping collective human activity in an urban environment based on mobile phone data[J]. Cartography and Geographic Information Science, 2014, 41(3):272-285.

[6] 薄力之，宋小冬，徐梦洁．城市建设强度分区规划支持系统的研发与应用——以宁波市中心城为例 [J]. 规划师，2017(9): 52-57.

[7] 曹哲静，龙瀛．数据自适应城市设计的方法与实践——以上海衡复历史街区慢行系统设计为例 [J]. 城市规划学刊，2017(4): 47-55.

[8] 陈晨．基于博弈论的邻避设施选址决策模型研究 [J]. 上海城市规划，2016(5): 109-115.

[9] 陈晨，宋小冬，钮心毅．土地适宜性评价数据处理方法探讨 [J]. 国际城市规划，2015(1): 70-77.

[10] 丁亮，钮心毅，宋小冬．利用手机数据识别上海中心城的通勤区 [J]. 城市规划，2015,39(9):100-106.

[11] 丁亮，钮心毅，宋小冬．上海中心城区商业中心空间特征研究 [J]. 城市规划学刊，2017(1): 63-70.

[12] 李江，郭庆胜．基于句法分析的城市空间形态定量研究 [J]. 武汉大学学报（工学版），2003(2): 69-73.

[13] 刘珺，王德，朱玮，等．基于行为偏好的休闲步行环境改善研究 [J]. 城市规划，2017,41(9):58-63.

[14] 刘伦，龙瀛，麦克·巴蒂．城市模型的回顾与展望——访谈麦克·巴蒂之后的新思考 [J]. 城市规划，2014,38(8): 63-70.

[15] 龙瀛，毛其智．城市规划大数据理论与方法 [M]. 北京：中国建筑工业出版社，2019.

[16] 龙瀛，毛其智，沈振江，杜立群．北京城市空间发展分析模型 [J]. 城市与区域规划研究，2010, 3(2): 180-212.

[17] 龙瀛，沈尧．数据增强设计——新数据环境下的规划设计回应与改变 [J]. 上海城市规划，2015(2): 81-87.

[18] 牛强，宋小冬．基于元数据的城市规划信息管理新方法探索——走向规划信息的全面管理 [J]. 城市规划学刊，2012(2): 39-46.

[19] 牛强，鄢金明，夏源．城市设计定量分析方法研究概述 [J]. 国际城市规划，2017, 32(6): 61-68.

[20] 钮心毅，丁亮．利用手机数据分析上海市域的职住空间关系——若干结论和讨论 [J]. 上海城市规划，2015(2): 39-43.

[21] 钮心毅，丁亮，宋小冬．基于手机数据识别上海中心城的城市空间结构 [J]. 城市规划学刊，2014(6): 61-67.

[22] 钮心毅，宋小冬，陈晨．保护山体背景景观的建筑高度控制方法及其实现技术 [J]. 上海城市规划，2014(5): 92-97.

[23] 宋小冬，陈晨，周静，等．城市中小学布局规划方法的探讨与改进 [J]. 城市规划，2014,38(8):48-56.

[24] 王兰，孙文尧，古佳玉．健康导向城市设计的方法建构及实践探索——以上海市黄浦区为例 [J]. 城市规划学刊，2018(5):71-79.

[25] 王垚，钮心毅，宋小冬，等．人流联系和经济联系视角下区域城市关联比较——基于手机信令数据和企业关联数据的研究 [J]. 人文地理，2018, 33(2):84-91.

[26] 谢栋灿，王德，钟炜菁，等．上海市建成环境的评价与分析——基于手机信令数据的探索 [J]. 城市规划，2018, 42(10):97-108.

[27] 叶嘉安，宋小冬，钮心毅，等．地理信息与规划支持系统 [M]. 北京：科学出版社，2006.

[28] 赵渺希，刘铮．基于生产性服务业的中国城市网络研究 [J]. 城市规划，2012, 36(9): 23-28.

[29] 朱玮，王德．南京东路消费者的空间选择行为与回游轨迹 [J]. 城市规划，2008(3): 33-40.

[30] 朱玮，魏晓阳．基于时间效用模型的大型展会游客时空行为模式——以 2014 青岛世园会为例 [J]. 旅游学刊，2019, 34(1): 73-81.

第二章

城市规划量化分析数据

  数据是城市规划量化分析的基础。传统的城市规划量化分析数据主要依赖样本量小的统计年鉴数据、地图数据及实地调研数据，难以准确、实时地反映城市的运行状态和发展趋势，成为制约城市规划量化分析的瓶颈。而在大数据时代，新数据环境带来了新的机遇，拓宽了城市规划量化分析的数据获取渠道，带来了丰富、精细、实时、相互关联和低成本的数据。数据时空覆盖的精度、广度和时效性等方面都有了巨大的提升，并可广泛应用于更复杂、更大规模、更精细的规划研究。本章将介绍新时代背景下的数据环境、城市规划量化分析数据的类型和典型数据、常用的数据获取方法，并对当前较有代表性的数据的应用作简要介绍。

2.1 城市规划量化分析数据概述

2.1.1 城市规划量化分析数据的涵义

数据是对客观事物的符号表达，城市规划量化分析数据是对作为研究对象的城市客观事物的符号化表达，可以实现城市从局部到整体、从单时相到全时相的表达。其内容包括了人口社会、国土空间、产业发展、商业活力、空间形态、综合交通、区域联系、市政设施等。各类数据的数据属性一般包括空间位置、定性定量描述和时间三个维度。

2.1.2 城市规划量化分析数据的作用

由大数据和开放数据构成的新数据环境，对城市的物理空间和社会空间进行了更为精细和深入地刻画，可以更好地认识现状、把握规律，进而做出预测、制定规划（龙瀛等，2019）。总体上，城市规划量化分析数据的作用主要体现在以下几个方面：

其一，让数据说话。通过可视化技术，量化分析结果可直观表征城市运行状态。

其二，为量化分析提供素材。城市规划量化分析数据常常可以支撑城市发展评估、城市问题挖掘以及城市运作规律等问题的研究，同时也可以反映城市的动态变化情况，具有连续性高、覆盖面广、信息全面等优势。

其三，数据是整合各类量化分析的纽带。基于共同的数据可以开展不同的量化分析，从不同的视角解读城市，基于数据的输入输出可以把不同的量化分析串起来，实现更复杂的量化分析功能。

2.1.3 城市规划量化分析的新数据环境

信息通信技术的快速发展，使数据环境得到了极大的改善，主要体现在数据的新来源和新特征两方面。

（一）数据具有新的来源

传统的数据来源主要是通过统计、测绘和走访调研等方式获取，在新数据环境下，数据获取的来源在之前的基础上有了新的渠道，主要包括开源网络数据、互联网企业数据、物联网数据、政府数据等数据获取来源（表2-1-1）。

量化数据主要类型、来源及获取方式 　　　　　　　　　　　　　　　　表 2-1-1

数据类型	主要来源	获取方式
开源网络数据	百度地图 API、高德地图 API、OSM、百度街景图、去哪儿网、飞猪、房天下、安居客等互联网企业运营数据	可通过网络爬取获得
企业运营数据	手机信令、手机移动位置、公交 IC 卡数据、银联、水电等企业运营数据	商业购买或合作
物联网数据	基于射频识别（RFID）、红外感应器、全球定位系统、激光扫描、WiFi 探针等信息传感设备，将任何物品与互联网相连接	可通过设备感知数据
政府数据	地理国情监测、全国土地调查、环境监测、地形图等	可通过申请获得

（二）数据具有新的内容

传统规划分析相关的数据内容主要是地形图、遥感影像等地理方面的数据，而在新数据环境下，数据内容在之前的基础上，更加注重反映人的行为活动和人的行为需求，例如移动位置数据、签到数据、点评数据，以及微观建成环境，例如大气质量、市政管网、温度等。

（三）数据具有新的特征

- 空间化：数据具有空间坐标、形态、大小分布等各方面的信息，可通过可视化技术将其空间化，这是传统的数据很难做到的一点。
- 多样化：数据来源多样化、数据内容多样化。
- 精细化：样本量更大、更全面，数据密度更加精细，比如以前是一个街区，现在可以是一栋建筑。
- 时效化：数据在时时刻刻地产生，量化分析的数据也在不断更新，量化的城市状态也是有时效性的。
- 人本化：在城市研究中，个体的生活习惯、情感、心理等要素逐渐被关注，新兴数据多反映人的日常行为活动及其影像。

2.2 城市规划量化分析数据体系

当前，城市规划量化分析数据的分类方式较多，常见的包括按数据来源、数据环境和使用领域等进行分类。本书侧重从规划使用领域对城市规划量化数据体系进行分类，包括人口社会、国土空间、产业发展、商业活力、空间形态、综合交通、区域联系、市政设施、基础地理九个大类的规划数据库。

2.2.1 人口社会数据

人口社会数据主要包括城市的人口总量、人口结构等宏观数据，还包括精细化的人流监测数据和移动定位数据等（表2-2-1）。

人口社会量化数据的内容、来源及应用领域　　　　　　　　　　　　　　　　表2-2-1

数据内容	来源	空间尺度	时间尺度	量化分析应用
移动通信定位数据	互联网企业	微观	秒 / 小时	活力分析、日夜潮汐指数
迁徙数据	开源网络	微观 / 宏观	秒 / 小时	地区联系度分析
WiFi 探针、蓝牙探针	物联网	微观	秒 / 小时	人流计数
红外计数		微观	秒 / 小时	
人口普查	政府	宏观	年	人口结构识别、人口趋势分析

2.2.2 国土空间数据

国土空间数据主要包括用地规划和审批、土地供应、土地价值和房产价格等方面的各类数据（表2-2-2）。随着国土空间规划体系的逐步建立，国土调查现状数据、规划编制成果数据和相关专项规划成果数据、业务管理数据与社会经济数据等将逐步形成统一的空间规划（多规合一）数据库。

国土空间管理量化数据的内容、来源及应用领域　　　　　　　　　　　　　　表2-2-2

数据内容	来源	空间尺度	时间尺度	量化分析应用
空间规划数据	政府	微观 / 宏观	年	规划实施绩效
土地供应数据	政府	微观 / 宏观	年	土地管理绩效
土地审批数据	政府	微观	年	
土地出让价格	政府	微观	年	土地价值分析、土地管理情况分析
不动产登记	政府	微观		

续表

数据内容	来源	空间尺度	时间尺度	量化分析应用
二手房成交价格	互联网企业 / 走访调研	微观 / 宏观	天	土地价值提升分析
二手房挂牌价格		微观 / 宏观	天	
租房成交价格		微观 / 宏观	天	
租房挂牌价格		微观 / 宏观	天	
链家、安居客、房天下等 房产交易数据	互联网企业	微观	天	

2.2.3 产业发展数据

产业发展数据主要包括不同类型企业的分布、数量等数据，以及各类电商数据、金融数据、物流数据、服务业数据、工业数据等方面（表 2-2-3）。

产业发展量化数据的内容、来源及应用领域　　　　　　　　　　表 2-2-3

数据内容	来源	空间尺度	时间尺度	量化分析应用
各产业生产总值	政府	宏观	年	城市发展阶段评价
失业率	政府	宏观	年	宏观经济政策分析
就业率	政府	宏观	年	
企业注册地分布	互联网企业 / 开源网络 / 经 济普查数据	微观	天 / 年	产业空间分析
企业经营地分布		微观	天 / 年	
独资企业		微观	天 / 年	
合资企业		微观	天 / 年	
拥有专利企业		微观	年	产业创新发展分析
拥有著作权企业		微观	年	
独角兽企业		微观	年	
各行业企业融资笔数	政府	微观	年	产业经济发展分析
各行业企业投资笔数		微观 / 宏观	年	

2.2.4 商业活力数据

商业活力数据主要包括餐饮、购物、体育、文化、休闲等生活服务设施的分布数据，以及基于人的行为测度城市商业活力的数据，包括社交网络数据、点评类数据、手机信令数据、兴趣点（POI）、百度热力图等（表 2-2-4）。

商业活力量化数据的内容、来源及应用领域　　　　　　　　　　表 2-2-4

数据内容	来源	空间尺度	时间尺度	量化分析应用
商业设施 POI	开源网络	微观	天	商业设施布局分析
WiFi 探针、蓝牙探针	物联网	微观	秒 / 小时	人流监测、商业活力分析
红外计数	物联网	微观	秒 / 小时	
移动通信定位数据	互联网企业	微观	秒 / 小时	
百度热力图数据	开源网络	微观	秒 / 小时	
微博、腾讯等社交数据	互联网企业	微观	秒 / 小时	商业服务质量分析
大众点评、美团消费数据	互联网企业	微观	秒 / 小时	
银联消费数据	互联网企业	微观	秒 / 小时	商圈消费能力分析
京东、淘宝购物数据	互联网企业	微观	秒 / 小时	人群购买能力分析

2.2.5 空间形态数据

应用于测度城市空间形态的数据主要包括分等级路网、道路交叉口、建筑物、土地出让 / 规划许可、街景图片、地块尺度的用地性质、POI（Point of Interest，兴趣点）等（表 2-2-5）。

空间形态量化数据的内容、来源及应用领域　　　　　　　　　　　　表 2-2-5

数据内容	来源	空间尺度	时间尺度	量化分析应用
公共服务设施 POI	开源网络	微观	天	公共服务设施空间布局分析
道路网络数据	政府	微观 / 宏观	年	城市形态分析
建筑、道路、地块、设施、市政等矢量地图数据	政府 / 开源网络	微观 / 宏观	年	
街景图片	开源网络	微观	小时 / 天	城市空间品质分析
出租车轨迹	互联网企业	微观	秒 / 小时	城市功能区分析
建筑功能	政府	微观	年	空间品质分析城市设计分析
建筑规模		微观	年	
建筑密度		微观 / 宏观	年	
容积率		微观	年	
建筑色彩		微观	年	

2.2.6 综合交通数据

综合交通数据主要包括道路和公共停车场分布等矢量地图数据，以及公交刷卡数据、手机信令、共享单车、行车数据等交通出行轨迹数据（表 2-2-6）。

综合交通量化数据的内容、来源及应用领域　　　　　　　　　　　　表 2-2-6

数据内容	来源	空间尺度	时间尺度	量化分析应用
道路矢量地图数据	政府	微观 / 宏观	年	交通网络布局分析
移动通信定位数据	互联网企业	微观	天 / 年	拥堵指数分析
公交刷卡数据	互联网企业	微观	天 / 年	人口居住和工作地迁移分析
ETC、卡口、道路监控数据	互联网企业	微观	天 / 年	交通流入、流出分析
班次数据	互联网企业	微观	年	
携程、去哪儿订票数据	互联网企业	微观	年	
共享单车起讫点分布	互联网企业 / 物联网	微观	小时 / 天	慢行交通分析
共享单车夜间停分布	互联网企业 / 物联网	微观	小时 / 天	
公共停车场分布	政府	微观 / 宏观	年	静态交通分析
公共停车场分布	物联网	微观	小时	

2.2.7 区域联系数据

随着信息化的发展，信息、资本、技术等非实体要素几乎完全克服了地理空间的束缚，人员、物质等实体要素的流通成本也日益降低，区域之间联系的广度、强度、速度和影响都发生了巨大的变化。

基于区域联系量化数据的城市之间的研究内涵十分丰富，交通流、贸易流、信息流、旅游流等均是各学科内部的重要研究对象。根据采用的基础数据及处理方法的差别，区域联系的量化数据大体上可以分为三类：第一类是基于区域基础设施联系数据，主要包括民航班次、高铁 / 火车班次、货运吞吐量、车流量等测算人员和货物流动数据；第二类是人口迁移、游客人流等区域人流联系数据，第三类是基于 Sassen 提出的"企业是城市网络的作用者"的观点，以样本企业的办公网络（由企业总部、地区总部、分支机构在不同城市之间分布构成的联系网络）来表征企业在城市之间传递的信息、资金以及高级管理人员与技术人员的联系（表 2-2-7）。随着资本化的发展，广义资本要素在区域联系的地位越来越突出，资本数据也成为区域研究应关注的重要数据。

区域联系量化数据的内容、来源及应用领域　　　　　　　　　　　　表 2-2-7

数据内容	来源	空间尺度	时间尺度	量化分析应用
迁徙数据	开源网络	微观	天 / 年	区域客、货运联系分析
货运吞吐量	政府	宏观	天 / 年	
ETC、卡口、道路监控数据	互联网企业	微观	年	
携程、去哪儿	互联网企业	微观	年	
投融资数据	政府	微观	天 / 年	区域经济联系
资本流动数据	上市企业	微观	年	
高铁班次数据	互联网企业	微观	天 / 年	区域交通联系
公路里程数据	互联网企业 / 开源网络	微观	天 / 年	
航班班次数据	互联网企业 / 开源网络	微观	年	

2.2.8　市政设施数据

市政设施数据主要包括用水、用电、燃气等资源消耗类数据，水、空气等环境中的污染物排放数据，以及各类公用设施空间位置数据等（表 2-2-8）。

市政设施量化数据的内容、来源及应用领域　　　　　　　　　　　　表 2-2-8

数据内容	来源	空间尺度	时间尺度	量化分析应用
需求点位置	政府 / 开源网络	微观	天	设施布局分析
设施点位置		微观	天 / 年	
设施设计规模	政府	微观	天 / 年	
设施管网布局		微观	天 / 年	
设施覆盖率		微观	天 / 年	
水电煤气消耗数据	互联网企业、物联网	微观	天 / 年	居民 / 企业实际消耗分析
污染物排放数据		微观	天 / 年	
能源消耗数据		微观 / 宏观	天 / 年	

2.2.9　基础地理数据

基础地理数据主要包括地形图和建筑、道路、地块、设施、市政等各类矢量地图，以及遥感影像、灯光影像数据等（表 2-2-9）。

基础地理量化数据的内容、来源及应用领域　　　　　　　　　　　　表 2-2-9

数据内容	来源	空间尺度	时间尺度	量化分析应用
地形图	政府	宏观	年	数据空间化
遥感影像	开源网络	微观 / 宏观	天 / 月 / 年	
建筑、道路、地块、设施、市政等矢量地图数据	政府 / 开源网络	微观 / 宏观	年	
DEM 数据	开源网络	宏观	年	
夜间灯光数据		宏观	天 / 月 / 年	

2.3　常用的数据获取方法

数据的获取及其后续处理是进行城市规划量化分析的重要前提，该阶段的工作决定了后续量化分析的质量。新数据环境下的空间大数据可以通过多种方式获取，例如通过数据爬取、与企业或研究机构合作共享、购买、下载免费网络资源，以及自行采集等方式。此外，一些组织也会分享部分数据和软件，比如北京城市实验室（BCL）、GeoHey 等组织会定期公布一些开放数据。

2.3.1 数据爬取

（一）网络爬虫抓取网页数据

网络爬虫抓取网页数据可获取的开放数据内容大体包含：淘宝、京东、天猫等电商类数据，天眼查、企查查、启信宝等企业信息数据，微博、论坛、知乎、豆瓣等自媒体数据，链家、搜房网、房天下等房源数据，美团、大众点评、携程、高德地图等生活服务数据，今日头条、新浪、百度等新闻媒体数据等。

抓取网页数据的方法主要通过设计网络爬虫（检索和获取数据的计算机程序）软件实现的，且不同的网站或数据获取目标需要设计不同的爬虫程序。国内代表性的网络爬虫软件有火车头、八爪鱼、造数等。

专栏 1　利用八爪鱼软件爬取网页数据
——以大众点评美食商家列表信息为例

1. 新建任务

打开八爪鱼软件，进入登录界面之后就可以看到主页上的网站简易采集，选择立即使用即可。进去之后便可以看到目前网页简易模式里里面内置的所有主流网站了，需要采集大众点评内容的，选择第一个"大众点评"即可。

大众点评爬虫规则下内置了常见的采集需求，可以根据自身的需求进行相应的选择，这里以"大众点评商家列表信息采集—关键字"这条爬虫规则举例说明，点击"立即使用"即可使用。

2. 任务界面介绍

查看详情：点开可以看到示例网址。

任务名：自定义任务名，默认为大众点评美食商家列表信息采集。

任务组：给任务划分一个保存任务的组，如果不设置会有一个默认组。

采集页数：设置好你要采集的页数。

URL：提供要采集的网页网址，即与查看详情里示例网址类似的大众点评网页。

示例数据：这个规则采集到的所有字段信息。

选择新建好的分组，点击"新建"—"任务"进入新建页面。任务名根据要采集的对象命名。

新建任务页面中，共包含四个步骤，依次是采集网址规则、采集内容规则、发布内容设置和文件保存及部分高级设置。

3. 爬虫规则设置

例如要采集大众点评厦门市所有火锅类的商家信息，在设置里如下所示：

任务名：自定义任务名，也可以不设置按照默认的就行；

任务组：自定义任务组，也可以不设置按照默认的就行；

采集页数：这里示范一下，设置 3 页就行；

大众点评城市 URL 列表：http://www.dianping.com/xiamen/ch10/g110

注意事项：URL 列表中建议不超过 2 万条，

大量的 URL 可以通过八爪鱼先抓取大众点评里每一个城市搜索火锅后的 url，少量可直接去浏览器里获取。

4. 保存运行

设置好爬虫规则之后点击保存。保存之后，点击会出现开始采集的按钮。

选择开始采集之后系统将会弹出运行任务的界

面，可以选择启动本地采集（本地执行采集流程）或者启动云采集（由云服务器执行采集流程），这里以启动本地采集为例，我们选择启动本地采集按钮。

选择本地采集按钮之后，系统将会在本地执行这个采集流程来采集数据，右图为本地采集的效果。

采集完毕之后选择导出数据按钮即可。然后选择文件存放在电脑上的路径，路径选择好之后选择保存。这样大众点评该城市的商家数据就被完整地采集并导出到自己的电脑上来了。

资料来源：八爪鱼官网 https://www.bazhuayu.com/tutorial/dzdpcrawll/

（二）基于 Web API 服务获取开源数据

API（Application Programming Ineterface，应用程序编程接口）是一些预先定义的函数，目的是提供应用程序开发人员基于某软件或硬件得以访问一组程序的能力，而又无需访问源码或理解程序内部工作机制的细节。

常用的 API 有百度地图 API、微博 API、腾讯 API、淘宝 API 等。可以通过 API Store（http://apistore.baidu.com）查找需要的 API 接口，API Store 里有上千种网站的 API 接口可供选择。通常可获取的新数据内容包括社交网络数据、点评类数据、路径规划、迁徙数据、兴趣点（POI）等。

专栏 2　API 类型数据的获取——以通过百度地图 API 获取北京饭店数据为例

首先在百度地图开发者平台中点击控制台申请开发区密钥（ak）。

百度地图 Web 服务 API 中提供了地点检索服务、正/逆地理编码服务、路线规划、批量算数、时区服务、坐标转换服务及鹰眼轨迹服务等。

其中，地点检索服务（又名 Place API）提供多种场景的地点（POI）检索功能，包括城市检索、周边检索、矩形区域检索。开发者可通过接口获取地点（POI）基础或详细地理信息，其返回的是 json 类型数据（一个区域最大返回数为 400，每页最大返回数为 20）。当某区域、某类 POI 个数多于 400 时，可选择把该区域分成子区域进行检索或通过矩形、圆形区域方式进行检索。查阅页面中 Place 检索示例如下。

http://api.map.baidu.com/place/v2/serch?query=ATM机 &tag= 银行 &region= 北京 &output=json&ak= 您的 ak/GET 请求

其中"银行""北京""您的 ak"可以根据自己的需要替换，而 page_num 为选填项，表示分页页码，由于只有设置了 page_num 字段，才会在结果页面中返回表示总条数的 total 字段，方便在火车头、八爪鱼等网页采集器中做相关设置，具体如下。

http://api.map.baidu.coplace/v2/search?query= 饭店 &tag= 美食 &region= 北京 &output=json&page_

num=0&ak=mvW5fCjRXyPYYBDBBccTIGGXa3ohoBj8 访问该网址，返回结果。

在网络爬虫软件中，操作方法与结构化网页数据采集相同。

资料来源：百度地图开发者平台 http://lbsyun.baidu.com/

2.3.2 企业或研究机构合作、购买

丰富的社会经济活动创造了庞大的数据，典型如手机通信定位数据、智慧足迹数据等大数据潜伏在各类企业平台中。在规划领域有应用潜力的数据，有些来自手机通信运营企业，如移动、电信、联通等；有些来自互联网运营企业，如百度、阿里巴巴、腾讯、新浪。上述企业相继在一定程度上开放了自身数据平台，尝试以更加开放的姿态共享数据信息，以期达到共赢。研究者可与上述公司通过购买或合作方式获得各类海量数据。

专栏 3 手机信令数据的获取与处理

1. 手机信令数据介绍

手机信令数据是手机用户与发射基站或者微站之间的通信数据，产生于手机的位置移动以及打电话、发短信、规律性位置请求等：这些数据字段带有时间和位置属性，还有话单数据，体现用户之间的电话和短信联系等信息。数据空间分辨率多为基站（城市内多为 200m 左右，乡村地区则更大），时间分辨率可以精确到秒（但运营商多提供汇总到小时层面的数据）。在过去，这些历史大数据是企业的负担，只能被消极地保存或是直接销毁。近年来，移动运营将数据提供给研究人员、咨询机构乃至政府部门，让本为负担的数据发挥巨大作用。

目前，手机信令数据在规划领域主要应用于城市人口居住和就业时空分布分析、地区人群的动向分析、特定人群的分布及活动特征分析、建成环境评价、生活重心识别与评价、城市运行状态 / 规划实施实时监测监控、交通出行 OD 分析、客流OD 分析、客流路径分析、客流断面分析、地下轨道站点辐射范围分析、轨道换乘分析、高速公路的车速及拥堵分析等。手机信令数据一般可以从通信运营商处获取。从运营商处获取的数据具有数据量大、时效性强的优点，但基于个人隐私的保护，大量用户身份信息在输出通信系统前予以删除，最终获得的可用数据类型往往较为单一，主要内容包括用户 ID、时间戳、基站位置编号、事件类型等信息。

2. 手机信令数据的清洗

手机信令数据的清洗是使用手机信令数据进行分析的前提。手机信令数据的清洗可以分为两个部分：首先将信令数据看作常规数据，对其进行常规的预处理，过滤掉空值、错误值及重复值；随后针对手机信令数据的生成原理，对其特有的编码切换数据、漂移数据、静止数据等进行处理。通过分层次的数据清洗，减少了多余的数据，提高了计算效率。也有研究人员提出了以提取手机用户轨迹服务信息为目的的数据清洗算法，该算法分为四个步骤：第一，删除存在时间戳缺失等错误的信令数据；第二，以研究区域为参考，删除手机用户轨迹中与研究区域不相关的部分；第三，认为手机用户必须要在三个或三个以上不同的地方停留，才能保证生成有意义的轨迹，因此删除停留位置少于三个的用户；第四，针对手机用户在同一个位置的连续数据集，由于这些信息不能提供额外的附加信息，因此只保留第一条，删除剩余的信息。

资料来源：龙瀛，毛其智. 城市规划大数据理论与方法 [M]. 北京：中国建筑工业出版社，2019.

2.3.3 物联网采集

在"数字中国、智慧社会"的总体发展战略引领下，将物联网（IOT）、云计算（CC）、大数据（BD）及人工智能（AI）等新技术集成应用，构建智慧城市（Smart City）是我国城市信息化发展的热点，这与当今信息社会发展的全球态势相辅相成。国内已经有超过 500 个城市正在建设智慧城市，涵盖安全、交通、金融、政务、医疗、社区、能源等领域，特别是在信息基础设施规划与建设方面，不仅广泛布设了有线宽带及高速无线网络，而且安装了大量的各类传感器，初步形成了城市物联网体系。

通过物联网采集的数据主要指由传感器、人机交互设施等产生的数据，如 WiFi 探针、人脸摄像头、声光电传感器等产生的数据，是未来国土空间规划中具有较大挖掘潜力的数据。该类数据的获取方法主要通过射频识别（RFID）、红外感应器、全球定位系统、激光扫描等信息传感设备，将任意物品与互联网相连接，进行信息交换和通信，实现智能化识别、定位、追踪、监控和管理，实时获取人流、车流、物流等社会经济动态数据，传感器及智能卡实时采集环境变化参数及人的行为数据，以及移动通信随时随地获取人与人之间的联系及其行为模式数据。

区别于传统问卷和访谈等成本高、样本量小、时间跨度短及主观性大的居民活动调查方式，基于移动终端的居民活动调查充分运用 GPS 或智能手机等设备，并结合 Web-GIS 技术对城市调查者日常活动数据进行收集。研究者一方面可以通过 GPS 设备实时捕获调查者一天、一周甚至更长时间内活动地点、活动时间及活动轨迹信息，并结合网络问卷方式了解居民在某一时间点的活动内容；另一方面，还可以将带

有活动日志问卷的 APP 直接安装在调查者的智能手机上，并运用手机的定位功能实时收集用户某一时间点的活动内容与位置。

2.3.4 政府数据获取

政府数据主要包括地理国情监测数据、地形图数据等矢量数据以及统计年鉴等各类统计数据。该类数据大多由国家和地方的相关部门和统计机构掌握，长期以来都是规划工作最重要的信息来源。近年来，随着政府信息公开程度的不断提升，各类统计数据以开放平台的方式出现，为规划工作提供了更加便利的信息端口。

该类数据的获取主要通过向政府网站申请获得。比如统计年鉴数据可通过国家统计局网站（http://www.stats.gov.cn/tjsj/ndsj/）、住房和城乡建设部网站（http://www.mohurd.gov.cn/xytj/index.html）等渠道获取。基础地理数据可以通过隶属于国家自然资源部的"全国地理信息资源目录服务系统"（http://www.webmap.cn/commres.do?method=dataDownload）获取，该系统提供部分 1:25 万和部分 1:100 万的免费数据下载服务。研究者在免费注册认证后，即可下载数据使用。以1:100万全国基础地理数据库为例，下载数据均采用标准图幅分发，内容含行政区（面）、行政境界点（领海基点）、行政境界（线）、水系（点、线、面）、公路、铁路（点、线）、居民地（点、面）、居民地地名（注记点）、自然地名（注记点）等 12 类要素层。

专栏 4　国家地理信息公共服务平台——"天地图"（MapWorld）

地理信息系统（GIS）、特别是 WebGIS 与 CloudGIS 的发展与应用，可为国土空间规划体系提供空间数据管理、处理、分析、应用、服务的技术支撑。近三十年来，国产 GIS 平台系统逐步成熟，特别是将国家级数据库与 CloudGIS 集成所构建的国家地理信息公共服务平台"天地图"（MapWorld），有效推进了全国地理信息资源共享与广泛应用。

如左图所示，国家地理信息公共服务平台——天地图（MapWorld）2019 年版涵盖了"在线地图、专题图层、地图 API、在线更新、服务资源、典型应用、省市节点、手机地图、科学探索、成果目录"等诸多服务栏目。同时，针对"一带一路""雄安新区""改革开放 40 周年""应急服务"等国家重大战略及重大需求开展专题服务。目前，天地图已经覆盖大陆地区 31 个省市自治区，对于新型空间规划体系中的多级多类规划，是非常重要的支撑平台。

资料来源：国家地理信息公共服务平台 https://www.tianditu.gov.cn/

2.3.5 自行采集

地图数据由于具有丰富的空间信息，成为人工采集的重要对象。以 LocaSpace Viewer 为代表的数字地球软件具备便捷的影像、高程数据下载，倾斜摄影数据阅读功能，支持多种在线地图加载，支持快速地浏览、测量、分析和标注三维地理信息数据，可以添加 tif 图层、shp 图层、kml 图层等多种格式数据。此外，还可以直接通过网站下载影像数据，国内的如地理空间数据云、91 卫图助手等平台提供多种影像数据，国外的如 Google Earth Engine、USGS 等网站。

除了通过上述方式获取各类量化数据以外，研究者还可以通过社会调查、问卷、访谈数据、WiFi 探针、红外计数等方式获取包括居民满意度、人民幸福感、人流量等数据内容。例如调查数据可通过街头走访、入户访谈等传统社会调查方式得到问卷调查数据，也可以通过在线调查如问卷星、Microsoft Forms 等方式获得。

专栏 5 软件下载影像地图——以 LocaSpace Viewer 为例

1. 加载图层

单击"开始",然后选择"加载影像",即可弹出"打开本地文件对话框",找到要加载图层数据的位置,该数据可以通过在 ArcGIS 软件中的 Shp 数据转 Kml 工具(layer to kml 工具)生成,选取后点击打开即可在左侧视窗中看到加载的图层。

在左侧双击加载的图层,可以看到地图跳转到所加载图层的位置。

点击工具栏中的"操作",此处提供影像下载、地形下载、提取高程等工具。

2. 影像下载

以影像下载为例,点击"影像下载"并选择"选择或绘制

范围"方式,随后在跳出的对话框中,点击右上角的"绘制矩形",鼠标变成十字,在地图界面画出相应的矩形框,在下载类型中有"谷歌影像""天地图影像""谷歌影像+天地图中文注记""天地图影像+天地图中文注记"等选择方式,"下载级别"分为1~19级,代表不同的影像分辨率,导出类型提供有"TIF 格式",均可根据自己的需要选择相应选项。选择完成后,点击"开始下载",即可看到下载进度,下载完成后会自动跳转到影像数据下载位置。

资料来源:百度教程 https://jingyan.baidu.com/article/19192ad819ab02e53e5707cf.html

专栏 6 在线调查软件使用说明——以问卷星为例

步骤一:
点击"创建问卷",选择创建的问卷类型。

步骤二:
问卷星提供四种创建方式,默认为"创建空白问卷",我们就以"创建空白问卷"为例添加一道单选题看看效果。

步骤三:
添加和编辑完所有的题目之后,点击"完成编辑"并发布问卷。

步骤四:
发布之后生成问卷链接,将链接复制给填写者作答。

步骤五:
有了答卷之后到"分析＆下载"——"统计＆分析"里面查看统计结果;在"分析＆下载"——"查看下载答卷"中可下载原始数据。

资料来源:问卷星官网 https://www.wjx.cn/Help/Help.aspx?helpid=192

2.4 城市规划量化分析数据的综合应用

2.4.1 人口社会数据及其应用

人口社会数据的主要应用领域包括人口规模、人口空间分布、城镇化、个体行为和活动、职住分离、居住空间分异与隔离等方面。例如利用公交 IC 卡数据、手机定位数据、社交网络等与居民行为活动紧密相关的数据，可以获得研究区内居住人口与工作人口在空间上的分布和出行特征。

基于传统的人口和经济普查数据，程鹏等（2017）对于 2000~2004 年和 2010~2013 年两个阶段上海中心城区的职住空间匹配及其演化特征进行了分析。结果显示，常住人口和就业岗位的空间分布呈现出相互分离的演化过程，由此导致职住空间匹配程度有所下降。结合统计年鉴数据，研究进一步指出，住房开发和产业转型分别影响上海中心城区的常住人口和就业岗位的空间分布及其演化，规划应当引导住房发展和产业发展之间的时空协调，不断提升社区生活圈的职住空间匹配水平。

基于手机信令数据，施澄等（2018）研究发现杭州的短期驻留人口已经构成了一个相对稳定且不可忽略的空间荷载（为常住人口的 10%~15%），并且这一群体在时间停留、空间分布、出行强度等方面具有特殊性，对城市各类服务设施的承载压力和日常运行具有很强的扰动和压迫作用。同时，施澄等也指出特大城市空间规划的响应范围应从传统的"常住人口"扩展到"实际服务人口"，从而对城市空间发展进行有针对性的优化，提高城市空间发展的科学性和城市运行的可靠性。

2.4.2 国土空间数据及其应用

近年来，随着大数据在国土空间规划业务中的广泛应用，利用量化数据进行"精准规划"逐步成为规划领域的共识。用地规划和审批、土地供应、土地价值和房产价格等国土空间数据的应用领域也越来越广泛。如广州市在新一轮国土空间规划中，全面摸查人口、用地、房屋、道路和设施现状，科学评估人口需求与空间资源配置、设施承载能力等的匹配程度与变化规律。

量化数据在国土空间规划编制体系中的代表性应用领域包括国土空间规划中的"双评价"（资源环境承载力评价、国土空间开发适宜性评价）、生态空间规划、农业空间规划、城镇空间规划及城镇开发边界划定等。

党安荣等（2019）从"五级三类"新型空间规划编制、审批、管理、实施、运营等业务出发，根据规划内容中非常重要的生态、生产、生活——"三区"划分，生态保护红线、永久基本农田红线、城市开发边界、文化遗产保护红线——"四线"划定，资源环境承载能力与国土空间开发适宜性"双评价"，以及城乡规划发展"体检"与"评估"等核心需求，结合当前主流技术特点及其发展趋势，提出新型空间规划的"4+3"技术体系，即 4 项核心技术和 3 项拓展技术。第一项核心技术是空间信息技术，涵盖 RS、GIS、GNSS、VR/AR/MR 技术，是支撑空间规划的数据获取、数据管理、数据处理及三维可视化表达的信息技术；第二项核心技术是物联网技术，实现空间规划相关数据的动态采集、实时通信、双向交互及协同作业；第三项核心技术是大数据技术，可以充分体现新型空间规划关注空间、时间、属性、关联、人文、经济、自然、社会等多维度特征；第四项核心技术是云计算技术，通过资源虚拟、实时处理、知识发现支撑规划数据管理与分析。此外，正在迅速发展的人工智能、边缘计算、区块链等技术，是支撑未来新型空间规划的拓展技术。

2.4.3 产业发展数据及其应用

产业发展数据的主要应用领域包括产业选择、工业发展阶段分析、产业竞争力分析、产业发展动力、区位分析（产业区位熵）、城市内部产业（企业）联系和区域产业（企业）联系等方面。

20 世纪末以来，学术界开始探索生产性服务业、跨国企业网络等信息的城市网络研究。国际研究主流学派认为，城市之间的经济联系是城市关联网络的本质，而企业是城市关联网络的"作用者"（agents），众多企业的区位策略（location strategy）界定了城市关联网络（唐子来等，2017）。基于高端生产性服务业的企业关联网络，泰勒（Taylor）创建了城市关联网络模型（the interlocking network model）的分析方法，并与其他学者共同成立了全球化及世界城市（Globalization and World Cities，简称 GaWC）研究小组，取得了一系列成果。

国内研究方面，唐子来等（2010）学者对企业关联网络的研究具有一定的开创性。综合利用各种数据来源（包括企业数据库和银监会、保监会、司法部、商务部等），率先从生产性服务业视角对长三角区域进行了关联网络研究，揭示了上海向外连接与向内辐射的"门户城市"特征及长三角区域内部关联网络具有层级和地域的双重属性，最后又从生产性服务业与全产业等综合视角展开了我国三大城市群关联网络的对比研究。市场经济条件下，资本要素流成为其最具有综合性和代表性的要素流。张泽等（2019）以证券资本要素流动为视角，基于2013年沪深上市企业年报数据，对比上海对全国16个主要城市之间的关联特征，从一个新的视角补充和完善了城市网络研究方法体系。

随着知识经济的兴起，以互联网、文创等为代表的创新经济作用日益凸显，新经济的关联网络研究显得尤为重要。马璇等（2019）利用国家工商总局的注册企业数据库，以长三角区域为研究对象，将各条企业数据明确分类为总（分）公司、总公司成立时间、总公司所属行业（包括门类、大类、中类）等相关属性，再将各条企业数据与所在地进行关联，建立起各省、市、县（区）的归属关系，并通过公司总部与分支之间的关系，构建各城市之间的关系库，最后利用企业关联网络方法对长三角地区的全产业、分行业、新经济等多个领域的关联网络进行分析，为认识和识别新经济作用下的区域新格局提供了重要参考。

2.4.4　商业活力数据及其应用

商业活力数据的应用主要通过分析目标区域的人流情况、用户属性、消费水平、行为轨迹等维度数据，为目标区域的综合治理、商业配套政策提供指导。具体包括城市活力度分析、生活便利度分析、街区成熟度分析、消费活动空间分析、商圈竞争力分析、设施布局优化及评价分析等，可利用新数据结合传统数据进行研究。

王德等（2015）利用手机信令数据，以上海市南京东路、五角场和鞍山路三个不同等级的商业中心为例对商圈进行合理地划分，分析比较了不同等级商业中心的消费者数量的空间分布特征，探讨了对商业网点规划的应用价值。

城市数据团（2019）利用多源数据对武汉市的商业活力体系进行综合识别和特征分析。首先利用互联网地图 POI 数据和银联线下消费数据，根据设施和消费点位的集聚程度以及复合度，综合识别武汉市的主要商业活力中心地区。其次，结合商业活力特征，从"影响实力""消费活力""人群活力"三个角度入手，展开相应的量化分析和对比研究，为相关城市研究和规划提供大数据分析支撑。

2.4.5　空间形态数据及其应用

近年来，以大数据引领的新技术越来越深地介入城市设计、功能单元规划设计的过程以及规划方案优选与评估、城市模拟仿真、城市历史与风貌评估研究等规划研究之中。量化技术使城市设计可以面对多源动态城市空间，综合解决土地、经济、交通、功能、美学等复杂空间发展问题，协同各专业部门，营造高品质城市空间。

曹哲静、龙瀛（2017）提出了数据自适应城市设计的理念，通过精细化的"订制大数据"反馈来实现设计方案和空间使用的可持续良性互动，并以上海衡复历史街区慢行系统设计为例，详细介绍了数据自适应城市设计方案在存量更新中的运用。杨俊宴（2018）在多源大数据的基础上，阐述了全数字化城市设计的概念。通过构建全数字化城市设计框架，研究全数字化城市设计的工作方法。其中，基础性工作包含采集、调研、集成，核心性工作包含分析、设计与表达，实施性工作包含报建、管理与监测。据此可建立基于全数字化流程的城市设计理想范式，以适应不同城市的实践应用。

2.4.6　综合交通数据及其应用

综合交通数据的主要应用领域包括交通影响评价、城市交通与土地利用的关系、城市交通分析与评价、城市交通规划等方面。

例如吕雄鹰、潘海啸（2018）基于摩拜开放数据，分析了上海市共享单车的骑行时空特征，识别了骑行交通热点、交通走廊和停放供需矛盾区域，总结了共享单车现状问题，提出了明确骑行交通发展定位、完善骑行空间环境、提升智能交通管理等发展策略，为规范共享单车有序发展及鼓励非机动化交通提供了规划思路。

轨道交通通过改变周边土地的空间可达性对房价产生影响。潘海啸等（2016）以上海市中心城区为研究对象，采用时间距离度量的方法，分别以第六次人口普查的常住人口及利用手机信令数据识别出的岗位数为权重，建立基于轨道交通的空间可达性指标，并在微观和宏观两个层面上分析空间可达性与房价的关系。该研究预判新增轨道交通引导区域串珠式发展的效果，提出应避免在边际增值效应小的地区进行大规模轨道交通建设。

2.4.7　区域联系数据及其应用

大数据环境下，各类区域联系数据的应用关键在于对城市网络联系的分析，包括区域城镇体系、城市功能定位和城市竞争力等方面。针对多源大数据的特点、设计区域空间格局方法和指标，能更好地梳理和量化对区域问题的理解。如通过车辆 GPS 定位、抓取携程网交通客运时刻表、获取手机信令等方式掌握城市间交通或人流情况，利用百度指数或微博用户相互关注度来获取城市间的信息联系，利用实时银行网络支付方式来了解城市间资本流动情况等。获取区域联系数据后可通过社会网络分析方法模拟城市间交通、信息、资本联系网络，并与城市经济流、金融流等传统方法计算结果进行聚类、层级赋值叠加，找出城市在区域综合联系中的地位以及新政策导向下城市在区域发展中存在的问题，进而提出提升城市网络地位的战略。

在实践运用方面，李哲睿等（2019）利用新浪微博、百度 POI 及统计年鉴等多源数据测度常州市城镇的中心性，并应用于现状城镇等级结构的划分。钮心毅等（2019）使用长三角 16 个城市的手机信令数据，从中识别上海与近沪城市之间居民在普通工作日的一日往返、跨城通勤两类城际出行数据，并用两类城际出行数据来认识上海与近沪城市之间功能联系。詹庆明等（2019）基于多源大数据，探讨交通格局、区域联系、人口腹地等区域研究中的主要话题在大数据时代背景下的发展方向，并利用交通大数据和人口流动大数据表现出的多属性、高密度和广覆盖特点，在经典的区域分析模型基础上，提出综合便利度模型、便利度 - 引力模型和势力范围模型。同时，以武汉市为研究对象展开分析，揭示武汉市与周边中心城市的不同形式的竞争关系，从不同角度阐述武汉所面对的区域发展机遇。

2.4.8　基础地理数据及其应用

遥感影像图、矢量地图、夜光影像数据等基础地理数据的应用领域主要包括城市与城市群扩张、城市与城市群的形态和空间结构、用地设施布局与选址等。

周婕等（2017）基于 MODIS 遥感影像和 DMSP/OLS 夜间灯光数据，以及 Landsat TM/ETH 影像数据和统计年鉴数据，通过计算标准城市用地复合指数 NUACI，提取 2000 年、2005 年和 2010 年 3 个节点年份长江中游城市群城市建成区范围，分析了长江中游环鄱阳湖城市群、武汉城市圈和环长株潭城市群城市建成区空间分布和演变特征。

2.5 小结

数据是对客观事物的符号表达，城市规划量化分析数据是对作为研究对象的城市客观事物的符号化表达，可以实现城市从局部到整体、从单时相到全时相的表达。本章侧重从规划使用领域对城市规划量化数据体系进行分类，包括人口社会、国土空间、产业发展、商业活力、空间形态、综合交通、区域联系、市政设施、基础地理九个大类的规划数据，各类数据的属性一般包括空间位置、定性定量描述和时间三个维度，并对相应的数据应用给出详细案例说明，为其他项目的数据应用提供应用情景。另外，本章还详细介绍了新数据环境下的空间大数据的多种获取方式，例如数据爬取、与企业或研究机构合作共享或购买、物联网采集以及自行采集等方式，保障了后续量化分析的效率与质量。

本章参考文献

[1] 曹哲静，龙瀛. 数据自适应城市设计的方法与实践——以上海衡复历史街区慢行系统设计为例 [J]. 城市规划学刊 ,2017(4):47-55.

[2] 程鹏，唐子来. 上海中心城区的职住空间匹配及其演化特征研究 [J]. 城市规划学刊 ,2017(3):62-69.

[3] 党安荣，甄茂成，许剑，等. 面向新型空间规划的技术方法体系研究 [J]. 城市与区域规划研究 ,2019,11(1):124-137.

[4] 丁亮，钮心毅，宋小冬. 基于移动定位大数据的城市空间研究进展 [J]. 国际城市规划 ,2015,30(4):53-58.

[5] 李哲睿，甄峰，黄刚，等. 基于多源数据的城镇中心性测度及规划应用——以常州为例 [J]. 城市规划学刊 ,2019(3):111-118.

[6] 龙瀛，毛其智. 城市规划大数据理论与方法 [M]. 北京 : 中国建筑工业出版社 ,2019.

[7] 吕雄鹰，潘海啸. 基于摩拜开放数据的上海市共享单车骑行特征分析 [J]. 上海城市规划 ,2018(2):46-51.

[8] 马璇，郑德高，张振广，等. 基于新经济企业关联网络的长三角功能空间格局再认识 [J]. 城市规划学刊 ,2019(3):58-65.

[9] 钮心毅，李凯克. 紧密一日交流圈视角下上海都市圈的跨城功能联系 [J]. 上海城市规划 ,2019(3):16-22.

[10] 潘海啸，魏川登，施澄. 轨道交通可达性对房价影响的差异性分析——以上海市中心城区为例 [J]. 规划师 ,2016,32(S2):203-208,214.

[11] 秦萧，甄峰. 论多源大数据与城市总体规划编制问题 [J]. 城市与区域规划研究 ,2017,9(4):136-155.

[12] 施澄，陈晨，钮心毅. 面向"实际服务人口"的特大城市空间规划响应——以杭州市为例 [J]. 城市规划学刊 ,2018(4):41-48.

[13] 宋小冬，丁亮，钮心毅. "大数据"对城市规划的影响 : 观察与展望 [J]. 城市规划 ,39(4):15-18.

[14] 唐子来，李海雄，张泽. 长江经济带的城市关联网络识别和解析 : 基于相对关联度的分析方法 [J]. 城市规划学刊 ,2019(1):12-19.

[15] 唐子来，赵渺希. 经济全球化视角下长三角区域的城市体系演化 : 关联网络和价值区段的分析方法 [J]. 城市规划学刊 ,2010(1):29-34.

[16] 王德，王灿，谢栋灿，等. 基于手机信令数据的上海市不同等级商业中心商圈的比较——以南京东路、五角场、鞍山路为例 [J]. 城市规划学刊 ,2015(3):50-60.

[17] 杨俊宴. 全数字化城市设计的理论范式探索 [J]. 国际城市规划 ,2018,33(1):7-21.

[18] 詹庆明，范域立，罗名海，等. 基于多源大数据的武汉市区域空间格局研究 [J]. 上海城市规划 ,2019(3):30-36.

[19] 张泽，刘梦彬，唐子来. 证券资本流动视角下上海市与国内其他城市关联网络的行业特征 [J]. 上海城市规划 ,2019(2):77-83.

[20] 甄峰，王波，秦萧，等. 基于大数据的城市研究与规划方法创新 [M]. 北京 : 中国建筑工业出版社 ,2015.

[21] 周婕，卢孟. 基于 MODIS 影像和夜间灯光数据的长江中游城市群空间特征研究 [J]. 现代城市研究 ,2017(4):14-20,50.

第三章

城市规划量化分析模型

模型是城市规划量化分析的方法。城市规划量化分析模型是以数据为基础，通过算法和工具，研究城市不同的时空尺度、要素、个体的发展现状、未来趋势及其联系和影响。采用城市规划量化分析模型，建立完善的方法库和模型库，可以弥补定性分析方法的不足，是规划科学决策的基础，也是规划走向科学的重要途径。城市规划量化分析模型可以多方位地提升规划编制的科学性、规划实施的高效性、监测评估预警的及时性及社会公众的参与性。本章将基于城市规划量化分析模型的分类，分别介绍现状测评和监督预警模型、发展预测和研判模型、规划决策和影响模型、规划实施绩效评估模型。

3.1 城市规划量化分析模型概述

城市作为规划研究的对象，是一种典型的开放复杂巨系统（周干峙，2002），基于定性描述和技术人员经验的传统规划方法难以充分应对现代社会给规划及管理工作带来的挑战。现代城市作为区域政治、经济、文化、教育、科技和信息中心，是劳动力、资本、生活基础设施高度聚集，人流、资金流、物资流、能量流、信息流高度交汇，子系统繁多的多维度、多结构、多层次、多要素的开放复杂巨系统。在传统研究方法中，规划工作往往依赖技术人员的定性描述和主观经验判断，虽然这种方法在历史上取得了明显的成效，但在现代社会，城市的规模日益扩大、城市内部要素日益多元化，传统的定性描述和技术人员经验积累等手段显得有些不适用了。

随着经济学、地理学、社会学等学科在规划管理中的融入和应用以及信息技术的成熟和普及，一些基于数据的量化研究方法开始被运用到规划研究中，并在一定程度上为规划研究的科学决策提供了支撑，这是规划走向科学的重要途径。近年来，获取数据的手段由传统的以统计年鉴、社会调查问卷、深入访谈等方式逐渐转变为以网络信息数据（特别是社交网络数据）抓取以及新空间位置数据（如 GPS、GIS、LBS 等）挖掘等方式，而以数据为基础的大数据和智慧城市已经成为城市研究和规划领域的热点，很多院校及规划院的研究人员相继开展了大量有意义的探索与实践。部分学者和规划师开始转向规划计量模型寻求新的问题解决渠道，并认为这是提高规划科学性的有效途径。大数据应用于城市研究与规划在我国处于起步阶段，很多只是在研究层面进行探索，还需要更多学者的加入和更多研究的积累，但在大数据的背景下，这不仅仅是新数据运用于城市研究和规划，更重要的是它介入城市研究与规划要素间的作用过程，从而为推动城市研究与规划的科学化找到新的突破方向。

城市规划量化分析模型是以数据为基础，通过算法和工具来研究城市不同的时空尺度、不同的要素、不同个体的发展现状、未来趋势及其相互联系和影响的一系列模型方法，可以多方位地提升规划编制的科学性、规划实施的高效性、监测评估预警的及时性及社会公众的参与性。在大数据、大规划时代下，规划编制过程中信息量更广、专业融合更多、规划水平要求更高，规划编制工作已进入以量化分析为支撑的规划编制新阶段。从现有研究中，我们可以看到量化方法已经成为城市研究的一个普遍方法；而大量涌现的城市现象与问题的可视化表达，也离不开量化分析的支撑。这种通过一系列计量模型及数学公式，描述城市发展变化的规律与内在机制的方法，能够揭示城市现象的产生、解决城市问题，并为促进城市未来发展提供更加科学的依据。

3.1.1 城市规划量化分析模型的涵义

尽管城市规划量化模型已经在规划实践工作中被大量运用，但其学术名词还没有统一的定义。为此，本书将通过对比规划模型和城市模型，结合对城市规划量化分析模型的方法、形式、特点的梳理，总结城市规划量化分析模型的涵义。

相较于规划模型，城市模型则具有悠久的历史，如美国社会学家伯吉斯（Burgess）于 1923 年提出的同心圆模型、阿隆索（Allson）提出的竞租模型等。总体而言，城市模型是在对城市系统进行抽象和概念化的基础上，对城市空间现象与过程的抽象数学表达，是定量描述城市的内部结构、关系和法则的重要工具，主要侧重于对城市现状的测评及监督预警两个方面。而城市规划量化分析模型是建立在城市模型的基础上，实现规划从编制—决策—实施—监测—预警—评估—编制—决策……的全方位的、动态的定量化分析，更侧重将规划编制各关键环节数量化、工具化、智能化，从方法上提升规划编制的精准性、科学性。总之，城市模型是一系列对城市运行机制进行解析的模型方法，其研究重点是对城市复杂系统的解析；而规划模型的研究重点是规划这一干预行为，其重点是通过研究解析实现对城市复杂系统的"精准干预",是以城市模型为基础的一类量化模型。

新数据环境下,可视化技术、空间分析技术、空间数据挖掘技术、神经网络、基于人工智能的空间分析技术等分析方法逐渐被纳入城市规划量化分析方法,这使得利用计算机解决复杂的空间问题成为可能。在方法层面,城市规划量化分析模型构建过程中使用的方法主要包括概率论、数理统计建模方法、运筹学方法、模糊数学、分维几何方法、非线性分析方法等;在形式方面,城市规划量化分析模型主要包括数学公式、平台算法及可视化技术等,具有复杂性、空间性和动态性的特点。

3.1.2 城市规划量化分析模型的作用

总体而言,城市规划量化分析模型的作用主要体现在以下四个方面。

其一,描述客观事物的特征,通过描述城市内部各个要素、城市与城市之间的关系及相互影响,使得规划师或管理人员能够直观、动态地理解城市发展和扩张过程中的城市整体或城市子系统的运行机制。

其二,预测城市的未来发展趋势,实现对人口、产业等专项的精准分析和预测,而量化分析模型对规划编制方案下的发展进行预测和模拟,则有助于确保规划的人为干预能够促进人类社会的繁荣和环境的可持续发展。

其三,辅助规划方案决策判断,通过量化规划编制的基本信息建立模型,进行多方案多指标的分析和评估能够辅助最终方案的确定。

其四,评估规划实施绩效,通过量化分析模型对规划实施结果提供一个有效的评判和反馈机制,再通过这种检查总结反馈,确定项目预期的目标是否达到、项目或规划是否合理有效、项目的主要绩效指标是否实现。

3.1.3 城市规划量化分析模型的内容体系

对于城市这一开放的复杂巨系统而言,城市规划量化分析模型也呈现出明显的复杂系统特点。一般而言,复杂系统包括要素、结构和功能三个要件,其中结构是要素之间的关系,并决定了功能和目标。城市规划量化分析模型具有自适应性、自组织性和层次性,这些特征与城市系统也是相通的。

首先,是城市规划量化分析模型的内容要素。按照不同模型的作用,本书根据计量方法在规划中的应用阶段,将城市规划量化分析模型分为现状测评和监督预警模型、发展预测和研判模型、规划决策和影响模型、规划实施绩效评估模型4个大类(图3-1-1)。

其次,是城市规划量化分析模型的体系架构。城市规划量化分析模型的体系架构即其内在结构,是城市规划量化分析模型研究的核心内容,为我们研究城市规划量化分析模型提供了具体的方法和维度。按照规划原理可以将规划实践领域进行的研究划分为5个大类(表3-1-1)。其中,城市与城镇化是规划编制的最终目标内容;社会、经济、环境等规划相关因素是规划编制整个工作流程都需要考虑的因素;空间规划、专项规划两类都是针对城市空间所作的研究;规划实施则是效益体现。每个类别的研究内容

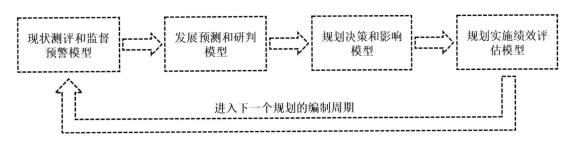

图3-1-1 城市规划量化分析的四类内容要素
资料来源:根据牛强等相关研究成果绘制

都涵盖了四类模型的应用，依据文献和实际案例，本书整理出每个研究内容所相关的模型。一方面能够清晰地、结构化地组织管理各类规划计量方法，方便查找和使用；另一方面能反映出所有量化分析的关系和作用，形成体系，方便规划计量研究者发现城市规划量化分析模型体系中的不足和空白，促进其全面、系统的发展（表3-1-1）。

城市规划量化分析模型内容体系一览表
表 3-1-1

研究内容 \ 模型类别	现状测评和监督预警模型	发展预测和研判模型	规划决策和影响模型	规划实施绩效评估模型
城市与城镇化	城镇化水平评价（三维指标球模型、产业聚集度模型等）……	城镇化水平预测（Logistic曲线模型、干预分析模型、时间序列法等）……	经济区划（0-1规划型、SOM神经网络分类模型）……	城镇化水平下的资源效益评价（信息熵、TOPSIS模型）
社会、经济、环境等规划相关因素	大气环境质量评价（模糊综合评价模型、物元模型等）……	人口规模预测（数理统计法、人口容量限制法、区域人口分配法）……	风环境模拟（WRF数字模型、RANS模型等）……	产业转移对工业发展水平的效益评估（PSM-DID模型、TOPSIS模型）……
空间规划	土地利用演化与评价（土地利用变化模型、模糊综合评价等）……	建成区面积预测（BP神经网络、多元回归模型、建成区界定模型）……	用地布局优化效应（城市空间布局优化效应评价模型、熵值法、层次分析法）……	城市历史与风貌改造方案评价（IPA评价模型）……
专项规划	城市交通服务水平评价（交通可达性评价、模糊综合评判模型等）……	城市交通需求预测（四阶段法、基于活动链的离散选择模型）……	建设项目的交通影响评价（模糊评价模型、BP神经网络模型）……	城市绿地系统规划绩效评估（层次分析法、愉悦价值模型）……
规划实施	—	—	规划模拟与方案优选（综合效益评价、线性规划）……	规划空间引导效能分析、多元回归模型、DEA模型、层次分析法……

资料来源：根据牛强相关研究成果整理。

　　最后，是城市规划量化分析模型的功能作用，也就是各类城市规划量化分析模型在规划编制中的具体作用。本书从理性规划的角度出发，将规划编制分解为界定问题和目标、提出解决问题和实现目标的方案以及方案实施后的效益评估三个环节：现状测评和监督预警模型与发展预测和研判模型的功能是界定问题和目标，不同的是，现状测评和监督预警模型是把握城市现状，发现现状城市建设中存在的问题及其与预期的规划目标之间的差距，而发展预测和研判模型是根据城市发展的未来趋势发现问题，预测城市发展与规划目标是否一致。规划决策和影响模型的功能是辅助规划师在基于多方利益相关主体的利弊博弈下，找到解决问题的途径，通过规划量化编制项目的基本信息，利用模型所提供的多方案、多指标的分析和评估，确定最终方案；规划实施绩效评估模型的功能是对已编制完成的规划进行实施前评估、实施中评估与监督、实施后评估与反馈，确定项目预期的目标是否达到、项目或规划是否合理有效、项目的主要绩效指标是否实现。以上四类模型是相互联动且层层递进的关系，每类模型都会涉及规划的相关内容，四者联动作用（图3-1-2）。

3.1.4　城市规划量化分析模型的应用原则

　　为了保证城市规划量化分析的正确性、规范性和科学性，避免陷入伪科学、自娱自乐的境地，需要对开展计量分析的方法论原则进行探讨。总体而言，城市规划量化分析模型应用中应注意的原则可以从以下两个方面展开。

　　一方面，城市规划量化分析模型的研究和应用应当遵循实证主义和规范主义相融合的原则。规划实证分析试图回答"城市是什么"，它和社会科学实证分析基本相同，

图3-1-2　城市规划量化分析的四类模型的联动机制图示

资料来源：根据牛强相关研究成果绘制

其基本步骤是：①对城市的观察→②关于理论的抽象、构建假说→③建立模型→④获取样本观测数据→⑤估计模型→⑥检验模型→⑦应用模型。其中城市规划量化分析模型的构建需要完成步骤①～⑥，而模型的应用需要完成过程④～⑦，也就是说，需要首先校核和检验模型，然后才能使用模型。其间任一步骤的缺失都有可能造成结论的错误。

规划的规范分析试图回答"城市应该是什么"，需要深入分析利益相关方的价值观和价值判断，并将其融入城市测评、影响评估、运筹和决策等方法的构建和应用中去，其中"人"是研究的核心。例如在开展多指标综合评价时经常采用的专家打分法确定权重就是为了融入决策者的价值判断。

另一方面，城市规划量化分析需要遵循一般科学研究的方法论原则。城市规划量化分析需要综合应用归纳与演绎、证实与证伪，分清一般与个别的关系。大多数城市规划量化分析新方法的研究是以归纳法为主的，需要通过观察，从大量城市现象和数据样本中总结出一般城市规律并形成城市规划量化分析模型。这个过程中需要注意这是从个别到一般的研究，即使所有个别现象都是真实的，即归纳的前提都是真实的，但得出的一般性结论却未必真实，所以需要对其进行证伪，并通过实证去进一步证实。例如，通过对我国大量城市的观察和统计发现，经济增长和城市用地增长具有强正相关性，并通过了因果检验，但就此得出"经济增长一定会推动城市用地增长"的结论却不一定正确，这时需要去证伪该命题，通过更广泛的调查就会发现有些西方城市在经济发展到较高水平之后，经济增长并不会带来城市用地的增长，从而可以否定该命题，这时候就需要对该命题进行修正，增加"工业化阶段"等约束条件。

对现有城市规划量化分析模型的应用或者进一步推导出其他模型就属于演绎法范畴。城市规划量化分析模型的应用是从一般到个别的研究，通常情况下都是正确的，但要注意分析模型的前提是什么，是否得到满足，因为不满足前提的模型应用，其结论往往是错误的。前述关于现有城市规划量化研究成果中很多缺乏对模型应用前提进行说明的步骤，就很容易在模型应用过程中出现演绎错误。此外对量化分析模型的推导也需要区分充分条件和必要条件，不能出现逻辑错误。例如假设命题"在工业化阶段，经济发展会推动城市用地扩展"是正确的，就此得出"扩展城市用地就会推动经济发展"的结论，这就是错误的演绎，因为前者是后者的充分不必要条件。

3.2 现状测评和监督预警模型

对城市现状进行解析是准确编制相关政策和规划的前提和基础，也是一切城市研究的前置程序。现状测评和监督预警模型的主要工作内容是对城市的现状特征进行准确刻画，量化研究方法可以利用城市现状的指标数据，通过一些精炼的指标、图示或特征类别来反映城市当前的状态，从而进行问题与风险识别，并及时预警。所采用的方法大多源自相关规划理论，并建立在数理统计基础之上。例如，利用城市现状的人口、GDP等关键指标作为参数，通过地区排名或运用引力模型、城市关联网络方法研判城市在区域中的格局与地位；再如，利用手机信令数据识别日间和夜间的人群主要活动区域，从而辅助识别城市内部的空间结构特征等。

3.2.1 模型的作用

现状测评和监督预警模型通过构建城市现状指标体系、专项评估及预警模型，对城市的各个要素展开长期监测、定期体检、问题识别和及时预警。并基于城市空间规划数据资源，对城市的特征进行总结和凝练，以便精准地概括出城市的核心特征，为空间精细化治理和规划动态优化提供决策依据，并使之成为后续规划编制的科学依据。

3.2.2 相关模型梳理

现状测评和监督预警模型梳理的一般方法是：利用城市现状的指标数据，通过一些精练的指标、图示或特征类别来反映城市当前的状态，所采用的方法大多源自相关规划理论，并建立在数理统计基础之上。本书按照规划原理及现有的研究案例将现状测评和监督预警模型梳理为 4 个大类，15 个中类及若干小类，并从文献和案例中整理相关模型，使量化分析的内容具体化（表 3-2-1）。

现状测评和监督预警模型梳理一览表 表 3-2-1

规划研究内容			量化分析内容	相关模型
大类	中类	小类		
城市与城镇化	城镇化	—	城镇化水平测度	三维指标球模型、复合系统模型、MTS（马田系统）模型、产业聚集度模型、协调度模型、阿特金森模型、DPSIR（驱动力压力—状态—影响—响应）模型、LSQ（民生—可持续—质量）模型、层次分析法、功效系数法、DEA 模型、熵值法、主成分分析法、变异系数法、因子分析法、聚类分析法、判别分析法、BP 神经网络模型、模糊综合评价
			城镇化与城市发展的协调程度评价	耦合度模型、协调度模型、K 值法
	城市人居环境	城市人居环境质量评价	城市人居环境质量评价	DPSIR 模型、能值分析模型、熵权 TOPSIS 法、层次分析法、德尔菲法
社会、经济、环境等规划相关因素	人口与社会	人口规模	城市合理人口规模评价	基于 PREES 系统理论模型，构建非线性多目标决策模型
			城市人口增长的影响因素分析	因子分析法、向量自回归模型、格兰杰因果检验、空间自相关分析
		人口空间分布	人口空间分布测度	城市人口密度模型、内插法空间分布模型、地理因子相关性模型、日夜潮汐指数
			人口分布的集散程度评价	集中指数、不均衡指数、全局莫兰指数（Moran's I）分析、聚类和异常值（Anselin Local Moran's I）分析
		职住分离	职住分离程度测度	职住分离指数、平衡度测量模型、自足性测量模型、职住分离洛伦兹曲线、信息熵模型、就业居住吸引度指数
			职住空间特征	轨迹数据分析模型
	经济与产业	产业选择	主导产业选择评价	密切值法模型、钻石模型、投入产出模型、投影寻踪模型、DEA 模型、多参量 GERT 网络模型、偏离－份额分析模型、模糊评价模型、层次分析模型、因子分析法、主成分分析法、灰色系统模型、聚类分析模型
			战略产业选择评价	Weaver-Thomas 的评价模型、波士顿矩阵模型、层次分析法、TOPSIS 模型、多指标加权灰靶综合评估决策模型
		行业综合发展	行业演变分析	区位熵
	生态与环境	城市物质环境模拟和评价	大气环境质量评价	模糊综合评价模型、物元模型
			大气环境容量计算	箱式模型、宏观总量控制 A 值法模型、线性优化模型、ADMS 模型
			城市热气候评价	城市区域热气候预测模型
			城市风环境模拟	舒适度、局地气候、风力扩散、神经网络（SOMs）方法、CFD（计算机模拟）、SWIFT 模型
空间规划	城市用地	城市土地利用变化和评价	土地利用演化与评价	土地利用变化模型、土地利用影响评价模型、智能多主体模型、模糊综合评价、主成分分析、马尔科夫模型、扩展强度指数、紧凑度指数、平均地块面积 (MPS)、地块密度 (PD)、边界密度指数 (ED)、地块数量破碎化指数 (FN)、地块形状破碎化指数 (FS)、信息熵赋权法
			土地利用潜力评估	存量空间价值评估模型、层次分析法、多指标评价法
			土地利用绩效评价	"屠能－阿隆索"地租竞价模型、城市紧凑度
			土地可持续利用评价	土地可持续利用模型、动态面板数据模型、物元模型、层次分析法、熵权法评价、DEA 模型

规划研究内容			量化分析内容	相关模型
大类	中类	小类		
空间规划	城市用地	城市土地利用的经济效益评价	城市土地利用的经济效益评价	DEA 模型、土地利用经济密度模型、土地投入效益熵值模型、土地产出效益熵值模型
			土地利用与经济发展的协调性	主成分分析法、模糊数学模型、协调度模型、层次分析模型、土地利用系统发展度模型、经济系统的发展度模型
		城市扩展	城乡耦合地域空间演变分析	非线性动力学模型、主成分分析法
			用地适宜性评价	用地适宜性评价模型、潜力—阻力模型、模糊评价法、层次分析法
	区域规划	城市间经济联系和经济区划	城市间经济联系测度	引力模型、潜力模型、可达性模型、经济流强度模型、中心职能强度模型、地缘经济关系测算模型、社会网络分析模型
		城市竞争力	城市综合竞争力评价	城市尺度的网络竞争力模型、城市竞合模型、波特钻石模型、IMD 竞争力模型、彼得多变量模型、丹尼斯模型、Doug-lasWebster 模型、"城市经营"模型、"迷宫"模型、"城市价值链"模型
			城市单项竞争力评价	城市整体交易效率模型、会展城市竞争力模型、物流竞争力模型、软实力评价模型
			城市群竞争力评价	城市群竞争力模型
		城镇体系	区域协调评价	离差系数协调度模型、隶属度函数协调度模型、资源环境基尼系数协调度模型、欧氏距离协调度模型、系统动力学模型、DEA 模型
			城市群一体化测评	城市群一体化进程监测模型
			城市群发展特征测评	固定效应模型、随机效应模型
			城市群发展动力机制解析	固定效应模型、随机效应模型
			城市职能测度	统计聚类模型、Kohonen 网络（自组织特征映射）模型
			城镇体系的空间结构测度	中心地理论、帕累托分布模型、齐普夫规模分布模型、首位度模型、位序—规模法则、罗特卡模型、金字塔模型、偏离份额模型、城市圈层级结构模型、都市圈扩散域空间嵌套模型、分形理论
		城乡统筹	城乡统筹发展水平测度	城乡融合度模型、城乡发展协调度测算模型
	总体规划	城市职能评价	城市职能测度	统计聚类模型、Kohonen 网络（自组织特征映射）模型
		城市规模评价	最优城市规模	城市规模与产出的分形模型、拥挤效应函数、城市规模收益函数、城市外部成本函数、城市总生产函数模型
			人口增长与城市用地扩张的协调性测度	协调性系数（CPI）、容量耦合系数、离差系数、协调度分析模型
		城市总体布局评价	城市空间结构和形态特征	城市功能空间紧凑度模型、回归分析法、地理统计方法（Geo-Statistics）
			城市空间结构的发展绩效	模糊综合评价
	控制性详细规划	城市建设强度	密度分区	非参数统计学的局部线性回归模型、基于效率原则的开发强度分区模型、空间句法
			现状容积率快速测算	容积率遥感估算模型
			控规其他指标测度	多情景土地使用性质弹性模型、降水模拟模型、可渗水面积估算模型、微观经济模型、控规经济分析框架
		用地布局与设施评价	公服、市政和商业设施布局评价	Huff 模型、中小学服务区模型、区位选择 - 消费配置模型、城市物流设施布局与规划模型、变电站选址模型、空间统计分析、Voronoi 图、可达性分析、基础设施经济效率模型、综合公平分析模型、DEA 模型、空间距离协调度模型、空间协调度测算、灰色关联熵法
			绿地和开放空间布局评价	Huff 模型、空间句法、可达性评价、空间耦合模型、离差系数
			物质生产用地布局评价	"能源景观"理论分析模型、空间数据分析
			商务办公用地选址评价	UrbanSim 城市模拟、空间一体化模型
			商业中心活力评价	市内影响指数、市外影响指数、设施积聚指数、设施多样性指数、热点设施评价指数、消费积聚指数、消费多样性指数、平均租金指数、日常人流积聚指数、日内人流积聚变化指数

续表

规划研究内容			量化分析内容	相关模型
大类	中类	小类		
专项规划	城市交通与道路系统	城市交通分析与评价	城市交通服务水平评价	交通可达性评价、模糊综合评判模型、基于用户感知的灰类白化权函数、骑行指数、出行分担率、通勤强度、通勤距离、空间句法
			城市交通发展水平评价	层次分析模型、模糊综合评价、灰色聚类模型、空间句法
			城市生态交通评价	五级标度模型、模糊综合评判模型、DPSIR 模型
	城市生态与环境规划	城市生态	生态足迹计算	生态足迹模型、能值改进的生态足迹模型
			城市生态系统承载力	资源承载指数、环境承载指数、综合承载指数
			城市生态环境质量评价	能值 - 生态足迹模型、灾变模型、熵值模型、模糊综合评价模型、模糊循环迭代评价模型、主成分分析、集对分析法、层次分析法、属性层次 - 识别模型、GM（1,1）模型、结构方程模型、系统动力学模型、回归分析模型、可拓学模型、门槛模型
			城市生态效率测算	因子分析、DEA 模型、超效率 DEA 模型、Malmuquist 指数、湿度分量（Wet）、植被指数（VI）、干度指数（NDBSI）、热度指数（LST）
			生态敏感性评价	GIS 叠加分析、主成分分析法、变异系数法、熵权法、因子分析法、模糊物元模型
			景观空间格局与生态安全	空间自相关模型、景观格局指数法、生态网络分析法
	城市工程系统规划	城市给水排水系统	城市防涝设施布局评价	水力模型
			泾河流域内涝风险评估	Mike Flood 模型、info Works CS 模型、SWMM 模型、MIKE 11 模型、二维地表漫流模型（MIKE 21）
			城市供水管网现状测度	分形维数、K-means 算法、Prim 算法、层次分析法
		城市能源工程系统	城市燃气管线的风险评价	热辐射、气体泄露速率、致死概率计算
			城市燃气管道安全失效概率分析	HUGIN 模型、MSBNX 模型、贝叶斯网络
		城市防灾工程系统	土地利用防灾适宜性评价	层次分析法、模糊综合评判法、灰色聚类方法
	城乡住区规划	功能单元规划设计	社区满意度和弹性	社区满意度评价模型、社区弹性模型、统计分析模型
		居住空间分异与隔离	居住分异与隔离测度	隔离指数、差异指数、分异指数、本地化系数、空间修正分异指数、多组群分异指数、空间修正多组群分异指数
	城市设计	—	大尺度形态分析	空间句法
			空间视觉分析	D/H 比、Fisher-Gewirtzman 的 SOI 指数、GIS 景观视域分析、通视率、平均视觉遮挡距离、空间开敞度
			建筑底层界面形态测度	建筑临街区宽度、建筑底层临街面的透明度、建筑贴线率、功能密度、店面密度
			景观量化评价	开放空间量化评价模型、景观质量评价模型、高度评价模型、天际轮廓景观评价模型、SD 法（语义差异法）
			城市色彩	社会统计学、语义差别分析法
			城市街道品质评价	街道绿视率、天空率、开敞率、建筑视野率、贴线率、步行空间尺度、透明度和宽高比、SD 语义分析法、空间句法
	城市遗产保护及城市复兴	城市遗产保护	历史风貌特征识别	街区色彩特征模型、视觉词袋
			历史保护价值评价	意愿价值评估法、保护优先权排序模型、模糊综合评判模型、空间句法、层次分析法、模糊综合评价分析、主成分分析、回归分析、条件价值法

资料来源：根据牛强相关研究成果整理。

3.2.3 发展趋势

在当前阶段，上述方法依然是规划涉及的量化分析方法的主体，可以利用数据直观反映和比对城市状态，发现城市问题，在一定程度上规避规划研究人员的主观性，大幅度提升规划分析的深度、客观性、准确度，进而成为未来城市规划量化分析发展的重要着手点。

需要说明的是，尽管这一阶段的量化分析研究方法强调的是对城市现状特征的客观归纳，但其中大部分量化分析研究方法也在发展趋势判断、规划决策模拟以及政策实施评估等阶段得到利用。

3.3 发展预测和研判模型

规划决策不仅要立足于城市发展现状，也要强调对未来发展态势的把控。发展预测和研判模型正是基于现状基础，对特定地区的未来发展态势作出的整体性判断。这类模型的主要工作内容是基于现有发展条件、特定规划或政策情景来预测和模拟城市未来的改变。通常采用时间序列分析、回归分析等统计分析方法，系统动力学方法和元胞自动机、多主体系统等现代计算方法。常见对人口、经济、交通发生量、城市规模、城市边界、城市扩张、城市形态等的预测和模拟。

3.3.1 模型的作用

发展预测和研判模型基于现有发展条件或者特定政策情景，再结合城市的已知特征和规律，通过时间序列、趋势外推等模型对城市未来的某些特征、发展状况进行估计，预测城市发展。此类模型可以降低对未来事物认知的不确定性，预判未来城市可能出现的问题，明确发展目标并指导规划师的规划方案编制。

3.3.2 相关模型梳理

发展预测和研判模型的一般方法是：利用城市要素过去几年甚至是几十年的数据，根据城市运行内在规律，通过一些精练的指标、图示、动画和情景模拟来预测城市未来的发展情况。本书按照规划原理及现有的研究案例将发展预测和研判模型梳理为 5 个大类，13 个中类及若干小类，并从文献和案例中整理相关模型，使量化分析的内容具体化（表 3-3-1）。

发展预测和研判模型一览表　　　　　　　　　　　　　　　表 3-3-1

大类	中类	小类	量化分析内容	相关模型
城市与城镇化	城镇化	—	大都市区的城市扩展模拟	元胞自动机、离散模型
			城镇化水平预测	系统动力学模型、中国城镇化 SD 模型、相关系数和回归模型、灰色系统模型、线性回归模型、综合增长率模型、灰色模型
			城镇化与生态环境耦合动态模拟	系统动力学模型、中国城镇化 SD 模型
社会、经济、环境等规划相关因素	人口与社会	人口预测	人口规模预测	综合增长率法、指数增长模型、逻辑斯蒂曲线（Logistic）模型、劳动力需求预测法、资源环境承载力预测法、基础设施承载力预测法
		职住关系	职住分布模拟预测	人口就业分布和选址函数、交通需求预测模型
	经济与产业	产业发展	产业发展预测	R/S 分析方法、马尔可夫链预测模型
		行业时空演变	—	核密度分析

续表

大类	中类	小类	量化分析内容	相关模型
社会、经济、环境等规划相关因素	生态与环境	城市物质环境模拟和评价	典型污染物浓度的变化趋势	ANN 模型
			热环境模拟	改进的 CTTC（集总参数）模型、计算流体力学（CFD）模型、基于元胞自动机模型和马尔可夫模型的 UHI-CA-Markov 模型、WRF 数字模型、ENVI-met 模型
			风环境模拟	WRF 数字模型：RANS 模型等
			光环境模拟	日照分析、沃克（walker）数字模型
			大气环境容量计算	箱模型、宏观总量控制 A 值法模型、线性优化模型、AD-MS 模型
			水质变化趋势	T-S 模糊神经网络
			水资源承载力预测	人工神经网络
			能源需求预测	RBF 神经网络、BP 神经网络线性回归
			交通设施影响下的大气污染物浓度变化趋势	BP 神经网络
空间规划	城市用地	土地利用变化研究	土地利用需求预测	CLUE 模型、CLUE-S 模型
			土地利用变化趋势	CLUE-S 模型、Markov 模型、Autologistic 回归模型
			土地利用模式模拟	CA 模型、紧凑度、破碎度、斑块密度、空间聚集度
			土地利用规划的环境影响评价	NPD-LUPEA 模型、SIS 框架模型
		城市扩展	城市扩展预测模拟	CA 模型、MAS 模型
			城市建成区面积预测	RBF 神经网络、BP 神经网络线性回归
			城市扩展格局优化预测	SD 模型、CA 模型
			土地需求预测	灰色系统预测模型、马尔可夫预测模型、灰色－马尔可夫组合预测模型
			城市用地预测模型	经济指标修正模型、博弈模型、齐普夫模型、微分方程模型
			城市用地扩张极限规模预测	灰色关联度法、逐步回归法分析、逐步回归模型、人均用地面积模型
	区域规划	城市竞争力	城市竞争力预测	灰色预测 GM（1，1）模型，决策树模型、CART 算法
		城镇体系	都市群的城镇发展水平预测	时间序列模型、联合国法、逻辑斯谛预测模型
	总体规划	城市规模	城市规模预测	自适应元胞自动机模拟模型
	控制性详细规划	用地布局与设施评价	设施用地规模预测	CA 模型、Markov-C5.0 分类算法、数理统计模型、GIS 空间数据处理方法、GIS 空间分析模型、线性优化（LP）模型
			基础教育规模变动及其趋势预测	CPPS 模型、递归平滑算子方法
专项规划	城市交通与道路系统	城市交通分析与评价	城市交通需求预测	四阶段法、离散选择模型、基于活动链的离散选择模型、最短线路分配模型、容量限制－增量加载分配模型、转移曲线模型、弹性需求均衡分配模型、随机用户均衡的变分不等式模型、随机 混合交通平衡分配模型、多路径概率分配模型
			城市轨道交通车站客流规模预测	聚类算法、多元回归客流预测模型
			城市轨道交通站点接驳设施规模预测	logistic 回归模型、贝叶斯模型、分担率预测模型
			城市出租车规模预测	系统动力学模型、实载率控制法

大类	中类	小类	量化分析内容	相关模型
专项规划	城市生态与环境规划	城市生态	生态退化预测	双层通信网络模型（TCNM）
			生态发展趋势预测	GM（1,1）模型
			生态足迹预测	ARIMA模型、灰色神经网络模型、非平稳时间序列模型、灰色预测模型GM（1,1）
	城市工程系统规划	防灾工程规划	洪灾风险预测	空间显式贝叶斯网络
		给水规划	城市日常用水需求	动态高斯贝叶斯网络模型
	城乡住区规划	停车设施规划	居住区停车泊位需求预测	多元回归预测、区位修正系数、建筑类型修正系数、主成分分析
		居住区室外环境设计及规划	小区热环境评价	CTTC（集总参数）模型、流体力学模型
规划实施	城市开发规划	地下空间开发	地下空间需求预测	地下空间需求预测模型、层次分析法、空间回归模型

资料来源：根据牛强相关研究成果整理。

3.3.3 发展趋势

上述城市规划量化分析方法通常是规划编制的出发点和基本前提，为制定规划目标、理解城市变化趋势提供了一定的支持，即判断目标区域在未来一段时期发展的大趋势和整体背景。但实际上，这类研究大多处于探索阶段，可靠性有待提高。城市或乡村地区往往是由多个因素共同决定的，任何研究都只能关注一部分影响因素，并忽略另一部分因素，而任何一个法则的忽略都有可能带来极大的不确定性，所以"绝对准确"的预测暂时是难以实现的。比较现实的是研究在一系列限定条件下"相对模糊"的谨慎预测。总之，在目前阶段，城市规划量化分析研究方法还不能实现对目标区域的"精准"预测，这也是未来需要进一步深化拓展的方向。

3.4 规划决策和影响模型

规划是编制主体（一般情况下为政府等公共部门）的意志体现，体现了编制主体的决策意志。然而，在正式作出决策之前，规划编制主体往往有多个选项，如何在这些选项中筛选出最合适的规划方案，是规划决策阶段核心问题。

3.4.1 模型的作用

规划决策和影响模型的作用在于通过评估不同的规划方案对经济、社会、交通、生态、物质空间环境等产生的影响，对多个规划方案进行模拟和比选，协调多方利益，从而辅助规划决策。这样促使规划师更加科学、客观、准确地找到相对最优的规划方案，加快问题的解决和响应速度，可大概率避免盲目决策带来的公共资源浪费和社会问题。

3.4.2 相关模型梳理

规划决策和影响模型梳理的一般方法是：基于规划方案的相关数据，如控制线、空间规划、矿产地质与灾害规划、专项规划等数据，通过既定的指标、动画和情景模拟来展示规划方案对城市未来在人口、经济、社会、空间等方面的影响。本书按照规划原理及现有的研究案例将规划决策和影响模型梳理为5个大类，15个中类及若干小类，并从文献和案例中整理相关模型，使量化分析的内容具体化（表3-4-1）。

规划决策和影响模型一览表　　　　　　　　　　　　　表 3-4-1

大类	中类	小类	量化分析内容	相关模型
城市与城镇化	城镇化	—	经济区划	断裂点模型、层次聚类模型、0-1 规划模型、SOM 神经网络分类模型
		规划愿景达成度	规划愿景达成度模拟	关联函数模型
社会、经济、环境等规划相关因素	人口与社会	人口	城市合理人口规模决策	非线性多目标决策模型
			最优城市规模决策	城市规模与产出的分形模型、拥挤效应函数、城市规模收益函数、城市外部成本函数、城市总 生产函数模型、城市单位生产成本函数、城市规模 - 碳排放经验模型、城市规模 - 居民幸福感模型
	经济与产业	产业选择	主导产业选择	密切值法模型、钻石模型、投入产出模型、投影寻踪模型、DEA 模型、多参量 GERT 网络模型、偏离 - 份额分析模型、模糊评价模型、层次分析模型、因子分析法、主成分分析法、灰色系统模型、聚类分析模型
			战略产业选择	Weaver-Thomas 的评价模型、波士顿矩阵模型、层次分析法、TOPSIS 模型、多指标加权灰靶综 合评估决策模型
		房地产业	房地产投资决策	价格变动率、单位建筑成本变动率、费用变动率非线性模型
		旅游业	景区旅游线路规划	灰熵决策模型、Dijkstra 算法
	生态与环境	城市物质环境模拟和评价	热环境模拟	改进的 CTTC（集总参数）模型、计算流体力学（CFD）模型、基于元胞自动机模型和马尔可夫模型的 UHI-CAMarkov 模型、WRF 数字模型、ENVI-met 模型
			风环境模拟	WRF 数字模型：RANS 模型等
			光环境模拟	日照分析、沃克（walker）数字模型
空间规划	城市用地	城市土地利用变化和评价	土地利用规划决策	随机森林算法、扩张指数、基于智能体的模拟模型、Logistic 回归计算、AHP 层次分析法、突变级数模型、DEA 模型、土地利用经济密度模型、土地投入效益熵值模型
			用地开发强度规划决策	用地开发强度动态决策模型、DEA 模型、土地利用经济密度模型、土地投入效益熵值模型、土地产出效益熵值模型
		城市土地利用的经济效益影响	城市土地利用规划的经济效益影响	DEA 模型、土地利用经济密度模型、土地投入效益熵值模型、土地产出效益熵值模型
		城市扩展	城市空间扩展决策	CA 模型、多目标灰色决策方法、城市空间扩展模型
	区域规划	城镇体系	城镇体系规划决策	GIS 平台分析工具、神经网络、CA 模型、Agent 技术、固定效应模型、随机效应模型、统计聚类模型、Kohonen 网络（自组织特征映射）模型、帕累托分布模型、齐普夫规模分布模型、首位度模型、位序 - 规模法则、罗特卡模型、金字塔模型、偏离份额模型、城市圈层级结构模型、都市圈扩散域空间嵌套模型、分形理论
	总体规划	城市总体布局	城市增长边界划定	ABM 模型
			生态红线划定	贝叶斯网络模型
			基本农田规划	主成分分析法、0-1 整数规划模型
	控制性详细规划	城市建设强度	规划容积率确定	非线性优化模型、开发强度"值域化"控制模型、基于城市交通承载力的用地开发强度模型
			控规其他指标确定	多情景土地使用性质弹性模型、降水模拟模型、可渗水面积率估算模型、微观经济模型、控规经济分析框架
		用地布局与设施评价	公服、市政和商业设施布局决策	Huff 模型、中小学服务区模型、区位选择 - 消费配置模型、城市物流设施布局与规划模型、变电站选址模型、空间统计分析、Voronoi 图、可达性分析、基础设施经济效率模型、综合公平分析模型、DEA 模型、空间距离协调度模型、空间协调度测算、灰色关联熵法
			绿地和开放空间布局决策	Huff 模型、空间句法、可达性评价、空间耦合模型、离差系数
			物质生产用地布局决策	"能源景观"理论分析模型、空间数据分析
			商务办公用地选址决策	UrbanSim 城市模拟、空间一体化模型
			用地布局优化效应决策	城市空间布局优化效应评价模型、熵值法、层次分析法

续表

大类	中类	小类	量化分析内容	相关模型
专项规划	城市交通与道路系统	城市交通分析与评价	城市交通网络设计和优化	双层规划模型、非线性规划模型、鲁棒优化模型
			公路网改扩建规划决策	公路网改扩建决策优化双层规划模型、遗传算法
			城市公交线网规划方案优化决策	灰色关联度模型、客观信息熵模型、拉格朗日函数
			城市停车设施规划方案决策	不确定多属性决策模型
			建设项目的交通影响评价	模糊评价模型、BP 神经网络模型
	城市生态与环境规划	城市生态	绿色生态城区规划	碳排放评估模型
	城市工程系统规划	排水系统规划	多目标排水沟系统规划	粒子群算法（PSO）、灰色关联投影法（GRA）
		电力系统规划	电网规划方案决策	层次分析法（AHP）、数据包络法（DEA）
	城乡住区规划	住宅规划	住宅区位选择	住宅区位综合评价模型
	城市设计	—	城市设计方案比选	层次分析法（AHP）、回归分析、条件价值法
规划实施	城市开发规划	土地整治规划	土地整治规划方案评价	灰色多目标决策模型
	城市规划管理	—	城市规划模拟与方案优选	综合效益评价、线性规划

资料来源：根据牛强相关研究成果整理。

3.4.3 发展趋势

目前阶段，学术界关于规划决策和影响的量化研究非常薄弱，尤其是对经济、社会、行为、生活等深层次的研究还十分匮乏，这类研究目前占比不高，但得出的结论一般比较可靠，因为运筹学方法相对成熟，这为寻找最优方案和辅助决策提供了有力支持。

事实上，不论是微观的容积率确定、建筑拆除、项目选址等研究，还是宏观的结构规划、战略布局规划等研究，实质都是不断决策的过程。因此运筹和决策的量化分析方法在规划领域可大有作为，是提高规划决策科学性的有效手段。虽然目前该方法在规划中的应用还比较少，但也是未来发展的重要方向。

3.5 规划实施绩效评估模型

从蓝图式静态规划走向过程性动态规划已成为规划师探讨的热点问题之一，实现动态规划的关键在于采取什么样的方法能够使规划过程有效地应对城市发展的各种不确定性。规划实施绩效评估模型方法主要用于评价和估计各种城市变化对经济、社会、交通、生态、物质空间环境等的影响，所采用的方法主要有数理统计法、应用模型法、仿真法等。应用领域有容积率扩容影响、规划实施评价、建设项目交通影响评估、用地布局优化效应评估、土地价格影响评估等。这类影响评估通常也蕴含着决策者、利益方和规划师所持有的价值准则，以及现有的各类规范和标准。

3.5.1 模型的作用

规划实施绩效评估模型是通过一系列的指标对已编制完成的规划进行实施前评估、实施中评估与监督、实施后评估与反馈，从而确定项目预期的目标是否达到，项目或规划是否合理有效，项目的主要效益指标是否实现。

由于规划实施绩效评估能够为规划过程提供有效的评判和反馈机制，通过这种检查总结反馈，找出成败的原因，总结经验教训，并及时进行信息反馈，使得规划过程能够有效应对城市发展的各种不确定性，是促进动态规划的重要途径。

3.5.2 相关模型梳理

本书按照规划原理及现有的研究案例将规划实施绩效评估模型梳理为 5 个大类，12 个中类及若干小类，并从文献和案例中整理相关模型，使量化分析的内容具体化（表 3-5-1）。

<table>
<tr><td colspan="6" align="center">规划实施绩效评估模型一览表　　　　　　　　　表 3-5-1</td></tr>
<tr><th>大类</th><th>中类</th><th>小类</th><th>量化分析内容</th><th>相关模型</th></tr>
<tr><td>城市与城镇化</td><td>城镇化</td><td>—</td><td>城镇化水平下的资源效益评价</td><td>信息熵、TOPSIS 模型</td></tr>
<tr><td rowspan="2">社会、经济、环境等规划相关因素</td><td rowspan="2">经济与产业</td><td>产业转移绩效</td><td>产业转移对工业发展水平的效益评估</td><td>PSM-DID 模型、TOPSIS 模型</td></tr>
<tr><td>经济政策绩效</td><td>区域经济政策实施绩效评估</td><td>Malmquist 生产率指数法</td></tr>
<tr><td rowspan="8">空间规划</td><td rowspan="3">城市用地</td><td rowspan="2">城市土地利用变化和评价</td><td>土地征用制度实施绩效评价</td><td>层次分析法、德尔菲法</td></tr>
<tr><td>土地利用总体规划实施评价</td><td>层次分析法、模糊综合评价法、协同度模型</td></tr>
<tr><td>城市扩展</td><td>城市空间发展与规划目标一致性评估</td><td>空间重心法、标准离差椭圆法、用圈层分析法</td></tr>
<tr><td>城乡区域规划</td><td>城镇体系</td><td>城镇体系规划实施评估</td><td>社会指标分析法、成本收益分析法</td></tr>
<tr><td rowspan="2">总体规划</td><td rowspan="2">城市总体布局</td><td>城市总体布局规划的空间形态绩效评价</td><td>空间紧凑度模型</td></tr>
<tr><td>城市总体规划空间引导实施评估</td><td>城市生长极核模型、用地增长调控效力指数</td></tr>
<tr><td>控制性详细规划</td><td>用地布局与设施评价</td><td>公共服务设施规划配置绩效评估</td><td>潜能模型</td></tr>
<tr><td rowspan="6">专项规划</td><td rowspan="2">城市交通与道路系统</td><td rowspan="2">城市交通分析与评价</td><td>TOD 发展水平评价</td><td>主成分分析法、回归分析法</td></tr>
<tr><td>城市综合交通系统规划实施评价</td><td>熵权法、层次分析法</td></tr>
<tr><td rowspan="2">城市生态与环境规划</td><td rowspan="2">城市生态</td><td>城市绿地系统规划绩效评估</td><td>层次分析法、愉悦价值模型</td></tr>
<tr><td>生态环境规划建设绩效评价</td><td>DEA 模型</td></tr>
<tr><td>城乡住区规划</td><td>社区规划</td><td>低碳社区规划实施绩效评价</td><td>碳足迹法、模糊综合评价法</td></tr>
<tr><td>城市遗产保护及城市复兴</td><td>城市历史与风貌改造规划</td><td>城市历史与风貌改造方案评价</td><td>IPA 评价模型</td></tr>
<tr><td rowspan="3">规划实施</td><td rowspan="2">城市开发规划</td><td rowspan="2">—</td><td>财政投入在城市规划中的实际效用评估</td><td>成本效益分析法、综合指数法、最低成本法、因子分析法</td></tr>
<tr><td>规划空间引导效能分析</td><td>多元回归模型、DEA 模型、层次分析法</td></tr>
<tr><td>城市规划管理</td><td>—</td><td>建设标准体系实施绩效评价</td><td>模糊物元分析法</td></tr>
</table>

资料来源：根据牛强相关研究成果整理。

3.5.3 发展趋势

目前，关于规划实施的评估模型研究还比较薄弱，所研究的案例主要涉及土地利用、空间扩展和生态环境规划等较宏观的方面，模型还不够精细。这类模型是促进规划方案动态评估城市发展的各种不确定性的主要工具。伴随着我国进入大数据时代，规划实施绩效评估能够更加精细化、时效性更强地对规划方案进行评估，促使规划更好地协调城市发展，提高发展绩效。所以这类量化分析方法在规划领域有着非常广阔的应用和发展前景，使得城乡规划更全面地符合公共利益价值。

3.6 小结

模型是城市规划预测、仿真、辅助决策的基础，在系统论思潮的影响下，许多规划师正从设计者向科学系统分析的决策者角色进行转变，他们采用大量的数学模型，通过计算机运行来模拟城市某一系统或多个系统的变化规律，把握其发展方向，以解决城市规划中的很多需要科学量化的问题。根据国内外相关文献和实践项目研究，本章重点介绍现状测评和监督预警模型、发展预测和研判模型、规划决策和影响模型、规划实施绩效评估模型的作用，梳理相关模型的发展趋势，帮助规划师更好地认识现状、把握规律，进而科学预测、科学决策，并且量化实施后绩效，对规划方案进行规划前、规划中以及规划后评估，通过"设计—评估—设计—评估"的迭代，在规划的过程中及时优化方案。

本章参考文献

[1] 柴彦威,张艳,刘志林.职住分离的空间差异性及其影响因素研究[J].地理学报,2011,66(2):157-166.

[2] 曹哲静,龙瀛.数据自适应城市设计的方法与实践——以上海衡复历史街区慢行系统设计为例[J].城市规划学刊,2017(4):47-55.

[3] 陈海,杨维鸽,梁小英,等.基于Multi-Agent System的多尺度土地利用变化模型的构建与模拟[J].地理研究,2010,29(8):1519-1527.

[4] 陈泳,赵杏花.基于步行者视角的街道底层界面研究——以上海市淮海路为例[J].城市规划,2014,38(6):24-31.

[5] 达摩达尔·N·古扎拉蒂,唐·C·波特.计量经济学基础(第5版)[M].费剑平,译.北京:中国人民大学出版社,2011.

[6] 丁亮,钮心毅,宋小冬.上海中心城区商业中心空间特征研究[J].城市规划学刊,2017(1):63-70.

[7] 董兴武.城市公建项目交通影响分析预测方法研究[A]//中国城市规划学会.中国城市规划学会.城市规划面对面——2005城市规划年会论文集(下).北京:中国水利水电出版社,2005:3.

[8] 方大春,孙明月.高铁时代下长三角城市群空间结构重构——基于社会网络分析[J].经济地理,2015,35(10):50-56.

[9] 冯健,周一星.转型期北京社会空间分异重构[J].地理学报,2008(8):829-844.

[10] 冯科,吴次芳,陆张维,等.中国土地经济密度分布的时空特征及规律——来自省际面板数据的分析[J].经济地理,2008(5):817-820.

[11] 傅湘,纪昌明.区域水资源承载能力综合评价——主成分分析法的应用[J].长江流域资源与环境,1999(2):168-173.

[12] 甘欣悦,龙瀛.新数据环境下的量化案例借鉴方法及其规划设计应用[J].国际城市规划,2018,33(6):80-87.

[13] 顾朝林,庞海峰.基于重力模型的中国城市体系空间联系与层域划分[J].地理研究,2008(1):1-12.

[14] 郭弘,冯琪,姚铭.基于威尔逊——断裂点模型的天津港腹地划分研究[J].中国水运,2018,18(6):37-38,98.

[15] 郝应龙,李崇博,王拓,等.基于GIS技术和CA-Markov模型的乌鲁木齐地区土地利用变化与预测研究[J].新疆地质,2018,36(4):463-468.

[16] 贺灿飞,潘峰华.产业地理集中、产业集聚与产业集群:测量与辨识[J].地理科学进展,2007(2):1-13.

[17] 姜晓丽,张平宇.基于Huff模型的辽宁沿海港口腹地演变分析[J].地理科学,2013,33(3):282-290.

[18] 蒋子龙,樊杰,陈东.2001~2010年中国人口与经济的空间集聚与均衡特征分析[J].经济地理,2014,34(5):9-13,82.

[19] 李双金,马爽,张淼,等.基于多源新数据的城市绿地多尺度评价:针对中国主要城市的探索[J].风景园林,2018,25(8):12-17.

[20] 李文训,孙希华.基于GIS的山东省人口重心迁移研究[J].山东师范大学学报(自然科学版),2007(3):83-86.

[21] 林波荣,李莹.居住区室外热环境的预测、评价与城市环境建设[J].城市环境与城市生态,2002(1):41-43.

[22] 林乐碳.基于DEA模型的农超对接模式的绩效研究[D].北京交通大学,2010.

[23] 凌怡莹,徐建华.长江三角洲地区城市职能分类研究[J].规划师,2003(2):77-79,83.

[24] 刘承良,余瑞林,熊剑平,等.武汉都市圈路网空间通达性分析[J].地理学报,2009,64(12):1488-1498.

[25] 刘伦,龙瀛,麦克·巴蒂.城市模型的回顾与展望——访谈麦克·巴蒂之后的新思考[J].城市规划,2014(8):63-70.

[26] 刘康.土地利用可持续性评价的系统概念模型[J].中国土地科学,2001(6):19-23.

[27] 刘耀彬,李仁东,宋学锋.中国区域城市化与生态环境耦合的关联分析[J].地理学报,2005(2):237-247.

[28] 刘耀彬,王英,谢非.环鄱阳湖城市群城市规模结构演变特征[J].经济地理,2013,33(4):70-76.

[29] 刘治国,刘宣会,李国平.意愿价值评估法在我国资源环境测度中的应用及其发展[J].经济经纬,2008(1):67-69.

[30] 龙瀛,曹哲静.基于传感设备和在线平台的自反馈式城市设计方法及其实践[J].国际城市规划,2018,33(1):34-42.

[31] 龙瀛,李派.新数据环境下的城市增长边界规划实施评价[J].上海城市规划,2017(5):106-111.

[32] 陆化普,王继峰,张永波.城市交通规划中交通可达性模型及其应用[J].清华大学学报(自然科学版),2009,49(6):781-785.

[33] 陆菊春,韩国文.企业技术创新能力评价的密切值法模型[J].科研管理,2002(1):54-57.

[34] 吕斌,孙婷.低碳视角下城市空间形态紧凑度研究[J].地理研究,2013,32(6):1057-1067.

[35] 马德功,尚洁,曾梦竹,等.成都新型城镇化进程中的农民工就业问题研究[J].经济体制改革,2015(1):100-105.

[36] 马艳.武汉市土地利用与生态环境协调度评价[J].统计与决策,2015(6):120-123.

[37] 马志和,马志强,戴健,等."中心地理论"与城市体育设施的空间布局研究[J].北京体育大学学报,2004(4):445-447.

[38] 孟斌,王劲峰,张文忠,等.基于空间分析方法的中国区域差异研究[J].地理科学,2005(4):11-18.

[39] 牛强,胡晓婧,周婕.我国城市规划计量方法应用综述和总体框架构建[J].城市规划学刊,2017(1):71-78.

[40] 牛强,黄建中,胡刚钰.源自地理设计的城市规划设计量化分析框架初探——以多巴新城控规为例[J].城市规划学刊,2015(5):91-98.

[41] 牛强,宋小冬,周婕.基于地理信息建模的规划设计方法探索——以城市总体规划设计为例[J].城市规划学刊,2013(1):90-96.

[42] 钮心毅,康宁,王垚,等.手机信令数据支持城镇体系规划的技术框架[J].地理信息世界,2019,26(1):18-24.

[43] 钮心毅,吴莞姝,李萌.基于LBS定位数据的建成环境对街道活力的影响及其时空特征研究[J].国际城市规划,2019,34(1):28-37.

[44] 欧雄,冯长春,沈青云.协调度模型在城市土地利用潜力评价中的应用[J].地理与地理信息科学,2007(1):42-45.

[45] 邱炳文,陈崇成.基于多目标决策和CA模型的土地利用变化预测模型及其应用[J].地理学报,2008(2):165-174.

[46] 邵超峰,鞠美庭.基于DPSIR模型的低碳城市指标体系研究[J].生态经济,2010(10):95-99.

[47] 邵晖.低碳背景下基于Weaver-Thomas模型的战略产业选择研究——以深圳市龙岗区为例[J].经济论坛,2018(10):107-112.

[48] 史贞.基于排序选择模型的城乡统筹发展水平测度[J].统计与决策,2015(8):41-44.

[49] 宋学锋,刘耀彬.城市化与生态环境的耦合度模型及其应用[J].科技导报,2005,23(5):31-33.

[50] 孙惠.物流中心选址的双层规划模型及算法研究[D].济南:山东师范大学,2009.

[51] 汤铃,李建平,余乐安,等.基于距离协调度模型的系统协调发展定量评价方法[J].系统工程理论与实践,2010,30(4):594-602.

[52] 唐俊峰.西蜀园林景观视觉分析[D].成都:四川农业大学,2013.

[53] 唐子来,付磊.城市密度分区研究——以深圳经济特区为例[J].城市规划汇刊,2003(4):2-4.

[54] 田宝江,钮心毅.大数据支持下的城市设计实践——衡山路复兴路历史文化风貌区公共活动空间网络规划[J].城市规划学刊,2017(2):78-86.

[55] 佟岩,谢玉夫.城市行政区划调整对空间布局优化效应的量化分析——以沈阳市为例[J].现代城市研究,2013(7):37-42.

[56] 万励,金鹰.国外应用城市模型发展回顾与新型空间政策模型综述[J].城市规划学刊,2014(1):81-91.

[57] 王垚,马琰,范凡.基于情景规划的城市新区土地使用性质的"弹性"研究——以石嘴山环星海湖控制性详细规划为例[J].现代城市研究,2014(3):51-56.

[58] 王雨晴,宋戈.城市土地利用综合效益评价与案例研究[J].地理科学,2006,26(6):743-748.

[59] 王媛.基于高分辨率遥感影像的赤峰市红山区城市建筑容积率的估算[D].长春:东北师范大学,2015.

[60] 王岳颐.基于操作视角的城市空间色彩规划研究[D].杭州:浙江大学,2013.

[61] 韦亚平,赵民,汪劲柏.紧凑城市发展与土地利用绩效的测度——"屠能-阿隆索"模型的扩展与应用[J].城市规划学刊,2008(3):32-40.

[62] 杨洪焦,孙林岩,吴安波.中国制造业聚集度的变动趋势及其影响因素研究[J].中国工业经济,2008(4):64-72.

[63] 杨俊宴,潘奕巍,史北祥.基于眺望评价模型的城市整体景观形象研究——以香港为例[J].城市规划学刊,2013(5):106-112.

[64] 殷志远,王志斌,李俊,等.WRF模式与Topmodel模型在洪水预报中的耦合预报试验研究[J].气象学报,2017,75(4):672-684.

[65] 张芳怡,濮励杰,张健.基于能值分析理论的生态足迹模型及应用——以江苏省为例[J].自然资源学报,2006(4):653-660.

[66] 张惠.城市社区灾害弹性及其影响因素研究[D].武汉:华中科技大学,2016.

[67] 张丽娜.AHP-模糊综合评价法在生态工业园区评价中的应用[D].大连:大连理工大学,2006.

[68] 张文艺.GIS缓冲区和叠加分析[D].长沙:中南大学,2007.

[69] 张一飞,赵天宇,马克尼.能源景观视角下的空间规划改进探讨——以黑龙江生物质能发展策略为例[J].城市发展研究,2014,21(9):1-4,20.

[70] 赵良军,陈冬花,李虎,等.基于二元逻辑回归模型的新疆果子沟滑坡风险区划[J].山地学报,2017,35(2):203-211.

[71] 周干峙.城市及其区域——一个典型的开放的复杂巨系统[J].城市规划.2002(2):7-8+18.

[72] 朱玮,王德.大尺度城市模型与城市规划[J].城市规划,2003(5):47-54.

[73] 周鹤龙.地块存量空间价值评估模型构建及其在广州火车站地区改造中的应用[J].规划师,2016,32(2):89-95.

第四章
城市规划量化分析平台

　　平台是城市规划量化分析的支撑。按照城市规划量化分析的"数据—模型—平台"结构体系，在收集整理各类数据和构建计量分析模型的基础上，城市规划量化分析需要通过搭建分析平台系统来实现。从现实需求来看，现代城市发展日趋复杂，规划、建设和管理者对于城市发展形势的判断、城市各要素的影响分析、社会经济与生态环境综合评估等的能力需求不断提高，需要借助城市规划量化分析平台进行科学的、量化的、动态的、可视的监督预警。从技术支持来看，进入信息时代，伴随着信息化、网络化、数字化和智能化的快速发展，城市信息化建设的力度不断加大，有能力支持城市规划量化分析平台的建设。从实施效果来看，有必要建立集数据、模型、可视化和应用场景于一体的支撑平台，全面提升判断、分析、预警和响应能力，为规划、建设和管理者应对城市发展变化所提出的政策、决策提供科学系统的支撑。

4.1 城市规划量化分析平台概述

4.1.1 城市规划量化分析平台的涵义

城市规划量化分析平台是以城市规划的各个工作阶段为总体构架,支持多元异构海量数据的采集、存储、集成、处理、分析、可视化展现和交互式引用的综合全系统,涉及规划体系的各个层面,为实现各个层面规划的需求提供技术支撑。

4.1.2 城市规划量化分析平台的作用

城市规划量化分析平台的作用是将源数据、功能与分析模型、可视化表达等组件平台化,快速满足数据分析技术和快速可视化表达的需求,同时面对不同的应用场景,提炼积累大量即拿即用的应用级模板,满足特定应用的需要。总体上,城市规划量化分析平台的作用主要体现在以下四个方面。

其一,数据集成。通过收集和整理多源数据,解决规划类型过多、内容重叠冲突等问题。

其二,功能和分析模型工具的集成。通过模块管理,提供各类基础功能,搭建复杂灵活的分析模型,并实现统一管理,为智能分析提供匹配的功能与模型服务。

其三,可视化表达。具体包括数据的可视化和结果的可视化,便于规划规程和规划成果的理解。

其四,提供应用模板。通过提炼积累大量即拿即用的应用级模板,满足特定应用的需要。

4.1.3 城市规划量化分析平台的建设

计算机技术的引入为城市规划量化分析的支持系统和平台建设提供了极大的便利。20 世纪 60 年代,将规划视作一门"科学"引发了计算机支持的定量分析模型应用热潮;70 年代以后,认识到规划的"政治性",不可能由计算机产生不带有价值观的规划,于是计算机应用重点转向了规划与管理的日常事务;90 年代以后,西方规划界出现"交往规划"思想,将规划视作一种"交流行为",规划支持系统(PSS)应运而生(钮心毅,2007)。进入新世纪以来,随着信息技术的迅速发展和普及,数据库、地理信息系统(GIS)、规划支持系统(PSS)等技术在辅助规划设计、管理和决策分析等方面得到了广泛应用,逐步形成了数字规划的发展方向,平台系统建设大范围展开。

近年来,国家层面和城市发展本身等方面都对规划支持系统和平台建设提出了新要求。2013 年 12 月,中央城镇化工作会议提出要一张蓝图干到底;2015 年 12 月,中央城市工作会议提出要加强城市管理数字化平台建设和功能整合,建设综合性城市管理数据库,发展民生服务智慧应用;2016 年 12 月,住房和城乡建设部在省级空间规划工作会议上提出,省级城乡规划管理部门要尽快建立起省级空间规划信息管理平台,立足平台加强规划的审批、评估与实施监控工作,全面系统地推进规划工作改革;2017 年,《住房城乡建设科技创新"十三五"专项规划》提出,加快建立空间规划"一张蓝图"技术体系,建立统筹各部门空间规划信息的"多规合一"数据库,完善城市空间规划信息平台构建技术体系,支撑建立城市设计辅助决策系统。自然资源部组建后,自然资源部"两统一"职责和智慧城市时空大数据平台的建设为规划支持系统和平台建设深度融合发展带来了契机。截至 2019 年,我国 36 个主要城市(省辖市、省会城市、副省级城市)基本建成或正在建设城市大数据平台,但大部分仍停留在政务数据共享交换平台的水平,主要在政府内部进行数据共享(《城市大数据平台白皮书》,2019)。

总体上,城市规划量化分析平台建设经历了从简单到复杂、从单一目标到综合应用的发展历程,应用主体包括政府管理部门、规划设计单位和相关服务企业。从服务规划编制和城市管理来看,早期的平台功能以数据管理为主,随着分析功能不断完善、辅助决策能力不断增强,平台建设开始从 CAD 制图向 GIS

决策分析转变、从平面设计向三维设计转变、从档案管理向知识管理转变（吴运超等，2015），各类平台越来越呈现出功能综合化的特征。根据平台的功能特点可以划分为规划数据平台和定量规划平台等类型，或者基础类平台和应用类平台（上海数慧，2019），值得注意的是，尽管可以根据平台的功能差异将其划分为多种类型，但平台的建设往往呈现出综合化的特征。

为了保证城市规划量化分析工作的有效开展，城市规划量化分析平台的建设一般应坚持如下几个原则。

- 易用性：实用简单，操作方便，简单的填、点、选就能完成操作，易学易用。
- 科学性：可靠的数据源和科学化的模型支撑平台。
- 稳定性：在投入使用期间具有不间断的运行能力。
- 安全性：确保数据不丢失、不外泄，数据库不被攻击。
- 阶段性：采用现有前沿的模型应用，先投入已有模型与人力资源建设颇具功能的平台框架，后期根据实际需求再进行定制化修改。

4.2 规划数据平台

科学规划决策一般需要大量的数据和丰富的经验支撑，各部门基于项目独立收集数据并进行分析和解读，甚至是靠直觉和经验作出规划决策很难说是科学有效的，各地都亟待建立对数据进行挖掘和综合分析的平台，形成统一的分析评估数据基础，以满足不同项目的现状分析和评估需求。以"一张图"等为代表的规划数据平台是以空间数据库的管理及应用为核心，对外基于统一的数据接口为整个规划业务系统建设提供保障，对内实现规划编制与管理多层级空间数据资源的共建与共享，从而构成了整个城市规划量化分析平台的基础层。具体可以细分为数据管理平台、信息管理平台、知识管理平台和城市三维仿真平台等类型。

4.2.1 数据管理平台

数据管理平台是城市规划量化分析平台最基本的类型，它以数据的管理及应用为核心，为实现逻辑集中与物理分散相结合、自上而下和自下而上相结合的数据库建设模式提供工具支撑；为用户提供基础数据查询的集成平台，方便用户在研究时进行基础数据的查找，缩短了基础数据收集的时间；在同一个云环境内实现了高效互联互通，解决了横向与纵向上的数据共享问题。数据管理平台的模块通常包含数据的定义、数据的分类以及基础数据的展示等，数据管理平台的数据库建设包括但不限于本书第二章所罗列的城市规划量化分析数据体系。

4.2.2 信息管理平台

信息管理平台在数据管理平台基础上更加强调数据的可视化，以满足用户的直观应用需求。在满足用户功能需求的前提下，结合先进的大数据信息化技术，搭建灵活、系统的可视化平台，整体设计平台的导航仓、功能版块、展示模块、交互模块。在空间上采用地图交互式展示技术，在统计分析上根据数据属性使用线状图、饼图、仪表图、雷达图等图表进行展示。

4.2.3 知识管理平台

结合规划具体业务流程管理内容，规划知识管理平台以规划知识流程的运转为核心，以数据仓库、数据挖掘等信息技术为支撑，将规划编制单位、信息技术、规划师和规划知识紧密集成。其结构设计可分为四层，即规划知识资源层、规划知识生产层、规划知识共享层和规划知识应用与创新层（黄晓春等，2009）。

规划知识资源层：完成生产和交换数字地图、社会经济、人口、土地利用现状以及各层次规划成果图则、图表、规划法律法规和标准规范、数字化规划论文文档等显性知识和数据资源的编码，实现数据库的结构化存储和管理。对于在规划过程中采用的分析模型和规划师经验、专家知识等隐性知识内容也借助本体技术、逻辑建模技术等尽可能完成结构化的表达和存储，以便于计算机环境下的应用。

规划知识生产层：通过数据格式转换、地理参考系统标准化、地理空间对象模型标准化、地理编码等技术，实现规划知识资源层中社会经济数据的空间化和多源异构空间信息的整合，并以此为基础为规划师进行现状及规划分析提供信息挖掘、历史分析、信息转换等工具，便于规划师进行知识学习、知识过滤、沉淀及提炼出有用知识。

规划知识共享层：在开放的共享网络系统中，以知识地图、元数据、知识代理等技术为依托，建立面向规划编制单位的统一知识门户，门户可根据规划师个人专业及偏好进行个性化定制。知识门户提供方便的检索工具，可进行单一或多重组合的查询检索。该层也提供系统通信工具，便于组织内的知识及时发布及与规划师进行沟通。通过知识共享层，规划师可以了解组织内的知识内容及其所在，并通过交流得到启发。

规划知识应用与创新层：面向规划编制任务及各类规划应用，将组织内的知识进行融合和升华，通过与规划办公自动化系统、规划辅助设计系统、规划决策知识系统等信息系统的调配、定制、组装、内嵌等技术手段，解决规划编制和应用中的规划问题，实现知识的最大收益。通过规划应用和实践被证明为有用的规划知识又可通过规划成果资料整理入库，同时经过结构化处理反馈到规划知识资源层进行重新利用。

4.2.4　城市三维仿真平台

随着三维仿真技术的发展成熟和城市三维建模标准规范的逐步完善，国内许多大中城市都在积极探索利用三维技术手段辅助规划设计的方法，应用方向主要集中在三维数字城市现状建模、规划三维数据集成共享、规划方案三维展示分析、三维城市设计、规划方案论证等方面，以及用三维视角全景展现未来城市空间形象、实现方案的智能评估和实施的技术统筹等。

北京市城市规划设计研究院自 2000 年开始应用三维仿真技术。2008 年建立了全市现状三维建筑模型，以三维视角开展北京建筑高度空间研究，辅助开展规划方案设计和控规论证；2010 年建立了北京规划三维模型数据库的动态更新管理系统，为规划工作提供动态三维数据服务和专业规划应用支持服务。在规划编制和三维辅助城市设计应用方面，主要利用系统实现二维数据快速建模，进行概要城市设计和空间分析研究；在三维辅助规划论证应用方面，主要应用于高度论证和视廊影响分析以及较为精细的建筑高度影响、色彩影响论证，并进行多方案比较（程辉等，2015）。武汉市城市设计三维平台对接本地城市设计编制体系，且在很多方面具备创新性与前沿性。一是在全国规划行业内率先创立全景展现未来城市空间形象的三维数字平台，实现城市设计二维管控信息与三维平台的高效互动；二是基于城市设计管控要求，实现三维平台对建筑设计方案的智能评估；三是在全国规划行业内率先实现三维数字平台的网页浏览功能等；四是作为建设实施阶段的技术统筹平台，衔接修建性详细规划成果与初步设计、施工图设计等环节的设计方案，衔接设计方案与施工管理，率先建成了一个虚拟的、逼真的、智能的重点功能区，该项目已在汉口滨江国际商务区的建设实施阶段已得到成功应用。

近年来，随着大数据应用发展、AI 人工智能全面赋能城市各行各业，大规模计算仿真迈向实际应用不断获得突破，国内多个城市、企业相继成立"城市仿真"相关实验室或平台机构。2018 年 4 月，武汉市召开武汉城市仿真实验室专家研讨会，成立国内首家城市仿真实验室；同年 6 月，中国城市科学研究会智慧城市联合实验室数字仿真研究院成功实现对南方某城市约 100 平方公里范围内的风环境的仿真计算；同年

9 月，中国电科智慧城市建模仿真与智能技术重点实验室成立，同期杭州市城市仿真三维平台升级改造项目通过专家验收，"城市大数据及城市仿真论坛 2018"在北京召开。

4.3 定量规划平台

与规划数据平台作为城市规划量化分析平台的基础层不同，定量规划平台基于数据基础，更加直接地服务于数据采集分析、规划设计和决策管理等领域。尽管各类平台在功能上可能会存在一定的交叉，但仍可将其分为设计辅助平台、决策支持平台和公众参与平台三种主要类型。

4.3.1 设计辅助平台

国内基于 AutoCAD 平台开发的辅助设计软件类型较多，在规划领域比较典型的如北京理正人信息技术有限公司的专业 AutoCAD 应用集成系统，其主要应用案例如下：上海市控制性详细规划编制报审系统实现了规划设计、规整入库一体化、指标智能化审查、要素底板智能化提取、成果"一张图"利用等功能。杭州飞时达软件有限公司推出的 GPCADK 总规、控规设计软件主要适用于城市总体规划以及控制性详细规划与指标分析，也可用于开发园区规划、城镇发展规划、风景园林规划，可以生成道路规划图、用地现状图及规划图、市政规划图、控规法定图则等。GPCADX 修建详规设计软件适用于修建性详细规划与总平面方案设计，包括原始地形处理、建筑布置、绿化布置、路网绘制、日照分析、竖向设计、方格网土方计算、综合指标计算、三维表现等功能。北京市城市规划设计研究院的规划辅助设计平台则采用 AutoCAD 与 ArcGIS 相结合的选型方案。用 AutoCAD 做客户端进行规划成果的设计与更新，在 AutoCAD 开发一组核心模块来解决与 ArcGIS 跨平台问题：AutoCAD 数据与 ArcGIS 图形数据转换、规划数据的更新、CAD 数据的安全处理、空间数据标准处理。应用系统主要根据实际的需求开发了一组应用功能模块：数据调用、辅助设计、数据校验、查询统计、数据输出、数据更新、辅助工具、用户管理。

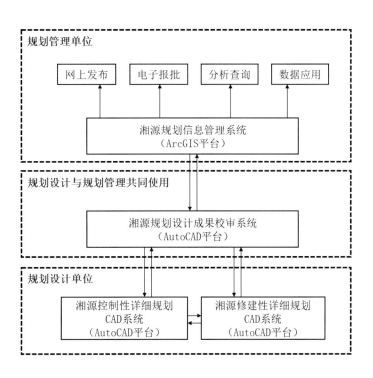

图 4-3-1 湘源系列设计辅助平台体系
资料来源：长沙市规划勘测设计研究院 . http://www.csxysoft.com/product.asp?id1=4&id2=1

长沙市规划勘测设计研究院推出的湘源系列产品应用较为广泛，涵盖了控制性详细规划、修建性详细规划和村庄规划辅助设计等多种类型平台，形成了较完整的辅助设计平台体系（图4-3-1）。《湘源控制性详细规划 CAD 系统》是一套基于 AutoCAD 平台开发的城市控制性详细规划辅助设计软件，适用于城市分区规划、城市控制性详细规划的设计与管理，包含了市政管网设计、日照分析、土方计算、现状地形分析、制作图则、专项设计等功能。其主要功能模块有：地形生成及分析、道路系统规划、用地规划、控制指标规划、市政管网设计、总平面图设计、园林绿化设计、土方计算、日照分析、制作图则等。《湘源修建性详细规划 CAD 系统》是一套基于 AutoCAD 平台开发的城市修建性详细规划设计辅助软件，适用于修建性规划设计、修建性总平面设计、建筑总平面设计及园林绿化设计等，包括日照分析、土方计算、现状地形分析等功能。《湘源村庄规划 CAD 系统》是一套基于 AutoCAD 平台开发的村庄规划设计软件，主要用于村庄规划设计中快速生成土地利用规划图、产业发展规划图、公用工程设施规划图、典型村居布置模式图、居民点详细规划总平面图等图纸。

4.3.2 决策支持平台

规划决策支持平台（UPSS）总体架构包括规划业务数据层、规划支持资源层、规划支持平台层和应用层四个层次。规划业务数据层依托空间数据管理与发布平台实现。规划支持服务资源层包括规划支持信息资源、规划数据服务资源和规划应用服务资源三部分，主要基于地理信息系统技术、网络服务等技术，按照制定的服务资源建设规范实现对各类规划服务资源的建设和发布等。规划信息化建设部门在对规划支持信息资源的基本情况进行分析后，有针对性地开展数据建设、数据服务发布和应用服务开发。规划支持平台层负责提供开发的接口和界面，实现服务资源的注册和管理、服务资源的发布与发现、服务资源的聚合与执行等，建立规划支持服务资源目录库；平台提供对多源数据的一致化查询与获取，模型的在线计算，规划需求的在线汇集等；建立规划工作流执行引擎，面向规划工作网络内的规划工作团队实现规划支持服务链。应用层则面向规划业务工作，提供规划应用支持，为不同的规划应用系统提供服务资源的调用接口，实现相关数据服务、应用服务、规划支持服务链的远程调用。

决策支持平台通过建立规划支持服务资源库，实现对各类规划支持服务资源元数据的管理；通过建立服务资源建设规范和构建技术，支撑不断提出的各类模型、分析工具等计算资源的开发建设，使其能够在不同的网络环境中运行，进一步规范规划数据资源的标准，实现计算资源对数据资源的调用；通过建立规划决策支持平台，实现资源的注册、管理和发布，为资源调用支撑规划决策提供技术支持。按照服务对象，规划决策支持平台可以分为综合应用平台和专项应用平台。

2014 年，上海新一轮城市总体规划编制正式启动并提出了"以城市战略发展数据库为平台，建立规划实施动态监测、定期评估和及时维护制度"。上海市城乡战略发展数据平台（Shanghai Strategy Development Database，SDD）建设旨在整合全市人口、土地、房屋、经济、社会服务设施、生态绿化、交通、市政、新兴大数据等基础地理信息数据，形成以空间落地为特色、服务城市发展要求和宏观决策的战略数据管理平台与应用平台。具体目标包括三个层次：一是为城市规划编制与管理提供基础支撑，二是为重大政策制定和重大项目规划提供决策参考，三是为城市运行与发展提供监测依据。

该平台建设成果主要包括数据库建设和平台建设两个方面。其中，数据库建设包含数据库框架与标准建设、基础数据库建设和数据建设等内容；平台建设成果主要是实现监测指标、图表数据、空间数据、模型工具四大核心功能。最终形成"一主多辅"的信息化建设与应用框架，其中"一主"指规划基础应用数据库；"多辅"指 SDD 综合应用平台、多源数据规划应用平台、综合交通分析平台、市政规划支撑平台、规划知识平台以及众创众规平台等多个应用平台。以 SDD 为基础和核心，上述各类辅助规划编制与决策的专项应用平台在规划实施评估、上海新一轮城市总体规划和城乡规划年报等方面发挥了关键作用（刘根发，2018）。

深圳交通规划辅助决策支持系统是典型的专项应用平台，致力于通过建立交通规划研究与决策的支撑平台，对交通系统进行分析评价，为优化深圳交通环境的相关政策措施提供决策参考。辅助决策支持系统的主要功能包括 3 个方面：一是交通数据信息查询和评估，形成交通规划决策的信息基础；二是交通规划多方案分析决策，针对重大交通政策方案、设施规划建设方案和运行管理方案等进行多方案综合评估；三是建设项目交通影响评价，以交通为先决条件引导城市有序开发建设。其系统总体框架分为 4 个部分：一是基础数据系统，构建涵盖用地人口、网络设施、出行需求、交通运行等数据的基础数据库并实现查询功能；二是交通模型系统，基于基础数据建立宏观、中观、微观交通模型，支持不同层次交通规划方案决策分析；三是运行评估系统，针对现状调查及模型测算数据进行交通服务水平综合评估，支持规划方案最终决策；四是应用界面系统，针对不同的规划决策应用类型，开发相应的用户界面，实现决策分析的标准化（丘建栋等，2013）。

4.3.3 公众参与平台

规划作为一项重要的公共政策，在具体的实践中，如何在众多利益共同发挥作用的领域中取得一致的认同，公众参与是规划工作不可缺少的重要方面（孙施文等，2009）。随着移动互联网的发展，"互联网 +"对公众参与带来了参与成本、参与入口和传播、参与形式以及参与力量 4 个方面的新变化（茅明睿等，2015）。

"众规武汉"——公众开放平台是典型的规划公众参与平台，以网络、微信公众号、线下团队设计竞赛等平台为依托，针对武汉市重点、热点区域规划议题开展规划编制方法创新。平台的具体内容包括 3 个方面：一是策划众规项目，按照"众筹智慧做规划"的思路，基于公众开放平台探索规划项目的众规工作；二是推送专业文章，以专版形式推送规划专业类文章，获得较好的社会反响；三是不断拓展平台软件功能，开通在线报名、方案 PK 台、在线讨论室等功能，丰富公众参与方式，提供更加方便的公众参与规划渠道。

4.4 智慧城市平台

4.4.1 智慧城市时空大数据平台

时空大数据平台既是履行自然资源管理"两统一"职责的技术支撑，又为城市管理提供一张底板、一个平台、一套数据的重要基础，支撑国土空间规划、用途管制、生态修复、确权登记等自然资源管理工作，服务城市经济社会发展各领域，是智慧城市建设与运行的基础。智慧城市时空大数据平台建设试点工作自2012 年启动以来，已经在智慧城市建设和城市运行管理中得到了广泛深入应用，发挥了基础支撑作用，极大提高了城市管理能力和水平。

智慧城市时空大数据平台建设是各级自然资源部门的重要职责，是智慧城市时空大数据平台建设的责任主体。为进一步做好智慧城市时空大数据平台建设，自然资源部修订完成了《智慧城市时空大数据平台建设技术大纲（2019 版）》（简称《2019 版技术大纲》）。

时空大数据平台是基础时空数据、公共管理与公共服务涉及专题信息的"最大公约数"（简称"公共专题数据"）、物联网实时感知数据、互联网在线抓取数据、根据本地特色扩展数据，及其获取、感知、存储、处理、共享、集成、挖掘分析、泛在服务的技术系统。时空大数据平台连同云计算环境、政策、标准、机制等支撑环境，以及时空基准共同组成时空基础设施，其构成如图 4-4-1 所示。

智慧城市时空大数据平台作为智慧城市的重要组成，既是智慧城市不可或缺的、基础性的信息资源，

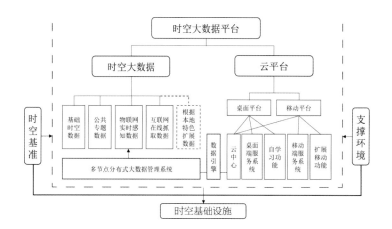

图 4-4-1 时空大数据平台构成

资料来源:《智慧城市时空大数据平台建设技术大纲（2019 版）》

又是其他信息交换共享与协同应用的载体，为其他信息在三维空间和时间交织构成的四维环境中提供时空基础，实现基于统一时空基础下的规划、布局、分析和决策。

时空大数据包括基础时空数据、公共专题数据、物联网实时感知数据、互联网在线抓取数据及其驱动的数据引擎和多节点分布式大数据管理系统。针对应用场景的不同，云平台可分为桌面平台和移动平台，方便使用。两类平台均以云中心为基础，分别根据运行网络和硬件环境，开发构建相应的桌面端和移动端服务系统及功能。

在规划应用方面，基于时空大数据平台，融合自然资源管理相关数据，构建跨部门、跨行业的自然资源要素地理分布统计、空间开发格局分析、资源优化配置等专业模型和功能，为国土空间规划、空间用途管制、生态修复、自然资源确权登记、自然资源资产管理等提供服务支撑。

4.4.2 城市大脑等实时仿真平台

（一）城市层面

2019 年初，阿里巴巴达摩院发布了"2019 十大科技趋势"，"城市实时仿真成为可能，智能城市诞生"成为十大科技趋势之一：城市公共基础设施的感知数据与城市实时脉动数据流将汇聚到大计算平台上，算力与算法的发展将推动视频等非结构化信息与其他结构化信息实时融合，城市实时仿真成为可能；城市局部智能将升级为全局智能，未来会出现更多的力量进行城市大脑技术和应用的研发，实体城市之上将诞生全时空感知、全要素联动、全周期迭代的智能城市，大大推动城市治理水平优化提升。预计在新的一年，中国会有越来越多城市具有"大脑"。

阿里云公司于 2016 年 4 月开创了"城市大脑"概念，并以杭州为试点开展实践。"城市大脑"的建设思路是利用实时全量的城市数据资源从全局角度来优化城市公共资源，及时修正城市运行缺陷，实现城市治理模式、服务模式和产业发展的三重突破。具体运行过程是将散布在城市各个角落的数据连接起来，通过对大量数据的分析和整合，对城市进行全域的即时分析、指挥、调动和管理，从而实现对城市的精准分析、整体研判和协同指挥。

2017 年，科技部召开新一代人工智能发展规划暨重大科技项目启动会，会上公布了首批国家人工智能开放创新平台名单，包括依托阿里云公司建设的城市大脑——国家人工智能开放创新平台。

在"城市大脑"背后的技术架构上分布着四大平台，涉及与城市交通、医疗、城管、环境、旅游、城规、平安、民生八大领域有关的计算能力、数据算法、管理模型等。

第一是应用支撑平台，通过构建精细感知到优化管理的全闭环，以计算力消耗换来人力与自然资源的节约；第二是智能平台，开放的智能平台通过深度学习技术，挖掘数据资源中的金矿，让城市具备思考的能力；第三是数据资源平台，通过全网数据实时汇聚，让数据真正成为资源，保障数据安全、提升数据质量，通过数据调度实现数据价值；第四是一体化计算平台，能为"城市大脑"提供足够的计算能力，支持全量城市数据的实时计算，具有 EB 级别的存储能力，PB 级处理能力，百万路级别视频实时分析能力。

经过 2016~2018 年的发展，阿里城市大脑已经在杭州、苏州、上海、衢州、澳门、海南等地相继落地智慧城市项目。华为、腾讯、百度、京东、平安等巨头也瞄准了这个市场，智慧城市这个行业成为科技大热门。

（二）园区层面

在园区层面，基于多维数据分析引擎驱动的城市智慧管理决策平台搭建也已取得诸多实践成果。CIM（City Intelligent Management）智能城市大脑项目，是在 BIM 技术的基础上对多维信息的智能收集、分析和协同，最终实现整个城市在可持续发展周期内的系统化。CIM 主要通过三维城市信息模型的形式建立规划、建设、管理的数据底板平台，并在此基础上对城市数据进行计算，实现精准的规划、紧密的建设和精细的管理。

以青岛国际经济合作区的 CIM 为例，其建设目标是通过 CIM 系统的开发建设，利用信息化手段为青岛中德未来城建设的前、中、后期各项工作提供基础技术支撑，展示并辅助青岛未来城建设的全过程，实现在同一个平台中完成各项建设的协同。前期目标：规划设计阶段，构建中德未来城大数据库，利用大数据库的底板全面支撑城市规划设计的理性决策。中期目标：建设实施阶段，完善城市现状基础数据，实现多个设计部门信息之间的实时交互和动态管理。后期目标：管理运营阶段，实施监测的城市数据，保障城市发展的安全、高效和稳定。

CIM 智能城市大脑的系统架构包含城市地理空间基础数据层、感知层、通信层、数据交换、数据层、服务层、应用层。建设内容包括 CIM 城市三维时空（通过不同时期的历史影像数据，展示城市发展变化过程。基于三维虚拟沙盘，整合地下空间、地上建筑、自然形态等，实现城市构件级精细化数据管理）、CIM 智慧规划建设（建立城市规划设计、方案评审、建设施工三大类智慧应用。实现可视化管理，可视化评审及施工过程全维度信息管理）、CIM 城市运行监督（与城市基础设施建设同步，建立物联网感知系统）、CIM 生态指标体系分析（通过系统对城市生态体系的历史数据、实施监测数据进行运算分析，实现城市生态指标体系的智能分析评估）、CIM 城市智能推演（基于城市数据及人工智能算法，通过 CIM 城市大脑对未来城市发展进行数据化动态模拟推演与可视化再现，为城市规划建设、经济发展、运营管理、应急处置等工作提供数据基础与方案验证）、CIM 数学决策驾驶舱（打造城市建设、生态环境、经济运行、城市管理、诚信体系、民生服务六大领域大数据分析应用）。

4.5 城市规划量化分析平台未来发展方向

4.5.1 面向新时代高质量发展的智慧平台建设

城市高质量发展要坚持"创新、协调、绿色、开放、共享"的发展理念，以满足人民日益增长的美好生活需要为目的，要求转变城市发展方式和土地使用方式，提升空间品质和服务能力。在此背景下，城市规划量化分析平台的建设应该坚持以人为本，紧紧围绕提升城市发展效率、促进公平和提升品质等方面展开。从大处着眼，提升城市整体运行效率，从小处入手，关注适应个体需求的公共服务和建成环境改善。

在技术层面，一是充分利用大数据、人工智能等新技术、新手段对平台进行完善，通过城市传感器监测感知城市指征变化，建立城市数据指标的评估预警算法模型，构建规划实施监测评估预警系统，有效支撑规划编制、审批、实施、监测评估预警全过程，实现真正的智慧规划；二是实现信息化与城市管理相融合，提高城市管理的效率，实现精细化和动态管理，提升城市管理成效并改善市民生活质量。

在内容层面，一是以提升城市运行效率为抓手，强化对产业发展、土地使用、交通运行、设施支撑等的动态监测和发展引导；二是以提升人人享有公共服务为抓手，以大数据为支撑，更加关注人的需求，促进公共服务水平提升；三是以提升城市建成环境水平为抓手，如基于街景数据评价提升城市街道空间环境品质等。

4.5.2　面向国土空间规划体系的全域平台建设

在国土空间规划体系变革背景下，根据 2019 年 5 月发布的《中共中央国务院关于建立国土空间规划体系并监督实施的若干意见》，完善国土空间基础信息平台是建立国土空间规划体系重要的技术保障。国家要求以自然资源调查监测数据为基础，采用国家统一的测绘基准和测绘系统，整合各类空间关联数据，建立全国统一的国土空间基础信息平台。以国土空间基础信息平台为底板，结合各级各类国土空间规划编制，同步完成县级以上国土空间基础信息平台建设，实现主体功能区战略和各类空间管控要素精准落地，逐步形成全国国土空间规划"一张图"，推进政府部门之间的数据共享以及政府与社会之间的信息交互。

未来，面向国土空间规划体系的全域平台建设，将聚焦实现国土空间规划"可传导、可分工、可监管、可反馈"，推动提升空间治理能力与治理体系现代化进程。重点需要在几个方向上进一步完善：一是完善国土空间规划数据资源，做好监测评估预警等功能开发；二是加强"多规合一"，实现纵横之间的系统对接与数据共享，制定保障系统运行的政策制度，为空间规划体系的建立和监督实施提供有效的信息化支撑；三是完善地上和地下、陆地与海洋等全域空间的数据采集和存储，实现全域国土空间的管理。

4.5.3　面向大数据时代精细化治理的平台建设

大数据时代，随着大量的复杂科学的导入、新数据源的开拓，人工智能将大大拓展城市问题诊断的广度、速度、深度、精度和强度（吴志强，2017）。针对城市规划量化分析平台的建设，总体上应该具备对于不同类型的海量大数据的收集、整理和分析能力，采用量化的方法，模拟复杂的城市系统。

具体而言，一是我国大数据产业发展水平逐步提升，政府治理已经具有了很好的数字基础，政府治理"从文字走向数字，从经验走向科学"，政府治理精细化将成为趋势；二是基于平台建设推动规划业务从蓝图式规划向精细化治理成为重要趋势，用平台式的思维解决城市发展中的全流程问题，对提高规划水平、提升城市治理能力，具有十分重要的意义；三是通过多元大数据的整合，城市规划量化分析平台可以从不同尺度进行城市的研究，甚至精细到个人，并在规划编制阶段就整合精细化治理的需求，例如相关指标、监督评估要求等。

4.6　小结

随着大数据在城市规划中的深入应用，平台建设的作用日益凸显。城市规划量化分析平台的作用是将源数据、功能与分析模型、可视化表达等组件平台化，快速满足数据分析技术和快速可视化表达的需求，同时面对不同的应用场景，提炼积累大量即拿即用的应用级模板，满足特定应用的需要。城市规划量化分析高效率的应用需要平台的建设，有助于推动数据在城市规划中的深入使用，从技术支持来看，进入信息时代，伴随着信息化、网络化、数字化和智能化的快速发展，城市信息化建设的力度不断加大，有能力支持城市规划量化分析平台的建设。在本章中，详细介绍了规划数据平台、定量规划平台、智慧城市平台等目前已经成熟的平台建设案例以及各大平台在数据库的建设、模型设计、应用层解决方案等方面开展的大量工作和经验积累。最后，基于国土空间规划背景下，对城市规划量化分析平台未来发展方向做出展望。

本章参考文献

[1] 程辉，茅明睿. 换个维度看北京：规划三维仿真技术应用 [J]. 北京规划建设,2015(2):34-39.

[2] 黄晓春，喻文承. 面向规划编制的知识管理系统构建与应用研究 [J]. 规划师,2009,25(10):5-8.

[3] 茅明睿. 规划云平台："互联网+"规划公众参与的实践 [M]// 中国城市规划学会、贵阳市人民政府. 新常态·新思路·新发展——信息化助推精准规划 2015 中国城市规划年会论文集. 南宁：广西科学技术出版社,2015.

[4] 钮心毅. 西方城市规划思想演变对计算机辅助规划的影响及其启示 [J]. 国际城市规划,2007(6):97-101.

[5] 丘建栋，赵再先. 深圳市交通规划决策支持体系研究 [J]. 交通与运输（学术版）,2013(2):11-14.

[6] 上海数慧系统技术有限公司. 数转型智未来 [R]. 上海数慧系统技术有限公司 2019 年刊.

[7] 吴运超，茅明睿，崔浩，等. 回顾与展望：城乡规划信息系统建设与统筹 [J]. 北京规划建设,2015(2):19-23.

[8] 郑丽萍，李光耀，沙静. 城市仿真技术概述 [J]. 系统仿真学报,2007(12):2860-2863.

[9] 北京理正人信息技术有限公司 [EB/OL]. [2019-07-22]. http://www.leading.net.cn/html/plan2/index.shtml.

[10] 长沙市规划勘测设计研究院. 湘源规划软件 [EB/OL]. http://www.csxysoft.com/product.asp?id1=1&id2=1.

[11] 杭州飞时达软件有限公司 [EB/OL]. [2019-07-22]. http://www.fast.com.cn/index.php?mod=product&productId=1.

[12] 经济网. 阿里达摩院发布 2019 十大科技趋势：城市大脑、数字身份、自动驾驶普及加速 [EB/OL]. [2019-07-22]. http://www.ceweekly.cn/2019/0102/245553.shtml.

[13] 刘根发. 上海市城乡战略发展数据平台（SDD）建设 [R/OL]. [2019-07-22]. https://mp.weixin.qq.com/s?__biz=MzIwNzU5MDY1Mg==&mid=2247485178&idx=3&sn=345aa4d988c6b43e33fc914704f37321&scene=21#wechat_redirect.

[14] 青岛国际经济合作区 CIM 城市大脑. 基于多维数据分析引擎驱动的城市智慧管理决策平台 [EB/OL]. [2019-07-22]. http://cim.sgep.cn/#page2.

[15] 武汉市规划研究院. 武汉市城市设计三维平台 [EB/OL]. [2019-07-22]. http://www.wpdi.cn/project-5-i_11427.htm.

[16] 武汉市规划研究院. 众规武汉平台建设及试点项目 [EB/OL]. [2019-07-22]. http://www.wpdi.cn/project-5-i_11322.htm.

[17] 吴志强. 人工智能辅助城市规划 [EB/OL]. [2019-07-22]. https://www.sohu.com/a/194553005_650480.

[18] 智能交通技术. 2019，城市大脑走向如何？ [EB/OL]. [2019-07-22]. http://www.sohu.com/a/298325929_468661.

[19] 中国信息通信研究院，CCSA TC601 大数据技术标准推进委员会. 城市大数据平台白皮书（1.0 版）[R/OL]. [2019-07-22]. http://www.caict.ac.cn/kxyj/qwfb/bps/201906/t20190604_200632.htm.

第五章

宏观层面武汉城市量化
分析的规划应用实践

5.1 武汉市主城区人口空间特征研究

5.1.1 研究概述

随着大数据时代的到来和新型城镇化的深入推进，城市空间规划研究的关注点从大尺度的城市发展目标、空间布局等方面向微观尺度的居民活动和行为规律探索方面逐步扩展。城市空间规划不仅需要考察宏观的人口规模和结构特征，还需要从个体的角度精确了解不同社会特征的人口空间分布和行为活动规律，以更全面地分析城市空间特征，体现"以人为本"的发展理念，利用精细化的城市规划手段提升城市品质。

目前，武汉市的城市人口研究主要包括两个方面：一是以人口普查数据为基础，开展历年人口空间分布和演化特征研究；二是结合人口普查数据和社区网格管理的人口数据，开展城市人口总体规模预测研究。学术界利用普查数据、手机信令数据开展了一系列人口空间研究，在综合利用传统数据和大数据方面取得了很多成就。国内利用大数据开展城市人口空间特征研究的方向主要包括城市空间结构、中心体系、职住通勤、消费游憩出行等，研究所采用的大数据源以手机信令、公交刷卡数据为主，也有少量以微博、百度热点数据开展的相关研究。其中，龙瀛等（2012）利用海量公交IC卡（Smart Card Data,SCD）的刷卡数据，分析了北京三大典型居住区和六大典型办公区的通勤出行特征。王德等（2015）利用手机信令数据对上海市3个不同等级的商业中心消费者数量的空间分布特征进行了分析，提出了不同等级商业中心在消费者分布范围、空间集聚性、对称性方面存在的差异，并探讨了这种差异对商业网点规划的应用价值。钮心毅等（2017）利用手机信令数据识别出上海市域居民的就业地和居住地，获取了就业密度和通勤联系数据，并从职住空间关系视角评价了上海9个郊区新城的发展状况。武汉市正处于快速城镇化阶段，大量人口涌入和流动对城市功能空间布局、公共设施配套和交通组织等形成了巨大挑战，因此，借助多源大数据开展精细化的城市人口空间研究具有较大理论创新和现实指导意义。

传统城市人口空间数据以人口普查、经济普查数据为主，具有数据准确性高的优势，但存在两方面不足：一是最小统计单元为街道（乡镇）行政单元，不能反映单元内个体特征差异；二是普查数据通常为5年或者10年更新一次，时效性差、更新周期长。

可用于人口空间研究的大数据包括手机信令数据、POI数据、LBS数据等，具有空间精度高、个体特征丰富、时效性好等优势，如手机信令数据能识别出空间精度更高的就业地、居住地数据，从而开展人口就业、居住分布研究；也能获取精确的就业—居住地之间的OD数据，开展更全面的职住通勤分析。本节研究将在传统普查数据的基础上，引入手机信令、POI数据等多源大数据，探索精细化的人口空间分布、活动行为的空间特征和规律。

（一）研究对象

本节研究对象为武汉市主城区城市人口。其中，主城区空间范围界定为中心城区内开展升级版控制性详细规划编制的区域（即城市三环线内区域不含东湖风景区、东湖开发区，包含青山区武钢组团），总用地面积约402平方公里；城市人口界定为主城区空间范围内开展居住、就业、消费和娱乐等活动的人口。

（二）数据来源

本节研究数据包括传统人口普查数据和多源大数据。其中，传统人口普查数据包括武汉市2010年第六次全国人口普查数据，空间数据单元为街道，数据属性字段包括年龄结构、性别结构、学历等。以及武汉市2014~2017年四年的社区网格人口数据，空间数据单元为社区网格单元，数据属性字段包括年龄段、性别等。多源大数据主要为2018年1月联通手机信令数据，研究区域内共采集有效数据样本约150万例（约占研究区域2018年武汉市常住人口的30%），空间数据单元为均匀分布的250m×250m空间网格，数据属性字段包括年龄、性别等信息（表 5-1-1）。

人口数据情况一览表
表 5-1-1

数据名称	数据类型	数据空间精度	属性标签
2010 年第六次全国人口普查数据	传统数据	街道单元	人口年龄结构、性别结构、学历等
2014~2017 年的城市社区网格人口数据	传统数据	社区网格单元	年龄段、性别等
联通手机信令数据	大数据	250m×250m 空间栅格	年龄、性别等

（三）研究方法

研究制定了 3 个评价目标对主城区人口空间特征进行分析，分别是特征人群空间分布、人口行为空间的静态分布和人口行为空间的动态联系。每类评价目标选择了相应的评价内容开展专题评价，结合每个专题评价的结论得出武汉市主城区人口空间特征和规律。研究借助 ArcGIS 空间分析平台，采用空间自相关分析、核密度分析等方法，对各类特征人群的空间集聚特征和人口职、住、娱空间集聚与联系特征开展分析（图 5-1-1）。

5.1.2 特征人群空间分布分析

武汉市城市人口呈现圈层分布，三环线内是全市人口最为密集的区域，研究该区域不同属性城市人口的空间分布特征对于完善城市公共设施布局具有重大意义。本次研究在传统人口普查数据的基础上引入联通手机信令大数据，弥补了传统城市人口数据空间精度低、时效性差等不足。以此为基础，针对武汉市主城区内城市劳动力人口、老龄人口、高学历人口等特征人群的相关指标进行空间统计分析，探索武汉市主城区各类特征人群空间分布规律，以期对城市公共设施布局优化提出指引。

（一）分析思路

1. 综合多源数据细化人口数据空间单元和扩展人群特征标签

根据手机信令数据提供的服务基站位置，将手机数据空间位置归属到单个 300~500m 范围的基站小区内。进一步考虑统一空间单元和匹配基站小区空间范围，采用空间面积等比例分配法将手机信令数据分配

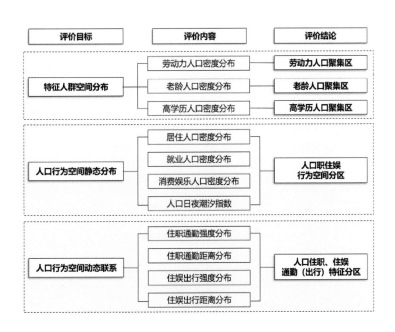

图 5-1-1 研究技术路线

到 250m×250m 栅格空间单元内，形成基于标准化栅格的人口数据。在此基础上，将街道单元普查数据与栅格手机信令数据进行地理空间叠加，按相同年龄段的不同教育程度人口比例在栅格中进行计算赋值，形成人口教育结构数据。

2. 基于精细化人口空间数据开展特征人群集聚分布分析

受城市发展阶段、社会经济地位等因素影响，城市人口居住选择呈现空间分异的特征。因此，在考虑数据可获取性的前提下，本节评价重点从城市人口的社会属性出发，针对劳动力人口、老龄人口、高学历人口 3 项指标开展精细化特征人群空间分布研究。

研究应用 ArcGIS 平台空间自相关分析工具，形成各类特征人群的空间分布图。其中，空间自相关工具用于发现空间单元某一属性值基于位置邻近所产生的相关性，并验证空间要素存在的聚集或离散分布关系。研究针对栅格单元不同年龄段人口数、不同教育程度人口数等属性指标，采用全局莫兰指数（Moran's I）分析，以验证研究区域空间栅格内人口的某一属性是否存在空间聚集；其次通过聚类和异常值（Anselin Local Moran's I）分析，得出研究区域空间栅格内人口的某一属性高值聚集区，并进一步归纳这一属性特征人口在城市空间的聚集规律。

（二）劳动力人口空间分布

劳动力人口空间分布呈现"小集中、大分散"的特征，主要集中于城市居住配套成熟地区。基于空间栅格内 19~64 岁年龄段人口数量开展空间自相关分析，发现劳动力人口高密度聚集连片区位于汉口老城片、武昌徐东大街片、洪山街道口—杨家湾片，其他聚集片分散于城市副中心和相对成熟的居住片区，包括江岸后湖、江汉菱角湖、汉阳王家湾—陶家岭片、汉正街—江汉路片、洪山南湖等（图5-1-2）。

（三）老龄人口空间分布

老龄人口在武汉市江岸区呈现显著集聚特征。基于空间栅格内 65 岁以上年龄段人口数量开展空间自相关分析，发现老龄人口高密度聚集连片区主要位于江汉路—解放公园片区、花桥片区、后湖片区、武胜路片区、司门口片区（图5-1-3）。

（四）高学历人口空间分布

高学历人口集中分布于武汉市武昌、洪山区大专院校及周边区域，其次是湖北省市政府机关、医院等区域。

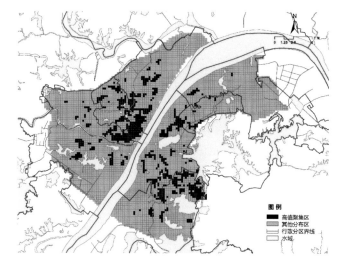

图 5-1-2 劳动力人口聚集空间分布图

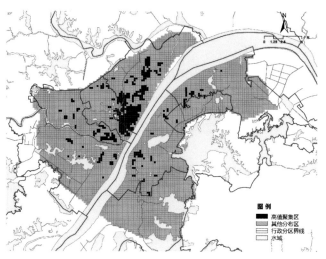

图 5-1-3 65 岁以上老龄人口聚集空间分布图

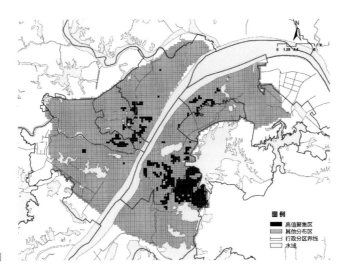

图 5-1-4 大专及以上学历人口聚集空间分布图

基于空间栅格内大专及以上学历人口数量开展空间自相关分析，得出高学历人口高密度聚集连片区主要位于武昌东亭片、楚河汉街片、中南路片、武汉音乐学院片、梅苑小区—百瑞景片，洪山街道口—杨家湾—南湖片，硚口同济医学院—硚口公园片，江汉民众乐园—江汉路片，江岸江汉路—大智路片、劳动街片、花桥街片，青山武科大片、友谊大道二环线至仁和路沿线（图 5-1-4）。

（五）小结

综上分析，主城区劳动力人口、老龄人口和高学历人口空间分布呈现以下特征。

一是主城区劳动力人口空间分布呈现"小集中、大分散"的特征，主要集中于城市居住配套成熟地区。基于这一特征，为落实城市总体规划提出的降低主城区人口密度的规划目标，应加强外围居住区生活类服务设施配套力度，以促进人口向主城区外围疏解。

二是主城区老龄人口在江岸区集聚特征显著，未来应加强该区域养老设施布局，完善无障碍设计。

三是主城区高学历人口集中分布于武昌区、洪山区大专院校及周边区域，其次是省市政府机关、医院等区域，未来应加强这些区域的创新创业产业布局，以推进武汉市创新发展战略和"百万大学生留汉"工程等政策的实施。

5.1.3 人口行为空间静态分布特征

城市个体为满足需求而在城市空间开展日常活动，这些活动所形成的行为空间和人口在各行为空间之间的移动与城市空间环境产生密切的互动关系，具体体现在城市行为空间对城市空间环境的需求、偏好以及空间环境对行为空间的引导、制约。基于这一理论来认知城市人口行为空间分布特征和规律，对于指导城市功能空间的布局优化具有重要意义。传统人口空间行为研究数据主要通过抽样问卷调查采集，存在样本量小、空间精度低等问题，本节研究引入手机信令大数据弥补这一不足。研究基于城市居民个体时空行为的视角，针对城市人口居住、就业、消费娱乐 3 类主要行为活动空间展开研究，以期对城市功能空间布局、区域交通组织等规划优化提供支撑。

（一）分析思路

1. 人口行为空间识别

人口居住地基于手机信令工作日和周末晚间停留时间规律进行识别。计算手机信号在周一～周五 22:00 至次日凌晨 6:00 时间段以及周末 23:00 至次日凌晨 6:00 时间段内累计时间最长的基站点，识别为人口居住地。

人口就业地基于手机信令工作日日间停留时间规律进行识别。计算手机信号在周一～周五 9:00~17:00 时间段累计时间最长的基站作为工作地一；累计时间第二长的基站作为工作地二；如果工作地一与居住地基站相同，且工作地二累计时长超过工作时间最长的基站的 60%，选工作地二，否则仍识别工作地一基站点为就业地。

人口消费娱乐地基于手机信令周末日间停留时间规律进行识别。计算手机信号在周六、周日

10:00~20:00 时间段内，非居住地和非就业地至少连续停留两小时以上的基站点，识别为消费娱乐地。

2. 职、住、娱空间分区评价

利用手机信令数据可视化所呈现的城市人群居住、就业、消费娱乐等行为活动空间，开展单项居住人口、就业人口、消费娱乐人口密度分析和日夜潮汐指数（日间人口与夜间人口比值）分析，按照分位数分段综合叠加分析（表 5-1-2）形成人口行为空间分区。首先以就业、居住和消费娱乐活动人口密度指标分位数分段为依据，高值段划分为高密度混合区，低值段划分为低密度混合区；其次，人口密度指标居于中间段的栅格，结合日夜潮汐指数，划分为中密度就业主导区和中密度居住主导区，最终将研究区域评价为高密度混合区、中密度就业主导区、中密度居住主导区、低密度混合区 4 个行为空间分区。

职住娱特征分区评价标准　　　　　　　　　　　　　　　　　表 5-1-2

功能分区	人口密度分位数			日夜潮汐指数	备注
	居住人口密度	就业人口密度	消费娱乐人口密度		
高密度职住娱混合区	75%~100%	75%~100%	75%~100%	—	取交集
低密度职住娱混合区	0~25%	0~25%	0~25%	—	取交集
中密度就业主导区	—	25%~100%	—	正数	—
中密度居住主导区	25%~100%	—	—	负数	—
中密度消费娱乐主导区	—	—	25%~100%	—	—

（二）职住娱人口密度分布分析

根据居住、就业、消费娱乐活动人口密度分布分析，三类行为活动空间分布结构类似，呈现中心集聚结构，活动强度由中心向外逐渐递减。其中，职住娱行为空间高密度区是城市活力最强的区域，主要分布在汉口新华路—香港路和沿江大道—解放大道、武昌珞喻路和徐东大街等带状区域，并呈现出集中连片的特征，同时在江岸后湖、硚口古田、汉阳王家湾和钟家村、青山建设二路、洪山卓刀泉等区域形成多个次级密集中心（图 5-1-5~ 图 5-1-7）。

低密度区主要是武汉市主城区内待开发地区和工业园区，包括江岸谌家矶、汉阳龙阳湖片、国博中心南片、青山武钢厂区、白沙洲工业园片。

（三）人口昼夜分布分析

通过分析主城区日夜潮汐指数分布，进一步判断城市行为空间混合区的工作聚集地和居住聚集地。分析得出，核心就业主导区呈现"带状 + 散

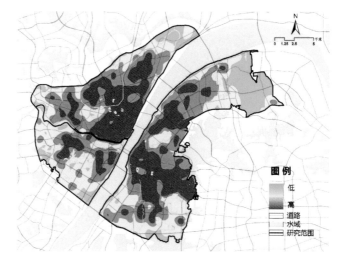

图 5-1-5 主城区居住
人口密度分布图

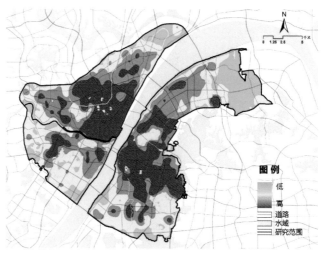

图 5-1-6 主城区就业
人口密度分布图

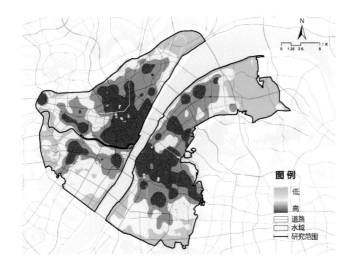

图 5-1-7 主城区消费娱乐人口密度分布图

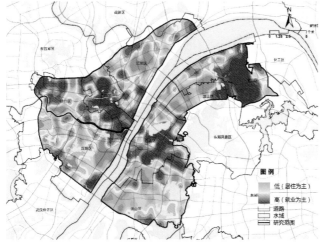

图 5-1-8 主城区日夜潮汐指数分布图

图 5-1-9 主城区人口职住娱行为空间分区图

点"空间格局,在沿江大道、解放大道、建设大道、中南一中北路、武珞路等主干道呈带状集聚,在额头湾、国博中心、武钢厂区呈点状集聚。核心居住主导区呈现分散集聚,在江岸后湖片区、汉阳马鹦路、洪山和平街集中连片(图 5-1-8)。

(四)综合评价

综合分析,城市人口行为空间呈现出"单中心聚集"的格局。整体上,一环内居住、就业、消费休闲活动强度最大,三环线临近区域活动强度最小;二环内分布着高密度就业区、居住主导区。从高密度活动区分布看,在汉口老城地区、武昌老城地区形成两大高密度中心,围绕两大中心形成若干次级高密度中心(图 5-1-9)。

结合人口行为空间分布特征,对城市居住、就业、消费娱乐三类功能空间开展人、地空间匹配方面的规划实施评估。对于规划的居住空间功能发挥不足、实际居住人口密度较低的区域,应进一步完善公共服务配套、就业平衡和交通支撑规划;对于规划的就业和消费娱乐空间功能发挥不足、实际就业和消费娱乐人口密度较低的区域,应进一步加强产业策划、居住平衡和交通支撑规划力度。

5.1.4 人口行为空间动态联系特征

在人口行为空间静态分布特征分析基础上,为进一步探索城市人口在各类行为空间之间移动的规律,研究基于栅格精度的各类行为空间,重点开展住职通勤和住娱出行特征分析。

(一)分析思路

选择通勤(出行)强度和通勤(出行)距离作为住职、住娱行为空间联系评价指标。其中,通勤(出行)强度以发生通勤(出行)行为的人口占栅格单元内总居住人口的比重计算,用于评价栅格单元内居民外出就业、消费娱乐活动的强度。通勤(出行)距离以栅格单元内所有通勤(出行)人口平均 OD 距离计算,用于评价通勤（出行）活动空间移动距离。按照分位数分段综合叠加分析（表5-1-3）形成人口职住、住娱出行分区，包括高强度长距离通勤（出行）区、高强度短距离通勤（出行）区、低强度长距离通勤（出行）区、低强度短距离通勤（出行）区4个通勤（出行）特征分区4个通勤（出行）特征分区。

通勤（出行）特征分区评价标准   表5-1-3

分区	通勤（出行）人口比例分位数	通勤（出行）平均OD离分位数
高强度长距离通勤（出行）区	50%~100%	50%~100%
高强度短距离通勤（出行）区	50%~100%	0~50%
低强度长距离通勤（出行）区	0~50%	50%~100%
低强度短距离通勤（出行）区	0~50%	0~50%

（二）住职通勤特征

居民就业通勤强度由中心向外围呈现"低—高—低"的特征。根据栅格单元内人口就业通勤比例指标进行密度分布分析，得出主城区住职通勤强度分布特征。主城区通勤高强度区域沿城市二环线呈环状分布，在江岸区中西部、江汉区西北部、硚口区北部、汉阳区中北部、洪山区和平街区域集中连片；通勤低强度区域主要分布于汉口老城区及三环线沿线区域，在江岸区南部、江汉区东南部、硚口西部、青山东部、洪山南部区域集中连片（图5-1-10）。

居民就业通勤距离由中心向外围呈现"圈层递增"特征。根据栅格单元内人口就业通勤平均距离指标进行密度分布分析，得出主城区住职通勤距离分布特征。长距离通勤区域主要分布于城市三环线沿线区域，在江岸区中北部、硚口区西部、汉阳中南部、青山东部、洪山西部区域集中连片；短距离通勤区域主要分布于一环线内和南湖地区，在江岸南部、江汉中南部、硚口东部、汉阳东北部、武昌中部、洪山东南部区域集中连片（图5-1-11）。

根据栅格单元内人口就业通勤强度的高低和通勤距离的长短综合叠加分析，将主城区空间划分为高强度长距离通勤区、高强度短距离通勤区、低强度长距离通勤区和低强度短距离通勤区4个职住通勤特征分区（图5-1-12）。

其中，高强度长距离通勤区是武汉市主城区交通压力比较集中的地区，主要分布在轨道交通条件便利、居住人口密度高且就业密度较低的区域，包括江岸后湖片区、汉阳大部分地区、武昌徐东片区、青山西片区、洪山和平街。

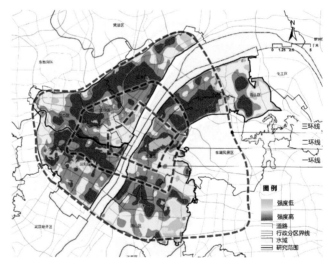

图5-1-10 主城区住职通勤强度分布图

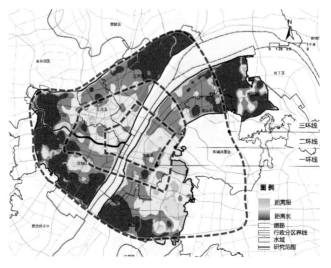

图5-1-11 主城区住职通勤距离分布图

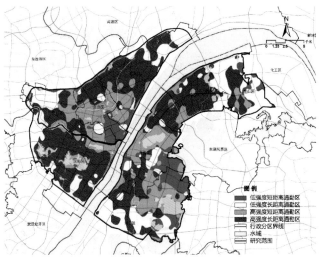

图 5-1-12　主城区人口
住职通勤特征分区图

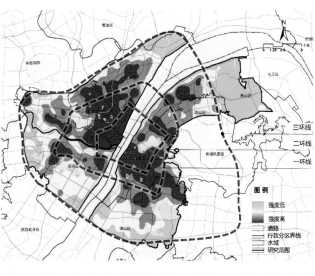

图 5-1-13　主城区住娱
出行强度分布图

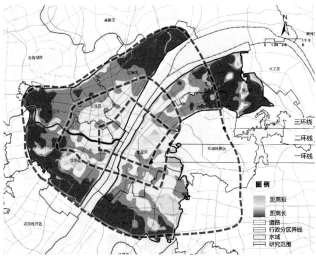

图 5-1-14　主城区住娱
出行距离分布图

高强度短距离通勤区主要特征是通勤量强度远高于通勤距离在区域内的水平。空间分布主要集中在居住人口密度和就业密度均较高的区域，包括江岸南部、江汉区中部、汉阳区月湖片区、武昌沙湖片区、洪山南湖片区。

低强度通勤区总体规模小且分散。其中，低强度长距离通勤区主要集中在江岸谌家矶片区、硚口长丰片区、青山东部地区、洪山南部地区；低强度短距离通勤区主要集中在汉正街片区、水果湖—街道口片区。

（三）住娱出行特征

居民消费娱乐出行强度由中心向外围呈现"圈层递减"的特征。根据栅格单元人口住娱出行比例指标进行密度分布分析，得出主城区的住娱出行强度分布特征。高强度区域主要分布于城市二环线内区域，在江岸南部、江汉区、硚口东部、汉阳东北部、武昌区、青山西部、洪山东南部区域集中连片；低强度区主要分布于三环线邻近区域，在江岸东北部、汉阳西部、青山东部、洪山南部区域集中连片（图5-1-13）。

居民消费娱乐出行距离由中心向外围呈现"圈层递增"的特征。根据栅格单元内人口消费娱乐出行平均距离指标进行密度分布分析，得出主城区住娱出行距离分布特征。长距离区域主要分布于三环线邻近区域，在江岸东北部、汉阳西部、青山东部、洪山南部区域集中连片；短距离区主要分布于城市二环线内区域，在江岸南部、江汉区、硚口东部、汉阳东北部、武昌区、青山西部、洪山东南部区域集中连片（图5-1-14）。

根据栅格单元内人口消费娱乐出行强度的高低和出行距离的长短，将主城区评价为高强度长距离出行区、高强度短距离出行区、低强度长距离出行区、低强度短距离出行区4个住娱出行特征分区（图5-1-15）。其中，高强度长距离出行区集中在二环线周边区域，受核心区公共服务设施吸引、本地居住人口密度高且消费娱乐设施配套不足而导致产生外出长距离消费休闲活动，集中连片区包括塔子湖—后湖片区、硚口西部、墨水湖西北岸、武昌徐东片区、中南路—街道口片区等。

高强度短距离出行区主要位于一环内消费娱乐设施集中区域，空间连片区包括江岸南部、江汉中南部、硚口东部、武昌老城及沙湖片区。

低强度长距离出行区主要分布在三环线邻近地区，该区域以待开发地、工业区和住宅区为主，包括江岸谌家矶片区、汉阳龙阳湖片区及国博中心

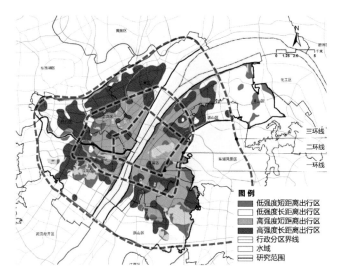

图 5-1-15　主城区人口
住娱出行特征分区图

片区、青山武钢厂区片区、洪山白沙洲片区和杨春湖片区。

低强度短距离出行区总体规模小且分散，主要分布在江汉王家墩片区、汉阳墨水湖片区、洪山南湖片区。

（四）综合评价

基于以上评价，居民就业通勤强度由中心向外围呈现"低—高—低"的特征，就业通勤距离由中心向外围呈现"圈层递增"的特征；居民消费娱乐出行强度由中心向外围呈现"圈层递减"的特征，消费娱乐出行距离由中心向外围呈现"圈层递增"的特征。综合叠加分析，将主城区空间划分为高强度长距离通勤（出行）区、高强度短距离通勤（出行）区、低强度长距离通勤（出行）区、低强度短距离通勤（出行）区 4 个通勤（出行）特征分区。其中，高强度长距离通勤区主要受便捷轨道交通、本地居住人口密度高且就业岗位不足的影响而形成，反映了武汉市中心城区的职、住、娱功能空间的存在不匹配现象，可能导致大量钟摆交通量，未来应强化该区域城市规划用地空间布局和交通组织协调。

5.1.5　结论与建议

大数据对城市人口时空行为特征的研究具有重要意义和价值。不仅仅是一类弥补传统数据短板的新数据资源，同时也提供了新的分析视角与分析方法。在传统人口普查数据基础上，借助手机信令数据、网络POI 数据等，我们可以对城市的个体行为进行分析，更加便捷、全面、动态、客观地反映城市空间的发展状况，更为深入全面地探讨城市空间与人们空间行为的互动关系，为城市规划与建设、城市管理提供科学依据。

基于多源人口大数据，本研究主要从各类特征人口空间分布、人口行为空间静态特征、人口行为动态联系三方面开展研究。一方面，综合手机信令大数据、网络 POI 数据和人口普查数据等多源人口数据，开展武汉市主城区不同年龄段、学历水平人口的空间分布特征，为城市规划开展公共服务设施布点优化、差异化设施布局等工作提供科学支撑。另一方面，结合人口居住、就业、消费娱乐等行为空间关联特征分析，得出城市人口住职、住娱出行强度和距离特征，以期对空间功能、交通组织等方面的优化提供支持。

当然，本节的研究也存在一定的不足：一是表征人口社会经济特征的数据因采集难度和成本较高而未能获得，因此难以更全面反映城市特征人口的空间分布特征；二是手机信令数据在时间、空间精度上还存在缺陷，时间精度仅有白天、夜晚两个时间段，而依赖于基站信号的定位方式也存在无法避免的空间误差，仍需要与其他来源的数据进行相互佐证，以进一步提高研究结论的可靠性；三是现有研究主要用于揭示现状的规律，如果要实现对规划设计的引领作用，还需要进一步探索规律背后的成因机制，构建人口空间分

布模型，并形成城市人口时空分布理论。此外，个人时空行为与城市空间具有紧密的联系，对人口空间分布特征和人口行为空间特征分析发现的城市功能结构、设施配套等问题，还需要进一步开展空间规划优化策略研究，以实现"以人为本"和更宜居的城市空间。

5.2 武汉市各行业发展特征和空间集聚研究

5.2.1 研究概述

经济全球化和新技术革命正在引发影响深远的产业变革，无论是发达国家还是发展中家，都在加大科技创新力度，新的生产方式、产业形态正逐步形成。新的产业发展促使产业空间结构不断更新，同时也改变着城市功能和发展的动力机制，带来城市空间的重组与再生，在此形势下科学把握产业发展与空间演变规律，对促进城市空间结构的优化有着重要的意义。

辩证唯物主义认为，没有脱离时间与空间的物质，物质（例如企业、企业活动）、时间、空间是相互关系的（甄峰，2015）。传统的产业研究主要借助于企业产值数据和企业土地空间数据，但企业产值数据难以实现精准空间化，同时基于"动态"时间要素的企业空间数据也往往因难以获取而被忽视，一定程度上导致了研究的局限性。从当前基于城乡规划视角探讨产业发展及其空间布局方面的研究来看，既有侧重于运用传统经济产值数据从经济学、地理学角度构建的一系列包括产业区位论、发展阶段论等理论与量化分析模型，也有运用定量与定性相结合的技术方法对产业发展评价、主导产业选择和产业总体空间布局的部分实证分析，而运用大数据开展分析的研究相对较少，尤其是基于多元时空大数据的产业量化分析实证研究则更少涉及。

然而，在大数据时代，信息技术的发展能够帮助连续采集物质活动的空间坐标和时间坐标，为更全面的研究城市产业发展提供了数据基础。特别是启信宝工商企业大数据，它汇集了企业名称、所属行业分类、企业注册地和经营地 POI 点位、企业注册时间、企业注销时间、企业注册资金等多维度数据信息，能够有效地将企业及其活动、时间、空间相互关联，便于与传统城乡空间数据结合开展交叉应用分析，有利于更好地服务于产业发展研究，弥补传统产业研究数据基础的不足之处。

基于此，为保障对武汉市产业发展及其空间演变作深入而透彻的研究，综合考虑数据的有效性和可获取性，本节尝试采用 1978 年 1 月～ 2018 年 5 月的启信宝全量工商企业时空大数据、人口信令数据、城乡空间数据、腾讯网络企业数据作为研究数据基础，以武汉市市域范围为研究空间范围，以市域范围内农林牧渔业，采矿业，制造业，电力、热力、燃气及水生产和供应业，建筑业，批发和零售业，交通运输、仓储和邮政业，住宿和餐饮业，信息传输、软件和信息技术服务业，金融业，房地产业，租赁和商务服务业，科学研究和技术服务业，水利、环境和公共设施管理业，居民服务、修理和其他服务业，教育，卫生和社会工作，文化、体育和娱乐业共 18 个行业大类为研究对象，从服务产业规划编制的角度出发，构建基于多源数据的产业发展评价指标体系与产业空间量化分析模型，并借助 GIS 分析工具，进行武汉市全量产业发展特征与空间演变分析。从实证角度分析了武汉市各行业近 40 年来的发展特征与空间演变规律，识别各行政区具有比较优势的行业类别，以期进一步丰富和补充已有理论研究，探索产业发展及空间布局的新技术方法，从而更好地服务于城市快速转型发展过程中武汉市产业体系构建和优势产业选择等方面，并对产业空间布局起到积极有效的指导作用。

5.2.2 武汉市各行业发展演变特征分析

武汉市产业的繁荣以明代"汉水改道"为起点，历经区域性商贸中心、对外贸易口岸、工业新型城市、现代工业基地、重工业基地与老工业基地转型历次变迁，各行业在城市历史演变中呈现出诞生、成长、扩张、衰退等不同的周期和规律。传统研究由于数据获得的局限性，往往难以追溯和挖掘较长时期内产业发展规律，而基于启信宝工商企业大数据的研究能够较好的弥补该方面的短板。因此，本节从时间维度出发，综合考虑数据的完整性和可对比性，选取武汉市域范围内 1978~2017 年整 40 年的启信宝全量工商企业数据、手机信令数据、城乡空间数据、腾讯网络企业数据等多源数据进行统计分析，构建基于多源数据的各行业发展评价指标体系，分析各行业在不同时间维度上各个指标的动态变化情况，并借助数学模型予以量化测度，以期对武汉市未来行业发展提供有益的建议。

（一）基于多源数据的行业发展评价总体思路与指标体系构建

产业发展与其各阶段的发展目标密切相关，成长期产业主要的发展目标为以规模扩张为主的全面提升；成熟期产业主要的发展目标为提升效益和可持续发展；衰退期则是合理退出或者转移。因此，行业发展评价可从数量上的发展（企业数量规模）与效益上的发展（企业经济效益及创新效益）两个维度展开。在考虑数据可获取性的前提下，本节分别从行业规模、行业效益、行业创新三大类别出发，构建包含三大类、七中类、十五小类的行业发展评价指标体系（表 5-2-1）。

行业规模是行业现状的重要组成部分，它从一个侧面反映了行业的发展水平。本节中行业规模指标由数量规模、建筑规模和就业人口规模三个方面构成，具体分解为企业总量、企业增量、企业总量年增长率、企业总量占比、建筑总规模、就业人口总规模共 6 个小类指标，分别从行业涵盖的企业数量、所占据的城市空间以及总体吸纳就业情况来反映行业发展规模。

行业效益也是行业现状的重要组成部分。只有具有经济效益才会有持续的发展动力，才能进一步壮大行业规模，促进产业发展。本节从产值效益和发展效益两个方面设立评价指标，包括行业产值、企业平均注册资金规模、行业续存率、上市企业比例、优秀企业比例共 5 个小类指标。

行业发展评价指标体系示意图　　表 5-2-1

总指标	一级指标	二级指标	三级指标
产业发展评价指标体系	规模评价指标	数量规模	企业总量（个）
			企业增量（个）
			企业总量年增长率（%）
			企业总量占比（%）
		建筑规模	建筑总规模（万平方米）
		就业人口规模	就业人口总规模（万人）
	效益评价指标	产值效益	行业产值（亿元）
			企业平均注册资金规模（万元）
		发展效益	行业续存率（%）
			上市企业比例（%）
			优秀企业比例（%）
	创新评价指标	专利	专利数量（个）
			专利密度（个）
		著作权	著作权数量（个）
			著作权密度（个）

行业创新能力是衡量行业持续发展的重要指标。本节从各行业的专利和著作权两个方面设立评价指标，包括专利数量、专利密度、著作权数量、著作权密度共 4 个小类指标。

（二）各行业发展规模演变特征

1. 数量规模

从全量工商企业数据表征的武汉市各行业数量规模分析来看，近 40 年武汉市企业快速增长，呈现出 3 个主要发展阶段：第一阶段为起步阶段（1978~1988 年），全市企业总量规模较小，增长较为缓慢，至 1990 年新增企业数量首次突破 1 万家；第二阶段为快速增长阶段（1989~2012 年），全市企业总量呈波动上涨态势；第三阶段为极速激增阶段（2013~2017 年），全市企业总量稳步激增，产业发展

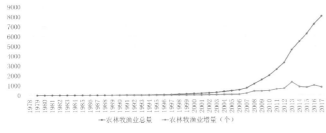

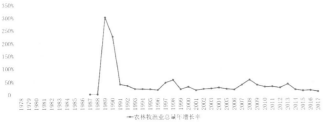

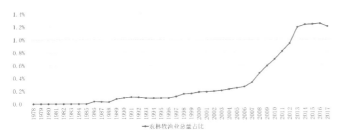

图 5-2-1 武汉市第一产业企业总量、增量、年增长率及占比分析图

图 5-2-2 武汉市第二产业企业总量、增量、年增长率及占比分析图

加速。

具体来看，全市第一产业（农林牧渔业）总量增长速率较慢，呈现出企业数量"由缓慢增长发展为波动增长最后减速增长"的特征，企业增量和占比自2016年后开始下降。总体来说，第一产业总体发展态势良好，但内生发展动力不足的问题逐渐凸显，亟待加强转化和集聚规模（图5-2-1）。

全市第二产业企业数量总体呈现出"由缓慢增长演变为稳步快速增长"的特征。自1990年后，受武汉市工业改革政策的影响，第二产业企业数量规模增速显著提高，突显出武汉作为全国重要工业基地的地位。其中，制造业呈现出"企业总量波动增长但占比逐年降低"的态势，建筑业呈现出"企业总量和占比均快速增长"的态势，一定程度上反映出武汉市制造业优势突出、但逐渐面临产能过剩的问题，亟待转型升级（图5-2-2）。

全市第三产业企业数量总体呈现出"由稳步均速增长演变为极速增长"的特征，企业总量占比1990年后持续呈现出逐年增长的态势。其中，批发和零售业、租赁和商务服务业、信息传输、软件和信息技术服务业是企业总量多、增长快的三大行业，但批发和零售业企业总量占比自2003年后呈逐年下降趋势，而租赁和商务服务业、信息传输、软件和信息技术服务业的企业总量与占比均持续显著提升。这一现象表征出武汉市第三产业发展势头良好，但规模效益并不显著，仍需提高能级、扩充容量（图5-2-3）。

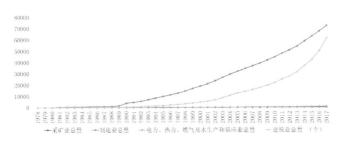

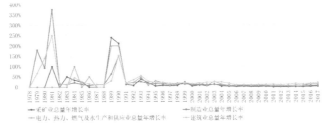

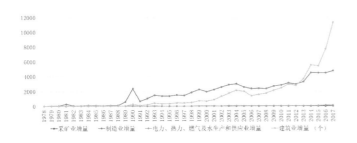

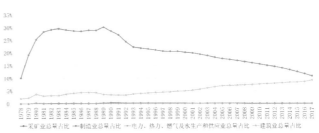

2. 建筑规模

为获取各行业企业的建筑规模数据，研究利用 ArcGIS 工具，将企业数据和城乡建筑数据进行空间关联，分析显示，建筑总规模较大的行业为批发和零售业、制造业、租赁和商务服务业、信息传输、软件和信息技术服务业和建筑业等，主要集中于第二产业中的制造业、建筑业与第三产业中的生产性服务行业。

3. 就业人口规模

基于企业数据和人口手机信令数据的 ArcGIS 空间关联分析显示，武汉市第二产业中的制造业和建筑业，第三产业中生产服务业类的租赁和商务服务业、信息传输、软件和信息技术服务业、科学研究和技术服务业等行业与生活服务业类的批发和零售业、住宿和餐饮业具有相对较强的就业带动能力和发展优势。具体来看，武汉市就业人口总规模较大的行业依次为批发和零售业、租赁和商务服务业、制造业、信息传输、软件和信息技术服务业、建筑业、住宿和餐饮业、科学研究和技术服务业。

（三）各行业发展效益演变特征

1. 经济效益

行业产值是表征行业经济发展的重要指标之一（图 5-2-4）。从 1949~2016 年武汉市历年统计年鉴中产值数据分析来看，武汉市产业结构呈现出由"二三一"向"三二一"逐渐演变的特征，产业发展总体处于工

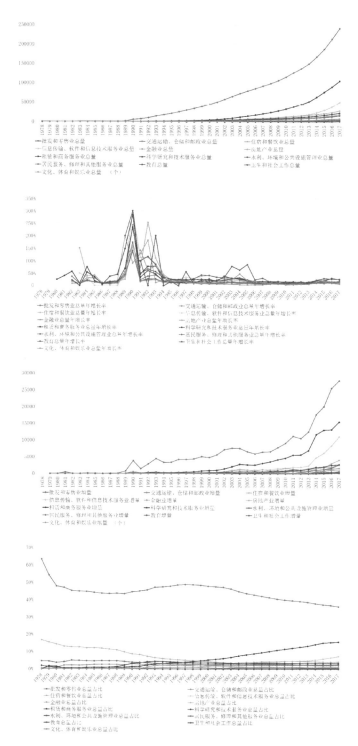

图 5-2-3　武汉市第三产业企业总量、增量、年增长率及占比分析图

业化中期向后期过渡的时段。总体上产业结构演变主要可以分为三个阶段：第一阶段为 1949~1956 年，武汉产业发展呈现"三二一"的结构，第三产业具有一定的规模基础，第二产业刚刚起步，第一产业发展态势逐渐下降；第二阶段为 1956~1997 年，武汉产业发展呈现"二三一"的结构，第二产业产值快速上升后波动下降，第三产业波动下降后快速上升，第一产业波动增长后逐渐下降；第三阶段为 1997~2016 年，武汉产业发展呈现"三二一"的结构，二、三产业齐头并进发展，随着经济增速的放缓，2014 年后第三产业增加值超过第二产业，武汉出现后工业化趋势。

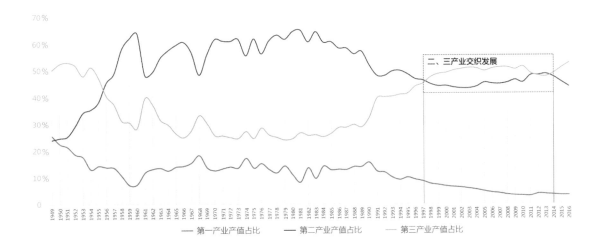

图 5-2-4
1949~2016 年武汉
三次产业结构变化分
析图

　　企业注册资金规模能够有效地表征行业发展的经济基础和经济实力。从工商企业注册资金规模分析来
看，武汉市第二产业的水电气供给行业以及第三产业的商务、金融、交通运输、房地产等行业具有相对较
强的经济实力，而第三产业中的生活性服务类行业经济实力相对较弱。由图 5-2-5 和图 5-2-6 可见，武
汉市企业平均注册资金规模较大的行业主要为电力、热力、燃气、水生产和供应业、金融业、交通运输、
仓储和邮政业、房地产业、租赁和商务服务业；平均注册资金规模较大企业占比较大的行业主要集中于第
二产业的制造业、电力、热力、燃气、水生产和供应业以及第三产业的房地产业和金融业；平均注册资金
规模较大企业占比较小的行业主要集中于第三产业的文化、教育、住宿和餐饮业、批发和零售业等生活服
务业和第一产业。

　　2. 发展效益

　　行业续存率作为有别于传统产业数据的重要指标之一，能够较好表征连续长时间内各行业的"动态存
亡"状况，可用于更好地观测行业发展潜力和发展趋势。从全市全量企业续存率分析来看，武汉市全量企
业续存比为 66%，与上海市全量企业续存比 67% 基本持平，表征出武汉市产业总体发展态势良好的特点。
从图 5-2-7 所示的各行业续存率分析来看，存续率较高的行业集中于第一产业农林牧渔业、第二产业的建
筑业和第三产业中关系到国计民生的基础设施、公共服务设施等行业，呈现出这些行业的发展基础较好；
存续率较低的行业集中于第二产业的制造业和采矿业，以及第三产业中的批发和零售业等商业服务类行业，
呈现出这些行业发展相对较不稳定，营商环境及其企业内部创新发展模式有待进一步优化的问题。

图 5-2-5 企业平均
注册资金规模分析图
（左）

图 5-2-6 不同注册
规模下各行业企业数
量占比分析图（右）

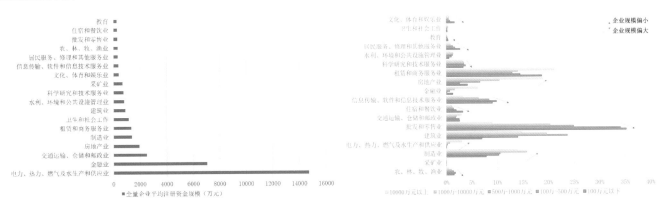

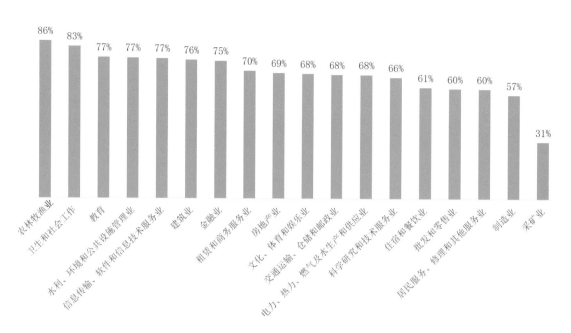

图 5-2-7 武汉市各行业续存率分析图

上市企业比例也是反映企业发展运营效益的重要指标之一。根据全市各行业上市企业数量分析显示，全市第二产业中的制造业、建筑业和第三产业中的文化、体育和娱乐业、教育、租赁和商务服务业、批发和零售业的上市企业比例较多，运营和发展态势较好。其中，上市企业比例较高的行业依次为：制造业，文化、体育和娱乐业，建筑业，教育，租赁和商务服务业（图5-2-8）。

优秀企业比例数据来源为至2017年12月份的腾讯网络优秀企业评选，是基于网络大数据反映企业发展情况的指标之一。根据数据分析显示，全市优秀企业比例较大的行业主要集中于第三产业中的房地产业、住宿和餐饮业、租赁和商务服务业等。如图5-2-9所示，优秀企业比例较大的行业依次为房地产业，采矿业，电力、热力、燃气及水生产和供应业，住宿和餐饮业，租赁和商务服务业。

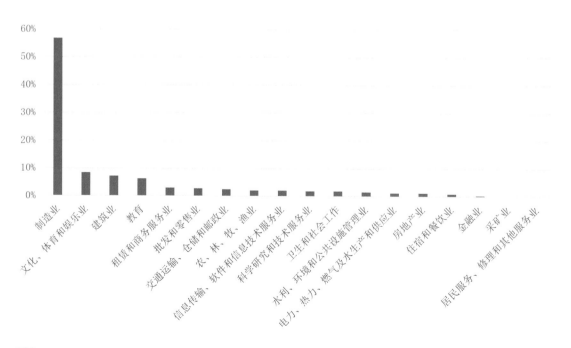

图 5-2-8 武汉市各行业上市企业比例分析图

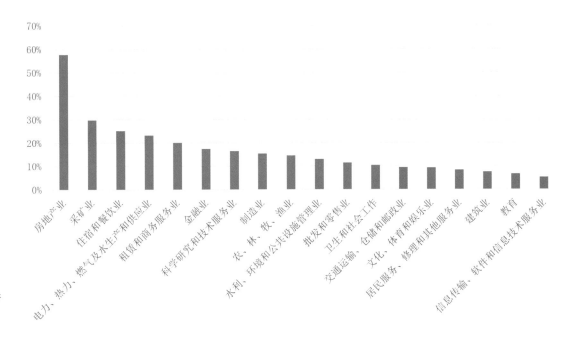

图 5-2-9 武汉市各行业优秀企业比例分析图

（四）各行业创新发展演变特征

1. 专利数量与密度

结合全国主要城市的行业专利数据比较分析，专利数量方面（图5-2-10），武汉市主要呈现出第二产业创新发展相对领先但第三产业创新驱动尚不足的态势。具体来看，武汉市第二产业中制造业和建筑业的专利数量远超北京、上海、广州等一线城市，而武汉市第三产业中仅科学研究和技术服务行业创新优势较强，行业专利数量远超北京、上海、广州等一线城市，其他行业专利数量则普遍较少，远远低于北上广深等一线城市。专利密度方面，如图5-2-11所示，除了电力、热力、燃气及水生产和供应业、制造业、科学研究和技术服务业三个行业以外，其他各行业专利密度普遍较低，总体反映出武汉市各行业尤其是第三产业的创新发展处于亟待提升的困境。

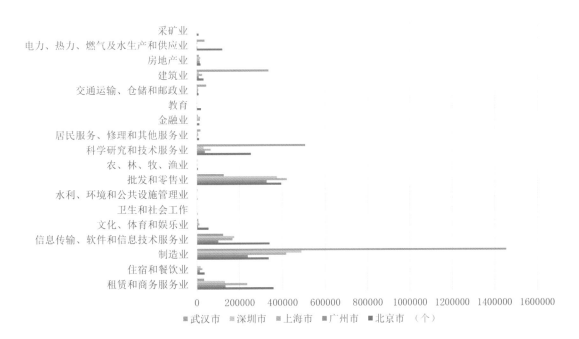

图 5-2-10 城市各行业专利数量对比分析图

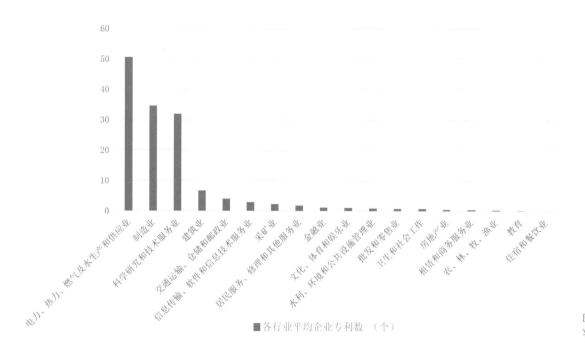

图 5-2-11 武汉市各行业专利密度分析图

2. 著作权数量与密度

结合全国主要城市的行业著作权数据比较分析可以看出,著作权数量方面(图 5-2-12),武汉市主要呈现以第三产业信息技术服务业和第二产业制造业、建筑业理论研究与创新能力较强的态势,但第三产业的其他行业著作权数量低于北京、上海等一线城市。著作权密度方面(图 5-2-13),武汉市各行业著作权密度普遍较低,除信息传输、软件和信息技术服务业、教育、科学研究和技术服务业、制造业、采矿业著作权密度超过 1,其他各行业著作权密度均在 1 以下。

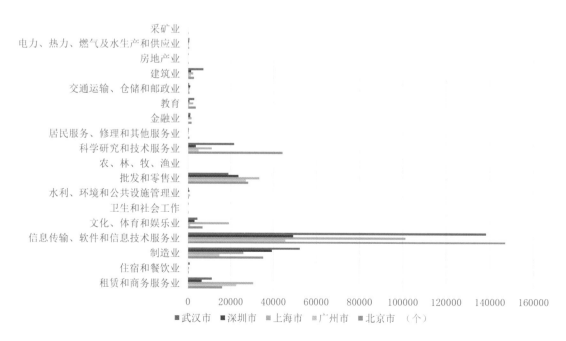

图 5-2-12 国内部分城市各行业著作权数量对比分析图

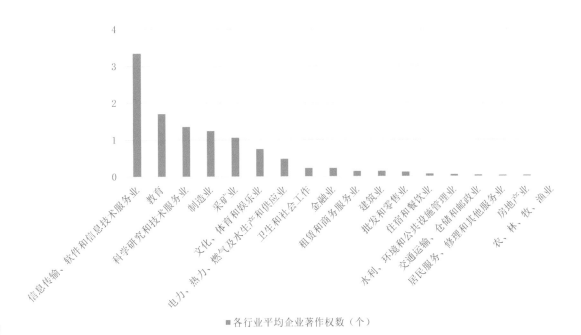

图 5-2-13 武汉市各
行业著作权密度分析图

■ 各行业平均企业著作权数（个）

（五）各行业综合发展指数

综合以上行业发展评价指标分析，研究首先对各个指标进行归一化打分，在此基础上，利用SPSS软件，采取主成分分析法，量化测算各行业的综合发展指数。结果显示（表 5-2-2），基于工商企业大数据评估的武汉市优势发展行业主要为批发和零售业、制造业、信息传输软件和信息技术服务业、租赁和商务服务业、建筑业、科学研究和技术服务业六大类；发展相对较差的行业主要为采矿业。

武汉市各行业综合发展指数 表 5-2-2

行业	第一主成分 F1	排名	第二主成分 F2	排名	第三主成分 F3	排名	第四主成分 F4	排名	第五主成分 F5	排名	综合主成分	排名
农、林、牧、渔业	-1.09	14	-1.04	16	-0.69	12	2.06	3	-0.79	13	-0.68	12
采矿业	-1.05	13	-0.73	11	-0.51	10	-3.76	18	-0.30	7	-1.07	18
制造业	2.46	2	7.24	1	2.08	2	-2.87	17	1.77	2	2.90	2
电力、热力、燃气及水生产和供应业	-1.43	18	-0.11	5	-0.82	15	-1.04	14	5.42	1	-0.37	7
建筑业	0.40	4	0.61	3	-0.17	7	0.55	8	-0.31	8	0.30	5
批发和零售业	7.62	1	1.35	2	0.07	5	-1.78	16	-1.52	18	3.17	1
交通运输、仓储和邮政业	-0.64	9	-0.54	8	-0.75	14	-0.25	11	0.03	5	-0.54	9
住宿和餐饮业	-0.54	7	-0.74	13	-1.07	17	-1.36	15	-0.54	9	-0.75	17
信息传输、软件和信息技术服务业	-0.04	5	-0.26	6	4.61	1	2.50	2	-1.01	17	0.87	3
金融业	-1.03	12	-0.62	9	-0.89	16	0.60	7	1.04	4	-0.57	11
房地产业	-0.68	10	-0.85	14	-1.47	18	0.19	10	-0.16	6	-0.73	15
租赁和商务服务业	1.69	3	-0.38	7	-0.35	8	0.53	9	-0.86	15	0.53	4
科学研究和技术服务业	-0.53	6	0.56	4	0.87	3	-0.88	13	1.09	3	0.07	6
水利、环境和公共设施管理业	-1.12	15	-1.04	17	-0.67	11	1.31	5	-0.66	10	-0.75	16
居民服务、修理和其他服务业	-0.60	8	-0.87	15	-0.72	13	-0.82	12	-0.66	11	-0.71	14
教育	-1.22	16	-0.63	10	0.79	4	1.74	4	-0.91	16	-0.43	8
卫生和社会工作	-1.30	17	-1.23	18	-0.35	9	2.62	1	-0.77	12	-0.70	13
文化、体育和娱乐业	-0.91	11	-0.73	12	0.05	6	0.67	6	-0.84	14	-0.55	10

当前，武汉市产业发展处于"后工业化"阶段，产业结构已逐步由"二产主导"向"二、三产"并重转移。第二产业仍为武汉市目前的支柱产业，但第二产业正不断促进第三产业发展，体现出武汉市由工业基地逐渐向现代服务业中心转型升级的态势。这其中，批发和零售业、制造业、信息传输软件和信息技术服务业、租赁和商务服务业、建筑业、科学研究和技术服务业六大行业，比较而言具有数量多、规模大、创新能力强、上市企业多的特征，逐渐成为武汉市的一批优势行业。

未来一段时间，从产业规划编制角度出发，武汉市仍需强化自身制造业的优势，逐渐加强传统制造业的创新驱动和转型升级，并注重一、二、三产业关联发展和互促发展，持续推进"租赁和商务服务业、金融业"发展，探寻制造业与服务业融合发展的创新模式，打造先进制造业中心和生产性服务业中心。同时，依托优势信息资源和科教资源，进一步做强"信息传输、软件和信息技术服务业"和"科学研究和技术服务业"，打造信息技术服务基地，并积极发展教育科研相关产业，做好其行业自身及其联动行业的创新支撑，逐步打造适宜武汉市创新发展的优势产业集群。

5.2.3 武汉市各行业时空演变规律分析

武汉市产业空间的拓展与城市空间的演变紧密相关。总体上，武汉市产业空间布局主要历经明清、民国、中华人民共和国成立、改革开放以后四大阶段。全市产业空间由明清期间的沿"长江、汉江"的集聚式布局，逐步发展到"沿江集聚＋三镇组团化发展"的空间格局；随着民国期间现代工业基地初步成型，产业空间"沿江河、公路铁路"集聚态势显著；中华人民共和国成立以来，依托重大项目，武汉市产业空间逐步形成"多板块"的发展格局；改革开放后，受宏观政策和城市规划引导，产业结构主要呈现"多中心、多板块"的圈层发展形态。

为进一步深化识别武汉市产业空间演变的特征规律，辅助各类产业的空间布局规划编制，本节运用 ArcGIS 空间分析模块中的核密度量化分析工具，以 1978~2018 年 5 月启信宝全量工商企业 POI 点位数据为基础数据，同时综合考虑启信宝大数据的时间节点特征以及与经济普查数据的可比较性，重点选取 1985 年、1990 年、1995 年、2000 年、2004 年、2008 年、2013 年、2018 年共 8 个时间节点开展全市全量行业及各行业的核密度分析。

（一）全量行业时空演变规律分析

根据研究区范围内 1985 年、1990 年、1995 年、2000 年、2004 年、2008 年、2013 年、2018 年共 8 个时间节点的空间热力分析计算（图 5-2-14），及其与城市总体空间演变拓展的比较分析对比，可以发现，武汉市各个时期的产业空间集聚特征显著，其空间演变呈现明显的与城市水、路等空间要素紧密关联的特征，总体产业空间由最初在沿江区域的"多中心"集聚，逐渐沿"两江四岸"和对外交通干线呈"线性"集聚拓展态势，最终呈现出中心城区"连片集聚"和新城区"多中心集聚"的布局特征。

具体来讲，1995 年前，武汉市产业空间主要呈现中心城区内单中心集聚模式，汉口和武昌沿江区域一极独大，产业集聚最为密集；1995~2008 年，产业空间沿武汉市"两江四岸"纵向轴线与"武珞路—珞喻路"横向轴线形成的"十"字形集聚态势逐渐突显，此阶段全市产业空间仍在中心城区内快速集聚，主要分布于江岸区和硚口区的沿江区域，同时外围新城中心如黄陂区前川、新洲区株城、江夏区纸坊、东西湖区吴家山等区域集聚的态势初显；2008~2013 年，伴随着武汉市"工业倍增计划"和"四大工业板块规划"等政策和城市规划的引导，全市产业空间在中心城区和新城区呈现齐头并进的集聚态势，中心城区产业进一步连片集聚，外围地区产业主要集聚于黄陂区汉口北大道沿线、新洲新港工业园、东湖高新区鲁巷中心及流芳产业园等新城中心、新城工业板块、新城发展轴线和重要的干路周边；2013~2018 年，随着武汉市产业"退二进三"等政策的出台，中心城区内产业空间密度逐渐降低，并沿重要交通干路向外围新城疏散。

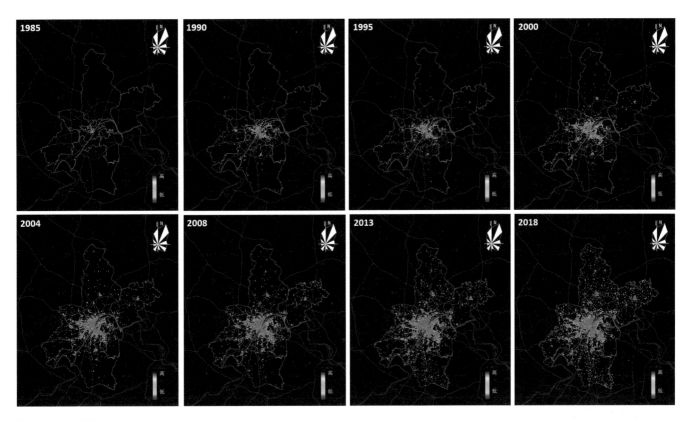

图 5-2-14　武汉市产业
空间集聚热力图

这一时期，中心城区产业空间由连片集聚演变为多中心集聚，更加强调中心极核带动，外围新城区则逐渐由新城中心单极核集聚逐渐演变为多中心、多轴线的网络化集聚。

从图 5-2-14 中可以明显看出，产业空间集聚节点大致位于城市核心区、重要的商圈周边和规划工业板块之中，同时也与交通联系通道紧密相关，区域性对外联系通道和水陆空交通枢纽也是产业集聚和蔓延的重要空间载体。因此，研究区总体呈现出的"轴带蔓延，中心集聚"的形态也是全市产业空间与城市结构及交通、商业等干线密切关联的佐证。

（二）武汉市第一产业、第二产业和第三产业的各行业时空演变规律分析

1. 第一产业时空演变特征

武汉市地处华中腹地区域，拥有得天独厚的农业生产所需的资源条件，其第一产业农林牧渔业的企业数量规模较大且具有一定的发展优势。根据研究区范围内 1985 年、1990 年、1995 年、2000 年、2004 年、2008 年、2013 年、2018 年共 8 个时间节点第一产业的空间热力分析计算发现，武汉市第一产业的空间演变与城市空间要素的关联性较弱，总体上呈现随机匀质离散扩展的特征，无明显的集聚效应。具体而言，伴随着城市建设的扩张和蔓延，农林牧渔行业在空间上由在都市发展区内随机分散分布，逐渐向外围拓展，最终呈现出在外围新城区域匀质离散状增长和分布的特征，并在江夏纸坊区域、黄陂前川区域和新洲株城区域形成相对密集集聚的节点。

2. 第二产业时空演变特征

长期以来，第二产业在武汉市产业发展中占据着重要的地位，其所包含的制造业、建筑业、采矿业和电力、热力、燃气及水生产和供应业在历年来的时空发展中呈现出较为不同的演变特征。从研究区范围内 1985 年、

1990 年、1995 年、2000 年、2004 年、2008 年、2013 年、2018 年共 8 个时间节点第二产业的空间热力分析计算发现，武汉市第二产业总体呈现出由在中心城区快速"连片集聚"逐渐沿城市对外联系干道向外围新城区"线性疏散"的演变态势，其产业空间在武汉市三环线内呈现"沿重要交通干路线性集聚和多中心集聚"的特征，而在三环线外呈现"在工业园区内连片集聚和新城中心区域点状集聚"的特征，城市远郊区域则以散点分布为主。

具体而言，制造业产业空间演变主要呈现沿城市交通干线"线性集聚 + 多中心集聚"的特征（图 5-2-15 ）。2000 年前制造业产业空间主要在中心城区内沿解放大道、琴台大道—武珞路、友谊大道—白沙洲大道三条主要轴线发展；2000~2013 年，制造业产业空间逐步沿解放大道—东吴大道、琴台大道—武珞路、友谊大道—白沙洲大道、东风大道、关山大道等重要对外联系通道由中心城区向新城区线性蔓延，但该阶段中心城区仍是制造业的主要集聚区域；2013 年以后，制造业产业空间开始向外围新城区迁移扩散，外围新城区制造业的"中心极核 + 多中心集聚"的整体空间格局逐步稳定。

建筑业产业空间演变主要呈现圈层式"面状集聚 + 多中心集聚"的特征（图 5-2-16 ）。1995 年以前，武汉市建筑业在中心城区内呈分散布局；1995~2000 年，建筑业快速在汉口与武昌沿江区域呈多中心集聚态势；2000~2008 年，建筑业规模极速增长并在中心城区内呈面状快速集聚，新城区则以新城中心缓慢点状集聚为主；2008 年以后，中心城区内建筑业进一步疏解和极化，呈现多中心集聚态势，外围新城区则以新城中心和各乡镇中心为极核快速连片集聚。

采矿业、电力、热力、燃气及水生产和供应业的产业空间与城市空间要素的关联度相对较弱，且产业自身空间集聚特征不显著。其中采矿业的空间演变总体呈现出由三环线外随机离散分布逐渐演变为在三环线周边及新城中心离散分布的特征；而电力、热力、燃气及水生产和供应业的空间演变则由在市域范围内离散布局，逐渐发展为在三环线内东南部及西北部多中心集聚的特征。

3. 第三产业时空演变特征

近年来，武汉市第三产业各行业的数量规模增速显著，从研究区范围内 1985 年、1990 年、1995 年、2000 年、2004 年、2008 年、2013 年、2018 年共 8 个时间节点第三产业的空间热力分析计算发现，武汉市第三产业空间演变呈现出与城市各类空间要素高度关联布局的特征，在空间拓展上以"一字形、十字形和鱼骨形"三种轴带拓展为主，在空间集聚上则主要呈现"面状连片集聚和多中心集聚"相结合的集聚模式。

从图 5-2-17 中可以看出，第三产业中多数生产性服务业，如信息传输、软件和信息技术服务业、租赁和商务服务业、科学研究和技术服务业、金融业、教育等行业主要沿汉阳大道—珞喻路"一字形"轴线向城市东南方向呈"线性"或"多中心"模式集聚；大部分生活性服务业，如批发和零售业（图 5-2-18 ）、住宿和餐饮业、居民服务、修理和其他服务业等行业主要沿城市"两江四岸"方向，以南北"十字形"及"鱼骨形"轴线拓展，最后呈现"面状连片集聚和多中心集聚"相结合的集聚特征。

4. 小结

综上所述，基于武汉市 18 个行业近 40 年来的空间演变分析，本节将武汉市各行业空间集聚规律总结为以下非空间关联集聚性行业和空间关联集聚性行业两大类，其中：非空间关联集聚性行业，指空间演变无明显的集聚特征，始终呈现分散状且匀质递增布局的行业，包括农林牧渔业和采矿业。空间关联集聚性行业，指空间演变与城市空间要素紧密相关，且呈现显著的多中心、线性或面状集聚特征的行业，具体可细分为以下三类。

一是空间演变呈现出由随机离散分布，逐渐沿道路扩散，并最终演变为多中心集聚布局的行业，包括电力、热力、燃气及水生产和供应业，交通运输、仓储和邮政业，金融业，科学研究和技术服务业，水利、环境和公共设施管理业，卫生和社会工作，文化、体育和娱乐业。

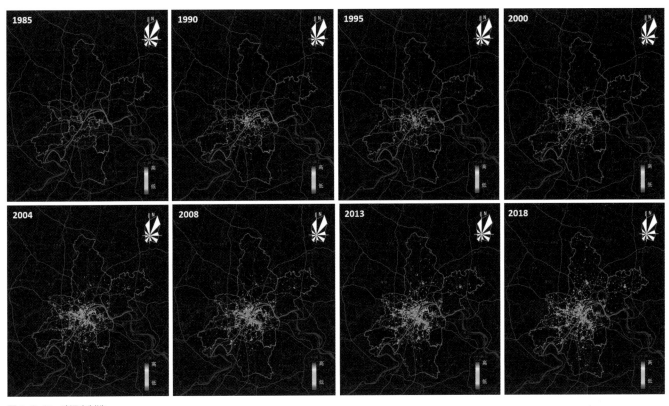

图 5-2-15 武汉市制造
业空间集聚热力图

图 5-2-16 武汉市建筑
业空间集聚热力图

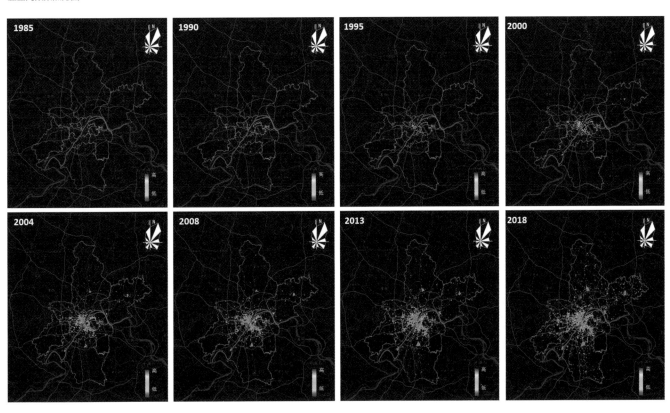

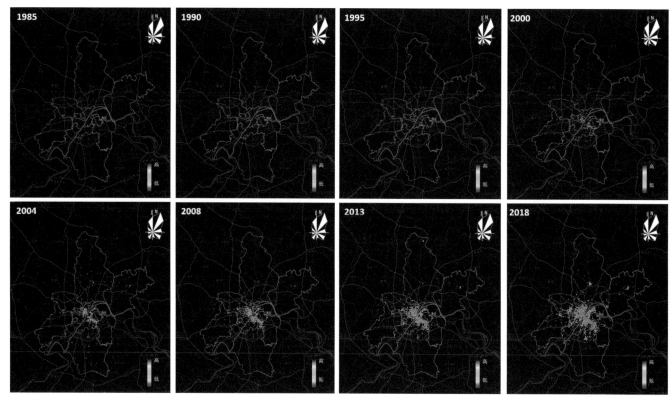

图 5-2-17 武汉市信息传输、软件和信息技术服务业空间集聚热力图

图 5-2-18 武汉市批发和零售业空间集聚热力图

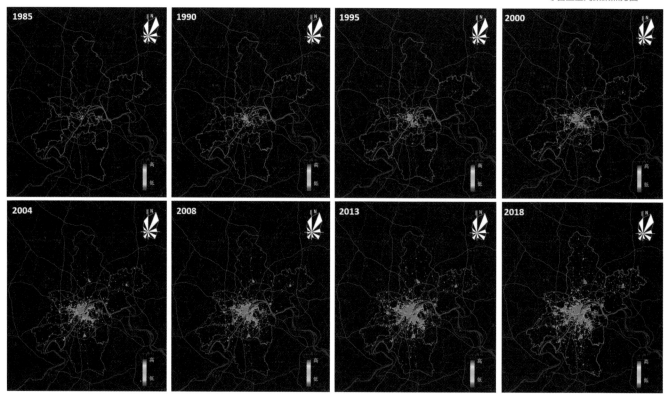

二是空间演变呈现出由多点集聚分布，逐渐顺江河、沿道路扩散，并最终演变为线性集聚布局的行业，包括制造业，建筑业和教育。

三是空间演变呈现出由"十字形"集聚或"多中心"集聚分布，沿道路快速扩散，并最终演变为面状集聚布局的行业。包括批发和零售业，住宿和餐饮业，信息传输、软件和信息技术服务业，房地产业，租赁和商务服务业，居民服务、修理和其他服务业。

可以看出，武汉市各行业空间集聚规律存在明显的差异性，未来规划应遵循行业空间发展规律，推进产业"特色化发展和差异化布局"，强化空间关联性行业的规划布局引导作用。

5.2.4 武汉市各行政区比较优势行业分析

从全市各行业的空间演变特征可以看出，武汉市大部分行业的布局与城市空间区位要素密切相关，不同行政区内行业空间集聚特征存在一定的差异性。因此，在全市产业综合发展评价基础上，为进一步指导各行政区内产业选择和产业差异化发展，本节采用全市各行政区经营企业和注册企业的点位数据，开展各区优势行业比较分析，以期为各区产业体系构建和产业政策的出台提供参考。

（一）基于启信宝大数据的各行政区比较优势行业评价因子构建

优势行业比较分析与行业空间集聚度、行业数量、行业产值、行业就业人员等社会经济各方面要素密切相关。在综合考虑相关数据的可获取性的前提下，研究选择各区经营企业和注册企业数量、各区经营企业和注册企业密度、各区企业经注分离度、各区各行业在营经营企业占比构成、各区各行业在营经营企业数量区位熵共 5 个因子，以综合测度评价武汉市各行政区内具有比较优势的行业。其中，各个因子的量化算法和表征如下。

各区经营企业和注册企业数量：该因子包含各区全量经营企业数量总和、全量注册企业数量总和两个子因子，用以表征各区各行业的总体发展情况。

各区经营企业和注册企业密度：该因子包含各区全量经营企业数量总和与各区行政区面积之比、全量注册企业数量总和与各区行政区面积之比两个子因子，用以表征各区各行业的总体发展情况。

各区企业经注分离度：该因子为各区注册企业数量与各区经营企业数量之差，用以表征各区产业营商环境优劣。

各区各行业在营经营企业占比构成：该因子包含为各区各行业在营经营企业占各区企业总量的比例，用以表征各区优势或主导行业情况。

各区各行业在营经营企业数量规模区位熵：利用区位熵量化分析各区内某类产业的专门化程度，区位熵（LQ_{ij}）越大表示区域产业集聚水平高，可用以表征各区优势或主导行业情况。一般来说，当区位熵＞1时，表明 j 地区的产业在全市来说具有优势；反之区位熵＜1 时表明其具有劣势。

公式如下：

$$LQ_{ij} = \cfrac{\cfrac{q_{ij}}{q_j}}{\cfrac{q_i}{q}}$$

式中：q_{ij} 是 i 行业 j 区域在营经营企业数量；
q_j 是 j 区域所有行业在营企业数量；
q_i 是武汉市域范围内 i 行业的企业数量；
q 是武汉市域所有行业在营企业数量。

（二）各行政区比较优势行业综合分析

各区经营企业和注册企业数量方面，基于各行政区经营企业和注册企业数据分析显示（图 5-2-19），全量经营企业数量和注册企业数量在 15 个区内分布的规模衰减趋势趋于一致，经营企业和注册企业数量分布由高到低都依次为武昌区、东湖高新区、洪山区、江岸区、东西湖区、江汉区、硚口区、经济技术开发区、汉阳区、黄陂区、江夏区、青山化工区、新洲区、蔡甸区和东湖风景区。同时，全市过半的企业集中分布于武昌区、东湖高新区、洪山区、江岸区和东西湖区，体现出这些区域内营商环境良好，经济活力较强的特征。

各区经营企业和注册企业密度方面，基于各行政区经营企业密度和注册企业密度的数据分析显示（图5-2-20），企业经营地密度和注册地密度均体现出由中心城区向外围远城区逐步衰减的态势。其中，武昌区、江汉区、江岸区、硚口区4个行政区企业密度较高，超过全市平均水平与中心城区平均水平，产业集聚水平较强；东湖高新区和东西湖区在远城区中企业密度相对较高，产业集聚优势相对显著。

各区企业经注分离度方面，武汉市总体表现出经注分离度不大、但大部分行政区的注册数量略高于经营数量的特征。基于各行政区企业经注分离度分析显示（图5-2-21），中心城区中的武昌区和洪山区，

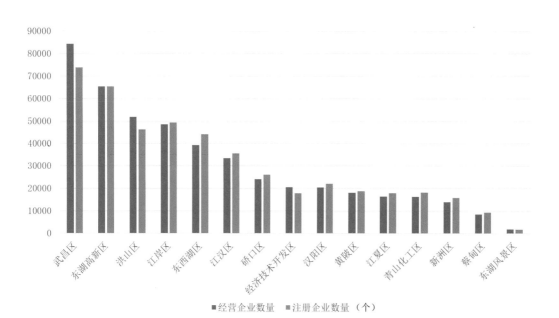

图 5-2-19 各区经营企业及注册企业数量分析图

■经营企业数量 ■注册企业数量（个）

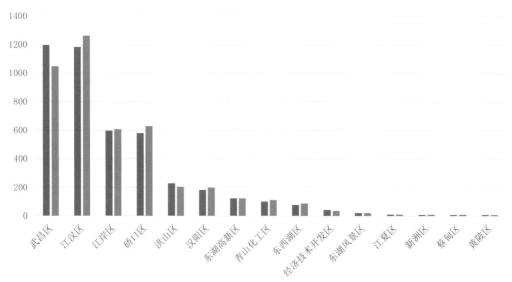

图 5-2-20 各区经营企业及注册企业密度分析图

■经营企业密度 ■注册企业密度（个/平方公里）

以及远城区中的武汉经济技术开发区内经营企业规模远远大于注册企业，体现出营商环境较好的特征；而其他行政区内注册企业规模普遍高于经营企业规模，一定程度上体现出这些区域招商政策或对企业支持措施略优，但营商环境成熟度不够，因此吸引大多数企业在本区内注册而选择在区外经营。东湖高新区则体现出经营企业与注册企业平衡的特征，一定程度上体现出东湖高新区同时具备较好的政策支持和经营环境，对企业吸引力较强。

各区各行业在营经营企业占比构成方面总体呈现出中心城区内第二产业已逐步向远城区转移，远城区主要承担第一产业——农业耕作和第二产业——工业制造的职能，中心城区主要承担现代服务业的职能。具体来看（图5-2-22），江夏区、新洲区、黄陂区和蔡甸区第一产业企业数量占比相对较高；新洲区、蔡甸区、东西湖区、黄陂区、江夏区、武汉经济技术开发区的第二产业数量占比相对较高；江汉区、武

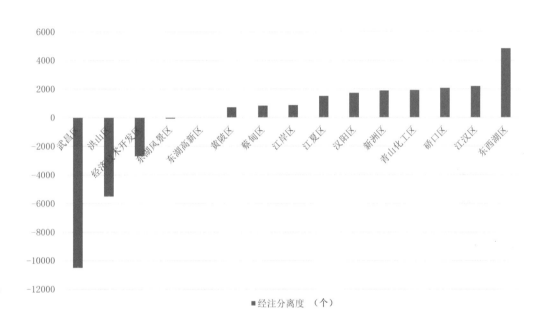

图 5-2-21 各区企业经注分离度分析图

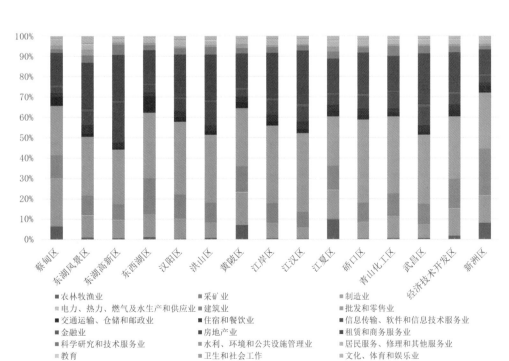

图 5-2-22 各行业在各行政区内的在营经营企业占比构成分析图

昌区、江岸区、洪山区、硚口区、汉阳区的第三产业数量占比校对较高。从各区各行业企业数量构成来看，武汉市中心城区和远城区企业数量构成较为类似，均以第三产业中的批发和零售业、租赁和商务服务业、信息传输、软件和信息技术服务业和房地产业，以及第二产业中的建筑业、制造业为主。

各区各行业在营经营企业数量规模区位熵方面，基于企业数量规模区位熵数据分析显示（图5-2-23、图5-2-24），全市范围内第一产业、第二产业和第三产业的布局具有显著的空间依赖性，第一产业和第二产业主要集聚于远城区，第三产业主要集聚于中心城区。同时，中心城区与远城区两者之间的比较优势行业差异性较大，而中心城区内部各行政区和远城区内部各行政区之间比较优势行业则较为雷同。

（三）小结

综合以上因子分析，各行政区优势行业选择方面，新城区中蔡甸区、新洲区、江夏区、黄陂区四个区内第一产业和第二产业均仍为主导产业，而第三产业的发展各有侧重，其中蔡甸区发展水利、环境和公共设施管理业更具优势，江夏区发展文化、体育和娱乐业更具优势，黄陂区发展房地产业更具优势。

东西湖区、东湖风景区、武汉经开区、东湖高新区和青山化工区5个区总体突显出第二产业和第三

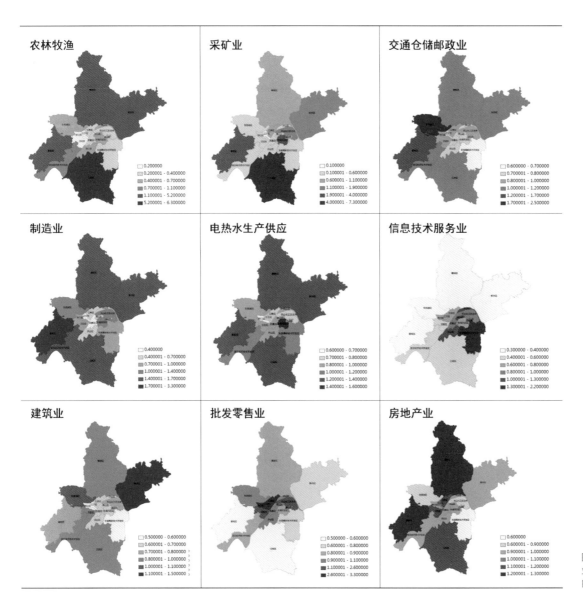

图5-2-23 各区各行业的在营经营企业数量区位熵分析图（一）

产业并重发展的特征。其中，东西湖区发展制造业、建筑业、交通运输、仓储和邮政业更具优势；东湖风景区发展采矿业、住宿和餐饮业、教育、文化、体育和娱乐业更具优势；武汉经开区发展制造业、建筑业、交通运输、仓储和邮政业、教育更具优势；东湖高新区发展制造业、住宿和餐饮业、租赁和商务服务业、科学研究和技术服务业、教育更具优势；青山化工区发展采矿业、制造业、建筑业、批发和零售业、科学研究和技术服务业更具优势。

中心城区中汉阳区、洪山区、江岸区、江汉区、硚口区和武昌区6个区发展第三产业更具优势。其中第三产业中的批发和零售业、住宿和餐饮业、金融业、卫生和社会工作属于6个区共同的优势行业。除此之外，汉阳区以发展房地产业、文化、体育和娱乐业更具优势；洪山区以发展信息传输、软件和信息技术服务业、租赁和商务服务业、科学研究和技术服务业、文化、体育和娱乐业更具优势；江岸区以批发和零售业、住宿和餐饮业、金融业、房地产业更具优势，江汉区以发展批发和零售业、住宿和餐饮业、金融业、房地产业、租赁和商务服务业更具优势，硚口区以发展批发和零售业、住宿和餐饮业、金融业更具优势，武昌区以发展批发和零售业、住宿和餐饮业、金融业、房地产业、租赁和商务服务业、科学研究和技术服务业、教育更具优势。

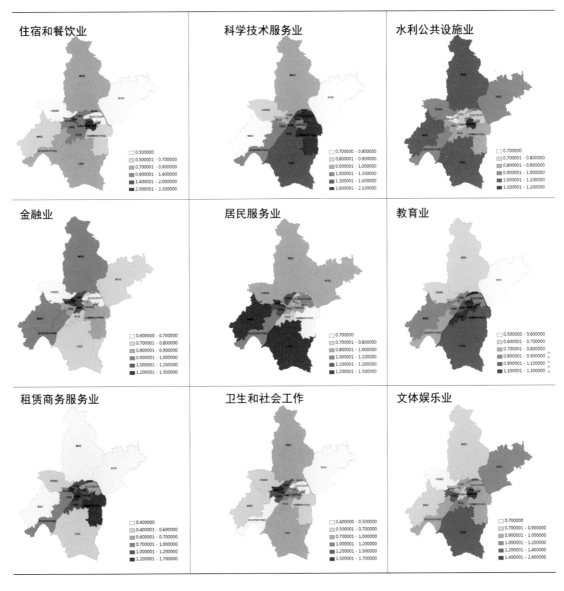

图5-2-24 各区各行业的在营经营企业数量区位熵分析图（二）

5.2.5 结论与建议

在新时代、新技术、新数据的背景下，探索经济产业大数据的应用，充分释放数据资源潜能，打造"数据治理"的分析决策模式，将是未来重点研究方向之一。而基于大数据的产业分析研究有效地将企业的空间属性、物质的时间属性和空间的时间属性相互关联，更有助于展现各行各业的实时发展规律，也进一步弥补了传统研究无法涉及的领域，为城市规划研究与实践带来了全新的视角。

因此，在新的时代发展背景下，本节的创新点在连续 40 年的时间维度基础上，一方面，构建了基于启信宝工商企业大数据等多源数据的产业发展总体评价指标体系，通过数学模型量化分析了武汉市行业发展趋势和特征，进一步丰富和扩展了产业规划方法，为产业大数据在规划编制方面的应用提供了可借鉴的经验；另一方面，尝试运用启信宝工商企业大数据进行核密度分析研究各行业连续 40 余年的动态空间分布特征，有助于更全面地掌握产业时空发展规律，从而更好地服务于城市社会经济发展和空间结构优化。在此基础上，本节从启信宝工商企业大数据的视角探索和构建各行政区优势行业发展指标，通过横向量化比较、分析、识别了基于大数据的武汉市各行政区的优势行业，对于促进区域经济差异化发展和政府决策具有指导意义。

当然，本节的研究也存在一定的不足：一是由于数据的局限性，本节对武汉市行业发展分析是基于行业大类的，对于小类优势行业选择和微观产业布局的指导略显不足；二是虽然本节尝试从更多数据中探索武汉行业发展规律，但研究的广度仍然有限，缺乏深层次的推动行业发展规律的内在机制研究。此外，未来的产业研究还可以进一步扩充数据样本的广度和深度，强化各行业与城市空间要素以及各行业相互之间的关联分析，探索新兴行业空间布局规律，深入发掘隐藏在现象背后的规律和起因，构建更多的顺应规划编制需求的产业量化分析模型，从而为城市规划、城市管理、政府决策等提供更好的支撑。

5.3 武汉市土地利用遥感信息变化趋势研究

5.3.1 研究概述

改革开放以来，我国经历了大规模的快速城镇化过程，2011 年城镇化率首次突破 50%。快速城镇化带来空间的快速扩张和土地利用格局的深刻变化，同时，随着我国国土空间规划进程的推进，自然资源管理体制也迎来了重大变革。空间治理能力的提升必须在充分理解城镇、农业、生态——"三类空间"复杂系统的基础上，对城镇空间形态演变规律、农业空间用地布局特征、生态空间格局变化趋势等进行分析。

对"三类空间"的深入了解离不开技术手段的支持，随着遥感影像技术的日益成熟，多源遥感影像已成为城市量化分析的重要数据来源，与以传统数据为基础的量化分析相比较，它具有宏观、动态、综合、快速、多层次等方面优势，不仅可以系统地反映城镇建设与空间规划中存在的问题，也能为自然资源的综合开发利用与生态修复提供科学依据，在国土空间规划领域具有广阔的应用前景。目前学界的相关研究主要集中于遥感影像数据获取和基于遥感影像数据的量化分析方法两大领域。在遥感影像数据解译方法研究方面，王庆光等（2006）运用神经网络分类法对湿地遥感分类进行了研究，同时将其结果与最大似然法的分类结果进行了精度比较分析，认为神经网络分类法是一种更为有效的湿地分类技术，可显著提高影像分类精度。在遥感影像数据的城市量化分析方面，国内外相关学者进行了大量实践和探索，并形成了一系列较为成熟的量化分析方法和测度指标，其中应用较为广泛的测度指标主要有耕地动态度、耕地转移速率、耕地新增速率以及斑块密度、景观多样性指数等景观生态指标。如 Mertbeg 等（2007）基于遥感影像数据，运用 GIS 和生态决策支持系统技术，通过系列指标体系和评价模型，研究了城市化对生物多样性的影响；蔡为民等（2006）利用转移矩阵和景观格局的方法对黄河三角洲地区的土地变化格局进行了研究，并取得了较好的成果；杜云霞、张树文等（2011）基于遥感影像数据，采用土地利用变化幅度、耕地动态度、耕地转移速率、耕地新增速率等指标对长春市耕地变化特征展开了定量分析；徐涵秋（2013）提出了以自然因子为主，完全基于遥感技术对城市生态状况进行评价的遥感生态指数（RSEI），并以福州为案例进行了实证研究。

当前将遥感影像技术应用于空间分析的研究已取得较为丰富的成果，但在我国空间规划编制体系变革的时代背景下，现有研究仍存在一些不足，主要表现为以下两个方面：一是缺少全域视野研究，现有研究多着眼于国土空间的某一地类，难以适应当前自然资源管理"两统一"的要求；二是研究结论缺少动因分析，现有研究多是对国土空间变化的现象与趋势描述，缺少对于现象背后驱动力的深入挖掘。针对这些问题，本次研究以武汉市为对象，以武汉市全域8569平方公里为研究范围，综合运用高清遥感影像数据、Landsat多波段遥感影像数据进行空间信息提取，并在此基础上量化分析武汉市土地利用的遥感信息变化趋势，从空间规模、空间形态、生态质量三个维度，探索遥感影像技术与国土空间演变趋势分析的结合点：在空间规模方面，综合影像判读数据和变更调查数据，分析武汉市各类空间规模变化趋势及地类间相互转化趋势，定位地类变化重点区域；在空间形态方面，在景观生态学理论支持下，以高清遥感影像解译数据为基础，通过建设用地扩展强度指数、紧凑度指数、耕地破碎化指数、生态聚集度指数、景观蔓延指数等指标的计算，分析武汉各类用地的空间形态特征。生态质量方面，以Landsat多波段影像数据为基础，集成植被指数、湿度分量、地表温度和建筑指数4个评价指标，建立遥感生态指数，对市域生态质量变化趋势进行测评。最后综合上述研究结论，分析武汉市空间演变的驱动力，并对未来空间利用提出建议。

5.3.2 土地利用规模变化趋势分析

本次研究以分辨率为1m的高清遥感影像为数据源，通过解译将地类分为城镇用地、村庄用地、其他建设用地、耕地、其他农用地、林地、水域、其他生态用地8类。其中，其他建设用地包括各类交通设施用地、采矿用地、风景名胜设施、水工建筑、裸地等地类；其他农用地包括园地、草地、坑塘水面、设施农用地等地类，其他生态用地包括内陆滩涂、沼泽等地类。以此为基础，对主要地类的规模变化情况进行量化分析。

（一）单一地类规模变化特征

为进一步提升影像解译精度，此次研究以土地利用变更调查数据为参照，通过运用机器学习的方法，对2009~2017年度武汉市影像数据进行解译，提取地类信息（图5-3-1~图5-3-3）。为减小阳光、阴影、噪声等对解译效果的干扰，解译中通过对高清影像进行滤波、平滑、锐化等前期处理，以提高影像解译精准度。本次研究对象主要是建设用地、生态用地和耕地3类，为了更准确地提取遥感影像中的地类信息，将建设用地细分为建筑、道路和城镇中裸露的较大块土地，将生态用地细分为森林、城镇绿地，在每一年影像图的所有小地类中各选取80~100张具有代表性的图片进行标注，为后续模型训练和优化提供训练样本。同时，选取合适的超参数、激活函数和损失函数构建模型，将标注好的数据分为训练集和测试集放入模型进行训练，不断调整各个超参数，直到测试集的准确率达到最优，并以此为基础完成全域影像数据的地类解译。

从三大类土地利用变化趋势分析，城镇建设用地和农村居民点用地增加较为明显。在空间布局上，新增城镇用地主要集中于都市发展区内，其中东部、西部和西南部增量最大，新增村庄用地主要集中于都市发展区周边，其中东部、南部和西北部增量最大；耕地规模呈下降趋势，减少的耕地主要集中于都

图 5-3-1 遥感影像地类信息提取示例——建设用地（左）

a. 原始遥感影像图

a. 原始遥感影像图

a. 原始遥感影像图

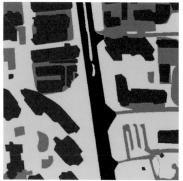

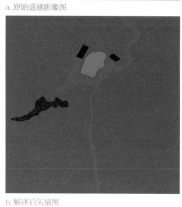

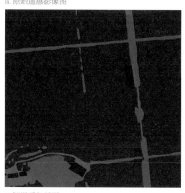

图 5-3-2 遥感影像地类信息提取示例——生态用地（中）

图 5-3-3 遥感影像地类信息提取示例——耕地（右）

b. 解译后矢量图

b. 解译后矢量图

b. 解译后矢量图

N

武汉市城镇用地变化图

N

武汉市都市发展区城镇用地变化图

图例

2009城镇用地

2013城镇用地

2017城镇用地

都市发展区（线）

武汉市（线）

0 5 10　　20　　30　　40
Kilometers

图例

都市发展区（线）

2009城镇用地

2013城镇用地

2017城镇用地

0 2.5 5　　10　　15　　20
Kilometers

图 5-3-4　2009~2017年武汉市城镇用地分布变化趋势图

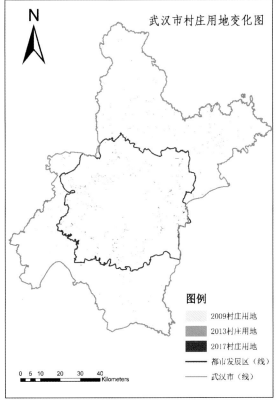

图 5-3-5 2009~2017
年武汉市村庄用地分布变
化趋势图

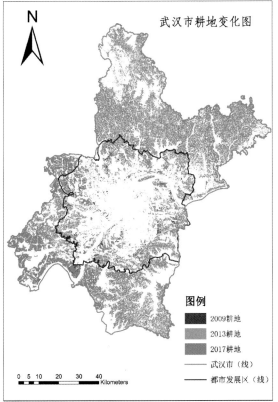

图 5-3-6 2009~2017
年武汉市耕地分布变化趋
势图

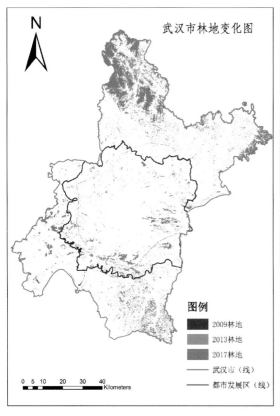

图 5-3-7 2009~2017
年武汉市林地分布变化趋
势图

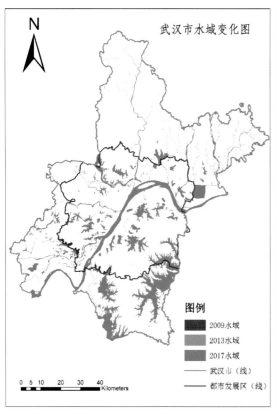

图 5-3-8 2009~2017
年武汉市水域分布变化趋
势图

市发展区内，其中东部、西北和西南部的减少最为显著；林地、水域等生态用地规模基本稳定，都市发展区内有所减少，都市发展区外围略有增加（图5-3-4~图5-3-8）。

（二）地类间转化规模分析

在分析单一地类规模变化情况的基础上，采用马尔科夫模型，建立武汉市土地利用转移矩阵，其通用表达形式如下。

$$S_{ij} = \begin{bmatrix} S_{11} & S_{12} & S_{13} & S_{14} \\ S_{21} & S_{22} & S_{23} & S_{24} \\ \vdots & \vdots & \vdots & \vdots \\ S_{n1} & S_{n2} & S_{n3} & S_{n4} \end{bmatrix} \quad\quad\quad\quad\quad\quad\quad (5.1)$$

式中，S代表面积，n代表转移前后的土地利用类型数，i，j（i，j=1，2，…，n）分别代表转移前与转移后的土地利用类型，S_{ij}表示转移前的i地类转换成转移后的j地类的面积。矩阵中的每一行元素代表转移前的i地类向转移后的各地类的流向信息，矩阵中的每一列元素代表转移后的j地类面积从转移前的各地类的来源信息。

结合高清遥感影像数据和土地利用变更调查数据，进行专题信息提取后得到2009~2017年武汉市土地利用分类数据，在此基础上建立武汉市地类转移矩阵（表5-3-1）。

武汉市2009~2017年地类转移矩阵（单位：hm²）　　　　　　　表5-3-1

地类名称	城镇用地	村庄用地	其他建设用地	耕地	其他农用地	林地	水域	其他生态用地	合计
城镇用地	78904	0	5	5	0	0	1	0	78915
村庄用地	96	54880	47	136	0	2	1	0	55162
其他建设用地	8	1	26846	3	0	0	1	0	26859
耕地	8961	2389	3126	317481	358	55	35	2	332407
其他农用地	3859	797	1341	29	111378	32	37	31	117504
林地	772	268	360	39	258	96687	0	91	98475
水域	211	13	291	0	40	4	122942	13	123514
其他生态用地	255	27	4181	105	585	3	0	17339	22945
合计	93066	58375	36197	317798	112619	96783	123017	17476	

在地类转移矩阵的基础上，通过各地类净变化量、交换变化量、总变化量等指标对各地类变化态势量化分析。其中，净变化量（NC）是土地利用类型数量的绝对变化量，是某地类的研究期末面积与研究期初面积差的绝对值，对于地类a而言，其公式为：

$$NC_a = \left| S'_a - S_a \right| = \left| \sum_{i=1}^{n} S_{ia} - \sum_{j=1}^{n} S_{aj} \right| = \left| \left(\sum_{n=1}^{n} S_{ia} - S_{aa} \right) - \left(\sum_{j=1}^{n} S_{aj} - S_{aa} \right) \right| = \left| I_a - D_a \right| \quad\quad (5.2)$$

交换变化量（SC）是定量分析一个地类在一个地方转换为其他地类，同时在另外的地方又有其他的地类转换为该地类的方法。对a地类来说，交换变化量的计算公式为：

$$SC_a = 2 \times \min(I_a, D_a) \quad\quad\quad\quad\quad\quad\quad\quad\quad (5.3)$$

总变化量（TC）为某地类的新增面积与某地类的减少面积之和，代表该类土地利用类型景观的总变化量。

地类变化量分析结果表明（表5-3-2），2009~2017年间耕地的变化总量最大，为15877公顷，城镇用地次之，为 14173 公顷。在变化总量的构成中，城镇建设用地、其他建设用地、其他生态用地和耕地的净变化量占总变化量的比例分均超过 95%，说明 8 年间这些用地基本为单向变动，主要原因在于武汉市城市快速发展，同时宜耕后备耕地资源匮乏，补充耕地以异地补充为主，在市域内难以平衡。村庄用地、林地和水域的交换变化量占变化总量的比值分别为 15%、11% 和 24%，表明空间位置的转移在其总体变化趋势中比重较大，主要原因有两方面：一是增减挂钩项目的实施一定程度上推动力乡村地区建设用地的减量化，二是近年来武汉市加大了对湖泊、山体等自然资源的保护力度，退耕还林、退田还湖等政策的实施一定程度上填补了城镇建设对林地、水域的占用量。

　　从地类转移流向分析（表 5-3-3、表 5-3-4），8 年来，建设用地是武汉市耕地的主要转出路径，其中转换为城镇建设用地占耕地转出规模的 60.04%；转入方面，村庄用地是耕地的主要转入来源，占耕地转入总规模的 42.90%，说明武汉市城乡建设用地增减挂钩工作取得了一定成效；其他生态用地占耕地转入规模的 33.12%，反映出在耕地后备资源紧约束的背景下，耕地占补平衡对生态用地造成了一定程度的挤压。

武汉市 2009~2017 年各地类变化量（单位：hm^2）　　　　　表 5-3-2

地类名称	期间内减少量（D）	期间内新增量（I）	净增量	NC	SC	TC	NC/TC
城镇用地	11	14162	14151	14151	22	14173	99%
村庄用地	282	3496	3214	3214	564	3778	85%
其他建设用地	13	9351	9338	9338	26	9364	99%
耕地	14926	317	−15243	15243	634	15877	96%
其他农用地	6126	1241	−4885	4885	2482	7367	66%
林地	1788	96	−1692	1692	192	1884	89%
水域	572	75	−497	497	150	647	76%
其他生态用地	5156	137	−5019	5019	274	5293	94%

武汉市 2009~2017 年地类间转化比例（转入，单位：%）　　　　　表 5-3-3

地类名称	城镇用地	村庄用地	其他建设用地	耕地	其他农用地	林地	水域	其他生态用地
城镇用地	—	0.00	0.05	1.58	0.00	0.00	1.34	0.00
村庄用地	0.68	—	0.50	42.90	0.00	2.08	1.33	0.00
其他建设用地	0.06	0.03	—	0.95	0.00	0.00	1.33	0.00
耕地	63.27	68.35	33.43	—	28.85	57.29	46.68	1.46
其他农用地	27.25	22.80	14.35	9.15	—	33.33	49.33	22.63
林地	5.45	7.67	3.85	12.30	20.79	—	0.00	66.42
水域	1.49	0.38	3.12	0.00	3.22	4.17	—	9.49
其他生态用地	1.80	0.78	44.71	33.12	47.14	3.13	0.00	—
合计	100	100	100	100	100	100	100	100

武汉市 2009~2017 年地类间转化比例（转出，单位：%）　　　　　表 5-3-4

地类名称	城镇用地	村庄用地	其他建设用地	耕地	其他农用地	林地	水域	其他生态用地	合计
城镇用地	—	0.00	45.45	45.45	0.00	0.00	9.10	0.00	100
村庄用地	34.04	—	16.67	48.23	0.00	0.71	0.35	0.00	100
其他建设用地	61.54	7.69	—	23.08	0.00	0.00	7.69	0.00	100
耕地	60.04	16.01	20.94	—	2.40	0.37	0.23	0.01	100
其他农用地	62.99	13.01	21.90	0.47	—	0.52	0.60	0.52	100
林地	43.18	14.99	20.13	2.18	14.43	—	0.00	5.09	100
水域	36.89	2.28	50.87	0.00	6.99	0.70	—	2.28	100
其他生态用地	4.95	0.51	81.08	2.04	11.35	0.06	0.00	—	100

（三）规模变化特征总结

总量变化方面，武汉市目前耕地减少的趋势并未得到有效遏制，每年仍然以 0.59% 的速度持续减少，未来耕地占补平衡面临巨大压力；生态用地总量基本稳定，2009~2017 年间武汉市林地和水域年均减少速度分别为 0.22% 和 0.05%，但却呈现出明显的边缘化趋势，生态资源逐渐由中心城区向边远郊区转移，在未来城市建设中应更加注重中心城区生态空间的重建和修复，将更多优质生态资源留在城市。

地类转化方面，武汉土地利用格局的主要变化体现在城镇建设用地扩张和耕地减少上，2009~2017 年是武汉现代工业体系建立和城市各类基础设施建设的成长期，对建设用地的巨大需求也刺激了耕地资源的流失，期间耕地转换为建设用地的比例基本在 60% 左右，是地类变化最剧烈的土地类型。

空间布局方面，建设用地向都市发展区集聚，2009~2017 年间，武汉都市发展区内城镇建设用地增量占总增量的 92.25%，新增建设用地的集中增长对都市发展区内耕地和自然生态空间造成了一定程度的挤压，都市发展区内耕地、林地、水域减少规模分别占总用地减少规模的 84.54%、73.88%、97.13%。

5.3.3 土地利用形态变化趋势分析

土地利用形态变化的分析从土地利用的空间形态入手，通过一系列指标的设置，对几何空间的变化进行量化分析。本次研究以不同用地的利用要求为切入点，重点分析建设用地的集约程度、耕地的破碎程度和生态用地的连续程度，从而引导建设用地集约高效开发、现代农业规模化发展、生态整治项目合理布局。

（一）建设用地形态变化分析——扩展强度指数与紧凑度指数

扩展强度指数和紧凑度指数是量化区域建设用地动态变化程度的重要指标，其中扩张强度指数能够反映不同时期不同方位城市扩张的强度、快慢和总体趋势。紧凑度指数主要反映建设用地形态紧凑度，是土地集约利用程度的综合表征。具体计算公式如下：

$$I = \frac{(U_b - U_a)}{n} \cdot \frac{100}{A} \quad\cdots\cdots\cdots\cdots\cdots\cdots\cdots (5.4)$$

式中，I 表示建设用地扩张强度指数，U_a 是研究期初建设用地面积，U_b 是研究期末建设用地面积，n 为研究时段，A 为建设用地总面积。

$$CI = \frac{2\sqrt{S_i \pi}}{P_i} \quad\cdots\cdots\cdots\cdots\cdots\cdots\cdots\cdots\cdots\cdots\cdots (5.5)$$

式中，CI 为城市紧凑度，S_i 是城市用地面积，P_i 是城市用地轮廓周长，紧凑度越大，城市形态就越具有紧凑性。

1. 建设用地扩张强度指数分析

研究采用等扇分析法，基于武汉市"两江三岸"的自然格局和"一城三镇"的发展格局，以武昌、汉阳三镇几何中心作为圆心，参照武汉市都市发展区的范围 40 公里长度为半径，将全市划分为分 16 个夹角为 22.5° 的扇面评价单元，再根据 2009 年、2013 年、2017 年遥感影像的解译结果对每个扇面的扩展强度指数进行测算（图 5-3-9）。

在时序变化特征方面，分析结果表明，2009~2017 年间，武汉市建设用地扩张强度总体呈下降趋势，城市扩张阶段性特征显著。2009~2017 年，武汉市建设用地总体扩张强度指数均值为 0.1042，扩张指数逐渐由 0.1582 下降为 0.0507，呈逐年降低趋势，下降幅度达 68%。说明城市增长动力正逐渐由主要依靠土地要素投入转变为资本、技术和土地要素共同驱动为主导。其中 2009~2013 年是建设用地的急剧扩张时期，该阶段全市建设用地扩张强度指数为 0.1582，远高于 2009~2017 年平均水平；2013~2017 年随着城市发展动能逐渐转换，建设用地扩张速度减缓，扩张指数均值下降至 0.0507（表 5-3-5）。

在空间特征上，武汉市建设用地扩张强度表现出较强的空间异质，城市南部和西南部是建设用地主要扩张方向，扩张态势逐渐由全方位扩张转为单向扩张。2009~2017 年，全市建设用地扩张强度最大的区域集中在城市西南部（SW）和东南部（ESS），基本与武汉市东湖高新区和经济开发区重叠，扩张强度指数均值分别为 0.1972 和 0.1761，分别是全市平均扩张强度的 1.8 倍和 1.7 倍。其中，2009~2013 年市建设用地的全方位扩张期，城市东南（ESS）方向、西南（SW）方向和北部方向均表现出较强的扩张态势，扩张强度指数分别为 0.3242、0.3147 和 0.242，处于较高水平。2013~2017 年，城市北部和东南部扩张强度逐渐降低，西南（SW）方向仍表现出较高的扩张强度，强度指数为 0.1439，在 16 个扇面中仍处于第一位（图 5-3-10）。

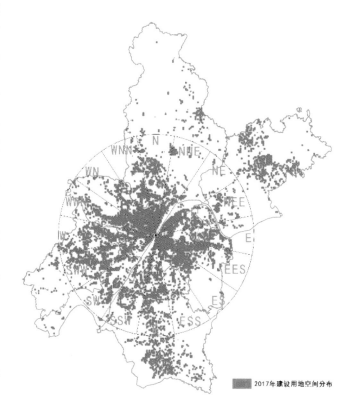

图 5-3-9 武汉市建设用地扩展评价单元划分

2017年建设用地空间分布

武汉市 2009~2017 年不同扇面建设用地扩张强度指数　　表 5-3-5

序号	扇面	2009~2013（UEI）	2013~2017（UEI）	2009~2017（UEI）
1	N	0.1981	0.0539	0.1260
2	NNE	0.0977	0.0387	0.0682
3	NE	0.0731	0.0299	0.0515
4	NEE	0.1466	0.0466	0.0966
5	E	0.175	0.0847	0.1299
6	EES	0.1182	0.0973	0.1078
7	ES	0.2118	0.0208	0.1163
8	ESS	0.3242	0.0280	0.1761
9	S	0.1509	0.0504	0.1007
10	SSW	0.1689	0.1439	0.1564
11	SW	0.3147	0.0679	0.1913
12	SWW	0.2376	0.0602	0.1489
13	W	0.1547	0.0402	0.0975
14	WWN	0.0894	0.0304	0.0599
15	WN	0.0433	0.0343	0.0388
16	WNN	0.1091	0.0572	0.0832
武汉市均值		0.1582	0.0507	0.1042

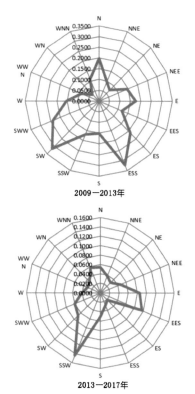

2009—2013年

2013—2017年

图 5-3-10 武汉市建设用地扩展强度雷达图（2009~2017 年）

2. 建设用地紧凑度指数分析

据 2009 年和 2017 年遥感影像的解译结果，以 512m×512m 为基本网格单元对研究区域建设用地进行栅格化处理，计算每个栅格单元的紧凑度指数，在此基础上对武汉市建设用地紧凑度变化进行量化分析（图 5-3-11）。

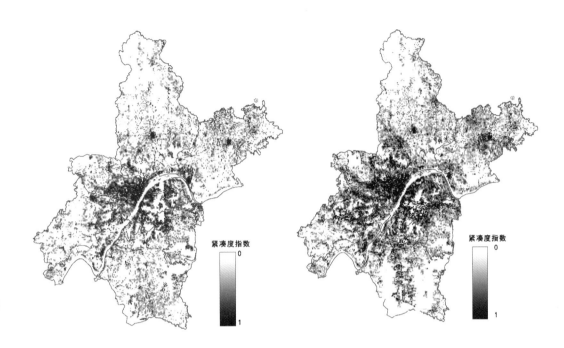

图 5-3-11 武汉市 2009 年和 2017 年建设用地紧凑度情况对比图

在时序特征上，研究结果显示武汉市建设用地紧凑度总体有所提升，但仍处于较低水平。2009~2017 年全市建设用地紧凑度指数在 0.2 左右，其中 2009 年紧凑度指数均值为 0.22，2017 年增长到 0.25，建设用地紧凑度略有提高。上述变化说明武汉市城市扩张"摊大饼"的问题仍比较突出，下一阶段武汉市城市发展亟须解决的重大问题是如何通过底线约束，空间管控和存量挖潜来提升建设用地集约利用度，实现城市发展由外延式扩张向内生式增长（表 5-3-6）。

武汉市 2009~2017 年建设用地紧凑度指数　　　　　　　　　表 5-3-6

区域名称	紧凑度指数			2009~2017 年变化
	2009 年	2013 年	2017 年	
中心城区	0.29	0.33	0.41	0.12
武汉经济技术开发区（汉南区）	0.26	0.32	0.31	0.05
江夏区	0.24	0.22	0.31	0.07
蔡甸区	0.23	0.28	0.26	0.03
东湖新技术开发区	0.26	0.24	0.26	0.00
东西湖区	0.20	0.20	0.16	-0.04
新洲区	0.15	0.15	0.16	0.01
黄陂区	0.13	0.13	0.11	-0.02
武汉市均值	0.22	0.23	0.25	0.03

在空间特征方面，不同行政区域建设用地紧凑度差异明显，中心城区普遍高于郊区，全市整体呈现出南高北低的态势。2009~2017 年中心城区建设用地紧凑度指数始终处于第一位，紧凑度指数由 2009 年的 0.29 上升为 2017 年的 0.41，年均增长约 1.5 个百分点。武汉经济技术开发区（汉南区）、江夏区和东湖

新技术开发区紧凑度指数属于第二梯队，其中江夏区和武汉经济技术开发区（汉南区）紧凑度指数增长较快，建设用地集约利用水平均有一定增长。东西湖区建设用地紧凑度指数保持相对平稳，2009 年和 2017 年均为 0.2。黄陂区和新洲区建设用地紧凑度指数总体偏低，均在 0.2 以下，黄陂区 2017 年紧凑度指数略有降低（图 5-3-12）。

为进一步对武汉市建设用地紧凑度空间异质性进行深入挖掘和分析，研究基于 ArcGIS 平台的空间自相关分析功能对 2009 年和 2017 年建设用地空间紧凑度空间集聚格局进行测算。研究结果表明，武汉市建设用地紧凑度具有显著的空间自相关性，空间集聚格局明显，高值集聚区和低值集聚区并存。2009 年全市共有 22% 的评价单元位于高值集聚区，29% 的评价单元位于低值集聚区。2017 年，全市高值集聚单元所占比例提升到 24%，保持相对稳定，但低值集聚区明显增多，所占比例由 23% 提高到 34%。具体分析，

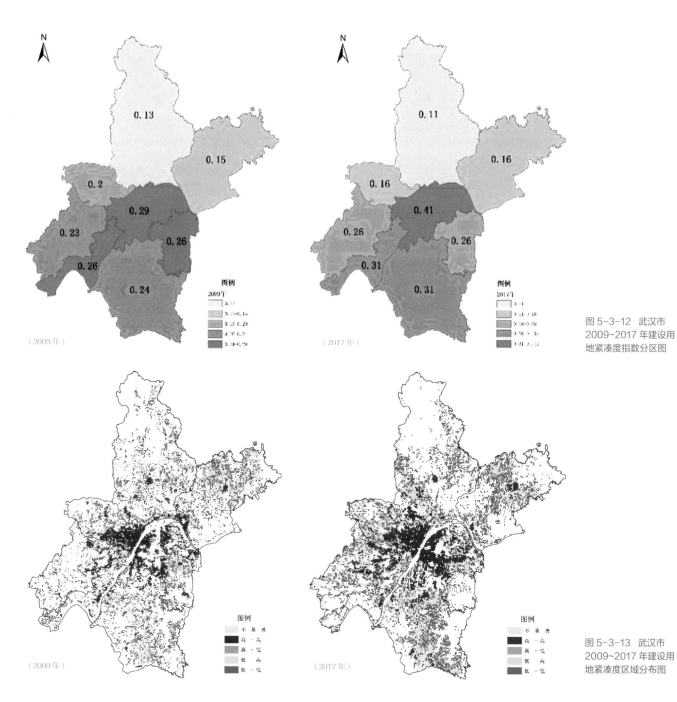

图 5-3-12　武汉市 2009~2017 年建设用地紧凑度指数分区图

图 5-3-13　武汉市 2009~2017 年建设用地紧凑度区域分布图

都市发展区和各郊区的新城区是建设用地紧凑度热点区域，如前川、阳逻、邾城、吴家山、沌口、武汉经济开发区、东湖高新区等，这些区域建设用地集约利用水平整体较高，空间集聚特征明显。且高值集聚区域以都市发展区为中心向外扩张趋势明显。说明都市发展区建设用地紧凑度的提升对周边临近区域的辐射带动作用明显。如与都市发展区相毗邻的临空区域、金银湖区域、走马岭、蔡甸核心区、江夏中部（五里界、郑店）和南部（山坡）等区域，与2009年相比均出现了新的热点区域（图5-3-13）。

（二）耕地形态变化分析——耕地破碎度综合指数

耕地破碎度综合指数反映耕地集中连片程度，是人类对耕地形态影响最直观的反映。研究借鉴已有成果，结合武汉市耕地资源自身特点，选取平均地块面积 (MPS)、地块密度 (PD)、边界密度指数 (ED)、地块数量破碎化指数 (FN) 及地块形状破碎化指数 (FS)5 个指标作为参考指标，通过信息熵赋权法确定耕地破碎度综合指数（表5-3-7）。

主要指标及表达式 表5-3-7

指标	定义	计算方式
平均地块面积 (MPS)	耕地地块面积的大小将直接影响农业生产的机械化水平，可以比较直观地反映拼地的破碎化程度	$MPS = a / N$ ············（5.6） 式中，a 为耕地总面积，N 为耕地地块数
地块密度 (PD)	地块密度是某用地类型单位土地面积上的地块数量，其值越大，表示破碎化程度越高	$PD = N / A$ ············（5.7） 式中，N 为耕地地块数，A 为地块总面积
边界密度指数 (ED)	边界密度指数反映地块被分割的程度，边界密度越大，表示耕地被分割的程度越高	$ED = E / a$ ············（5.8） 式中，E 为耕地地块边界总长度，a 为耕地总面积
地块数量破碎化指数 (FN)	用于测定地块在数量上破碎程度，其值介于0到1之间，0代表完全没有破碎，而1代表完全破碎，地块被切分得越小、块数越多，该指数越趋近于1	$FN = (N-1) a_{min} / a$ ············（5.9） 式中，a_{min} 为研究单元内耕地最小地块面积，a 为耕地总面积，N 为耕地地块数。
地块形状破碎化指数 (FS)	用于测定地块在形状上破碎程度，其值介于0到1之间，0代表完全没有破碎，而1代表完全破碎，被切分的地块形状越复杂，该指数越趋近于1	$FS = \dfrac{\sum\limits_{i=1}^{n}(0.25 P_i / \sqrt{a_i})}{N} - 1$ ·····（5.10） 式中，a_{min} 为研究单元内耕地最小地块面积，a 为耕地总面积，N 为耕地地块数。

采用比重法对指标进行标准化处理，假设样本有 m 个，分别为 $x_i (i=1, 2, ..., m)$，评价指标有 n 个，分别为 $y_j (j=1, 2, \cdots, n)$，则第 i 个样本第 j 个指标的标准化值 P_{ij} 的计算公式为：

$$P_{ij} = R_{ij} / \sum_{i=1}^{m} R_{ij}$$ ·······················(5.11)

式中，R_{ij} 为第 i 个样本第 j 个评价指标的原始值，m 为样本数。在此基础上，通过信息熵计算出不同指标的权重，参考评价指标的熵值 e_j 及权重计算公式如下：

$$e_j = -k / \sum_{i=1}^{m} P_{ij} \times \ln m$$ ·······················(5.12)

$$w_j = (1-e_j) / \sum_{j=1}^{n} (1-e_j)$$ ·······················(5.13)

式中，$k = 1 / \ln m$，P_{ij} 为第 i 个样本第 j 个评价指标的标准值，e_j 为第 j 个指标的熵值，w_j 为第 j 个指标的权重值。在此基础上，可计算出武汉市耕地破碎度综合指数模型中不同指标的权重值。

表5-3-8通过提取出的耕地数据结合各指标公式计算得出2009年、2013年、2017年3个年份武汉市耕地破碎度的相关指标值，并由此计算耕地破碎度综合指数。

武汉市耕地破碎度综合指数模型指标权重 表5-3-8

指标	MPS	PD	FN	ED	FS
权重	0.2411	0.2579	0.1597	0.2605	0.0808

结果表明（表5-3-9），2009年武汉市耕地破碎度综合指数为0.184，2017年为0.192，整体耕地破碎情况略有上升，主要表现在3个方面：一是地块面积越来越小，全市平均地块面积由2009年的3.59hm²/个下降至2017年的3.24hm²/个；二是地块切割越来越碎，随着经济社会的快速发展，人为活动增加，全市地块密度由2009年的10.9个/km²上升至2017年的11.51个/km²，地块数量破碎化指数由2009年的0.038上升至2017年的0.099，耕地的管理难度加大，整体的脆弱性提高；三是地块形状越来越复杂，表示耕地被分割程度的边界密度指数从2009年的14.93km/hm²增加到2017年的22.02km/hm²，地块形状破碎化指数从2009年的0.514增加到2017年的0.530。

武汉市耕地破碎度综合指数计算结果 表5-3-9

评价单元		中心城区	东湖新技术开发区	武汉经济技术开发区	东西湖区	蔡甸区	江夏区	黄陂区	新洲区	全市
平均地块面积	2009	1.75	3.05	6.76	8.53	2.31	4.35	3.63	3.21	3.59
	2013	1.52	2.86	6.03	7.94	2.39	4.41	3.54	3.37	3.36
	2017	1.31	2.31	5.62	6.21	2.51	4.49	3.38	3.46	3.24
地块密度	2009	4.71	11.05	5.17	4.63	22.79	8.31	11.96	13.84	10.9
	2013	5.32	11.76	5.22	5.34	22.07	9.12	12.11	13.25	11.12
	2017	5.64	12.11	5.31	5.87	21.66	9.50	12.53	13.09	11.51
地块数量破碎化指数	2009	0.104	0.054	0.028	0.027	0.081	0.023	0.035	0.042	0.038
	2013	0.152	0.092	0.032	0.040	0.096	0.047	0.057	0.059	0.059
	2017	0.213	0.168	0.067	0.061	0.112	0.089	0.096	0.094	0.099
边界密度指数	2009	19.10	15.06	8.84	7.62	22.57	12.66	14.23	15.75	14.93
	2013	22.32	19.65	10.74	9.45	21.96	16.49	17.71	17.53	17.21
	2017	26.18	25.07	12.38	11.95	20.12	19.34	21.87	18.62	19.02
地块形状破碎化指数	2009	0.532	0.502	0.413	0.396	0.613	0.606	0.576	0.567	0.514
	2013	0.541	0.533	0.421	0.403	0.620	0.594	0.591	0.562	0.521
	2017	0.587	0.562	0.426	0.412	0.612	0.588	0.601	0.556	0.530
破碎度综合指数	2009	0.198	0.192	0.158	0.161	0.186	0.181	0.182	0.188	0.184
	2013	0.203	0.194	0.163	0.165	0.192	0.184	0.186	0.191	0.189
	2017	0.212	0.199	0.166	0.167	0.195	0.191	0.192	0.193	0.192

注：武汉经济技术开发区含汉南区。

基于高清遥感影像解译的耕地信息，以512m×512m网格为评价单元，计算每个评价单元的耕地破碎度综合指数，根据计算结果将耕地破碎度分为4级（图5-3-14），从而精确定位耕地破碎度较高的区域。

分析结果表明（表5-3-10），全市耕地减少趋势明显，2009~2017年全市评价单元总量下降7.51%，空间分布上主要集中于中心城区周边。全市耕地破碎度整体呈上升趋势，评价等级1的单元数量下降1.72%，评价等级4的单元上升1.38%，东湖新技术开发区、东西湖区、黄陂区评价等级1的单元占比有所上升，但成因不尽相同，前两者评价单元总数较少，且减少的耕地主要为城市建设区周边破碎程度较高的地块，破碎度较低的地块受影响较小，因此占比有所上升；黄陂区为农业大区，先后建设了武湖现代农业示范园、六指苗木花卉产业示范园等市级现代农业项目，通过土地流转增加了耕地的集中连片程度。

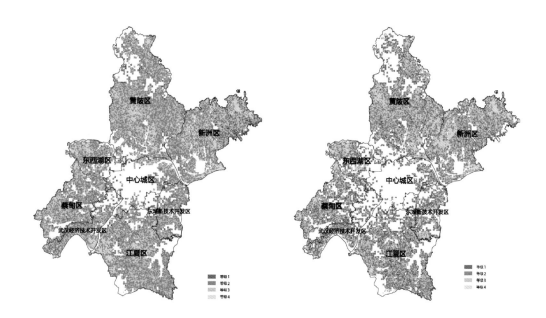

图 5-3-14 武汉市耕地破碎度空间分布情况

武汉市耕地破碎度综合指数计算结果 表 5-3-10

行政区名称		单元总数（个）	等级1单元数（个）	占比（%）	等级2单元数（个）	占比（%）	等级3单元数（个）	占比（%）	等级4单元数（个）	占比（%）
中心城区	2009	8412	53	0.63	3518	41.82	2814	33.45	2027	24.10
	2017	7007	24	0.34	3174	45.30	1910	27.26	1899	27.10
东湖新技术开发区	2009	15573	818	5.25	4643	29.81	5536	35.55	4576	29.38
	2017	11813	740	6.26	4421	37.42	3983	33.72	2669	22.59
武汉经济技术开发区	2009	16213	1258	7.76	5859	36.14	6520	40.21	2576	15.89
	2017	14611	983	6.73	5191	35.53	5901	40.39	2536	17.36
东西湖区	2009	17558	2569	14.63	5954	33.91	6714	38.24	2321	13.22
	2017	14611	2364	16.18	4699	32.16	4968	34.00	2580	17.66
蔡甸区	2009	39556	5708	14.43	13732	34.72	15668	39.61	4448	11.24
	2017	32997	2939	8.91	11956	36.23	12937	39.21	5165	15.65
江夏区	2009	62525	9606	15.36	21643	34.61	24617	39.37	6659	10.65
	2017	59700	7193	12.05	22628	37.90	22020	36.88	7859	13.16
黄陂区	2009	90657	12323	13.59	34404	37.95	35254	38.89	8676	9.57
	2017	90332	15128	16.75	32842	36.36	33643	37.24	8719	9.65
新洲区	2009	74995	18255	24.34	24429	32.57	27091	36.12	5220	6.96
	2017	69972	12230	17.48	24650	35.23	26619	38.04	6473	9.25
全市	2009	325489	50590	15.54	114182	35.08	124214	38.16	36503	11.21
	2017	301043	41601	13.82	109561	36.39	111981	37.20	37900	12.59

注：等级1对应耕地破碎度综合指数为0~0.25，等级2为0.25~0.5，等级3为0.5~0.75，等级4为0.75~1。

（三）生态用地形态变化分析——生态斑块密度指数与生态蔓延度指数

生态用地作为区域重要的生态资源，其景观形态的变化对区域生态系统稳定性和生态过程的维持具有重要影响。研究基于武汉 2009~2017 年高清遥感影像数据解译出的地类信息，以 512m×512m 网格为基本评价单元，结合武汉市独有的山水资源本底特征，对林地和水域作两类典型生态用地的斑块密度指数与生态蔓延度指数进行了测算。其中斑块密度指数用于评价生态用地的集中程度，密度越高，表明区域内生态景观越丰富，生态蔓延度指数主要反映了不同斑块类型的团聚程度，其值越大，表明区域景观的连接程度越高。具体指标测算采用 FRAGSTATS3.3 软件实现。

根据计算结果（表 5-3-11），2009~2017 年武汉市生态用地斑块密度和生态用地蔓延度指数呈现出双降特征，其中生态用地斑块密度均值由 2009 年的 1.02 下降至 0.69，蔓延度指数从 60.13 下降至57.80。斑块密度的大幅降低说明全市生态用地的细碎化特征在一定程度上得到较好的治理，大面积的生态资源得到增强，而零散的生态用地则逐渐消失，这也造成了区域生态用地的空间距离增大，空间连接程度逐渐降低，在景观指数上表现为蔓延度指数下降。

武汉市 2009~2017 年生态用地景观指数计算结果　　　　　　　　　表 5-3-11

区域名称	斑块密度指数		蔓延度指数	
	2009 年	2017 年	2009 年	2017 年
中心城区	0.57	0.42	56.32	51.29
黄陂区	1.64	0.87	55.37	51.43
新洲区	0.89	0.75	75.45	67.92
东西湖区	1.21	0.94	57.42	52.14
蔡甸区	0.75	0.48	53.67	55.78
汉南区	0.97	0.43	60.13	63.37
江夏区	1.13	0.95	62.58	62.7
全市均值	1.02	0.69	60.13	57.80

从不同区域生态用地景观特征分析，斑块密度较大的区域主要集中在东西湖区、黄陂区和新洲区，2017 年斑块密度分别为 0.94、0.87 和 0.75。主要原因是受区域旅游产业扩张、临空经济发展等的影响，区域开发强度增加，生态用地不断受到挤压，生态景观的完整性受到一定程度干扰，呈现出较高的破碎度。同时，该类区域生态用地的蔓延度指数也在不断降低，说明生态用地的集中度增强，区域内的优质生态资源得到一定程度保留，生态用地空间距离不断增加。

（四）形态变化特征总结

在建设用地利用形态上，公共政策对城市扩张的引导成效显著，城市形态正由传统的摊大饼式扩张向特定区域扩张转变，其中经济开发区正成为城市扩张的主要方向，而其他区域则逐渐转向存量挖潜为主。随着城市经济增长动能转换，土地要素对经济增长和城市扩张的影响力正逐步降低。但总体上，建设用地紧凑度还有较大提升空间，土地集约、节约利用仍将是今后城市发展的主要选择。

在耕地利用形态上，耕地景观的破碎化具有明显的点状和带状分布特征，在中心城区周边呈现出较为明显的圈层式结构。耕地景观形态的变化与近年来武汉市建设用地扩展在地理格局上具有一致性，可以认为武汉市景观破碎化的背后驱动因子主要是城市化。其中，在距离城市中心较近的城郊区域，景观破碎度指数最高，而这一区域又是中心城区城市风貌向乡村地区自然风貌过渡的关键区域，景观格局的破碎化，造成生境碎片化，进而影响到生物多样性的保护，因此该区域应该是今后生态防护的重点区域。

在生态用地利用形态方面，生态用地景观破碎化和集中化趋势并存。主要原因是受城市发展、路网建设等影响，原有的生态本底逐渐受到干扰，呈现出较高的破碎度。另一方面，随着居民对生态资源需求量的提升，生态景观的供应逐渐由分散式供应向集中供应转变，通过工程措施，大面积的优势生态景观得到保留并增强，零散的生态景观则逐渐消失，生态景观之间的空间距离逐渐增大。从维护生态系统完整性角度考虑，在城市发展和建设中应尽量避免对当地生态环境带来大规模破坏，尽可能实现景观的就地恢复与重建，确保生系统的完整性。

5.3.4 土地利用遥感生态指数变化趋势分析

当前，多波段遥感影像技术已被广泛应用于城市空间和土地利用的生态品质研究中，主要应用于城市生态系统中利用植被指数、不透水地表覆盖度等评价城市生态品质以及利用地表温度评测城市热环境等方面。但单指标评价只能反映城市用地和生态系统的某一方面的生态特征，而在整个生态系统中，各指标的互动综合影响着整个生态系统，它们是无法被单独分割的。

本次研究选取 Landsat 遥感影像数据作为多波段遥感影像信息来源，采用二次多项式和最近邻象元法对不同时相的影像进行几何校正，在此基础上对影像进行辐射定标操作，采用 Chander 和 Chavez 等模型，通过将灰度值转换为传感器处的反射率，通过借鉴相关研究成果，对绿度、湿度、热度、干度 4 项指标进行测算，构建武汉市遥感生态指数模型，从而客观反映武汉市城市空间与土地利用格局演变的生态品质（图 5-3-15）。

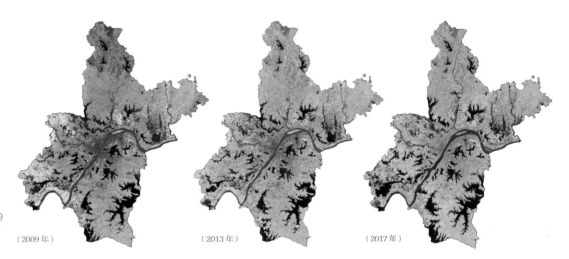

图 5-3-15 武汉市 2009 年、2013 年、2017 年多波段遥感影像图

（2009 年） （2013 年） （2017 年）

（一）遥感生态指数构建

在反映生态质量的诸多自然因素中，绿度（Greenness）、湿度（Wetness）、热度（Heat）、干度（Dryness）4 个指标与人类生活品质关联最为密切，也是人类直观感觉生态条件优劣的重要因素，常被用于生态系统评价。在遥感技术中，这 4 个指标分别对应使用遥感技术手段可获取的缨帽变换的湿度分量（Wet）、植被指数（VI）、干度指数（$NDBSI$）和热度指数（LST）来表示，各指标表达式见表 5-3-12。

遥感生态指数主要指标及表达式　　　　　　　　　　　　　　　　　表 5-3-12

指标	计算方式
湿度分量（Wet）	$Wet = 0.2626\rho_1 + 0.2141\rho_2 + 0.0926\rho_3 + 0.0656\rho_4 - 0.7629\rho_5 - 0.5388\rho_7$ ……（5.14） 式中，ρ_i（i=1，…，5，7）分别为 $ETM+$ 影像各对应波段的反射率
植被指数（VI）	$NDVI = (\rho_4 - \rho_3)/(\rho_4 + \rho_3)$ …………………………………………………（5.15） 式中，ρ_i（i = 3，4) 分别为 $ETM+$ 影像各对应波段的反射率
干度指数（$NDBSI$）	$IBI = \dfrac{2\rho_5/(\rho_5+\rho_4)-[\rho_4/(\rho_4+\rho_3)+\rho_2/(\rho_2+\rho_5)]}{2\rho_5/(\rho_5+\rho_4)-[\rho_4/(\rho_4+\rho_3)+\rho_2/(\rho_2+\rho_5)]}$ $SI = \dfrac{(\rho_5+\rho_3)-(\rho_4+\rho_1)}{(\rho_5+\rho_3)-(\rho_4+\rho_1)}$ …………………………………………（5.16） $NDBSI = (IBI+SI)/2$ …………………………………（5.17） 式中，ρ_i（i=3,4,5) 分别为 $ETM+$ 影像各对应波段的反射率
热度指数（LST）	$L_6 = gain \times DN + bias$ $T = K_2 / \ln(K_1/L_6+1)$ ………………………………………（5.18） 式中，L_6 为 $ETM+$ 热红外 6 波段的象元在传感器处的辐射值；DN 为象元灰度值，$gain$ 和 $bias$ 分别为 6 波段的增益值与偏置值，可以从影像的头文件获得；T 为传感器处温度值；K_1 和 K_2 分别为定标参数：K_1=606.09W /（m² · sr · μm），K_2=1282.71K。 温度 T 的比辐射率纠正： $LST = T / [1+(\lambda T/\rho)\ln\varepsilon]$ …………………………………（5.19） 式中，λ 为 $ETM+$6 波段的中心波波长（λ =11.45μm)；ρ =1.438×10⁻²mK；ε 为地表比辐射率

（二）遥感生态指数时序变化特征

基于2009年、2013年、2017年3个年份武汉市Landsat7影像数据,对不同年份的绿度(Greenness)、湿度（Wetness）、热度（Heat）、干度（Dryness）4个指标进行测算法分析,具体结果见表5-3-13。

武汉市 2009~2017 年遥感生态指数统计情况　　　　　　表 5-3-13

指标名称		最小值	最大值	均值	标准差
2009 年	湿度分量	−0.629964	0.244491	0.006021	0.029795
	植被指数	−0.244556	0.733817	0.141864	0.211579
	干度指数	−0.667578	0.259551	−0.212590	0.083032
	热度指数	−5.336334	43.544922	20.635672	4.285634
2013 年	湿度分量	−1.096328	0.217424	−0.034146	0.055662
	植被指数	−1.000000	1.000000	0.234343	0.346550
	干度指数	−0.958942	0.634873	−0.178195	0.125613
	热度指数	10.852051	58.123505	37.769620	4.450719
2017 年	湿度分量	−0.925968	0.287996	−0.017540	0.052754
	植被指数	−0.999173	0.999628	0.156029	0.425969
	干度指数	−0.998467	0.937352	−0.172017	0.160900
	热度指数	−114.172562	78.645111	29.995530	6.492862

采用主成分分析法,对以上4个指标进行集成,根据各指标对主分量的贡献度来确定权重。由于各指标量纲不统一,需对这些指标进行归一化处理,各指标归一化公式为:

$$NI_i = (I_i + I_{min}) / (I_{max} - I_{min}) \quad\cdots\cdots(5.20)$$

式中,NI_i为归一化后的某一指标值,I_i为该指标在象元i的值,I_{max}为该指标的最大值,I_{min}为该指标的最小值。由于长江穿越武汉市区,为避免大片水域影响PCA的荷载分布,对各指标采用$MNDWI$水体指数掩膜掉水体信息。再将经过归一化及水体掩膜处理后的4个指标合成一幅新的影像,对新影像进行主成分变换,得到主成分分析结果矩阵。

根据主成分分析结果（表5-3-14）,在3个年份中,第一主成分 PC1 的特征值贡献率均超过 75%,远高于其他特征分量,证明 PC1 可以代表4个指标的大部分特征;同时,在 PC1 中,植被指数和湿度分

武汉市遥感生态指数指标主成分分析　　　　　　表 5-3-14

主成分		湿度分量	植被指数	干度指数	热度指数	特征值贡献率
2009 年	PC1	0.286734	0.482207	−0.822202	−0.096141	75.92
	PC2	0.956311	−0.189694	0.216058	0.052955	12.75
	PC3	−0.055457	−0.642213	−0.466785	0.605474	11.13
	PC4	−0.013325	−0.564850	−0.243749	−0.788260	0.20
2013 年	PC1	0.196488	0.686853	−0.553151	−0.428543	76.62
	PC2	−0.123709	0.522908	−0.047006	0.842053	17.39
	PC3	0.569446	−0.447311	−0.606921	0.327555	5.44
	PC4	0.788556	0.233907	0.568737	0.002344	0.55
2017 年	PC1	0.193745	0.844104	−0.492221	−0.087574	85.76
	PC2	0.671471	−0.484565	−0.539603	−0.152158	9.20
	PC3	0.105861	−0.004732	−0.141558	0.984242	4.30
	PC4	−0.707377	−0.229483	−0.668213	−0.021126	0.74

量呈正值，说明它们对生态系统起正面的贡献，而干度指数和热度指数呈负值，说明它们对生态系统起负面作用，而在其他特征分量中，这些指标呈现正向和负向波动变化。因此，较之于其他几个分量，研究认为 PC1 主成分具有明显的优势，可用于构建遥感生态指数。

为使 PC1 大的数值代表好的生态条件，可进一步用 1 减去 PC1，获得初始的生态指数 $RSEI_0$，然后，为了便于指标的度量和比较，可同样对 $RSEI_0$ 进行归一化，计算公式如下：

$$RSEI_0 = 1-\{ PC1 [f (NDVI, Wet, LST, NDBSI)] \} \quad\cdots\cdots\cdots\cdots\cdots\cdots\cdots\cdots(5.21)$$

$$RSEI = (RSEI_0-RSEI_{0, min}) / (RSEI_{0, max}-RSEI_{0, min}) \quad\cdots\cdots\cdots\cdots(5.22)$$

RSEI 即所创建的遥感生态指数，其值介于 [0,1] 之间。RSEI 值越接近 1，生态越好；反之越差。

计算结果表明（表 5-3-15），武汉市的生态环境整体变化不大，遥感生态指数均值相对稳定，仅有小幅下降，下降幅度为 4.34%。但武汉市生态环境两极分化比较严重，各年份遥感生态指数标准差均在 0.3 左右。主成分分析结果表明，NDBSI 以及 LST 对结果的贡献度较大，并呈现逐年增长的趋势，说明不透水面即建设用地对于生态环境评价结果影响较大，城市建设用地的增加是影响局部地区生态环境质量的主要原因。

2009 年、2013 年、2017 年武汉市 RSEI 均值及 PC1 荷载值　　　　　表 5-3-15

指标名称	2009 年			2013 年			2017 年		
	指标值	标准差	荷载值	指标值	标准差	荷载值	指标值	标准差	荷载值
湿度分量	0.286	0.029	0.178	0.196	0.055	0.256	0.193	0.052	0.261
植被指数	0.482	0.211	0.348	0.686	0.346	0.315	0.844	0.426	0.295
干度指数	-0.822	0.083	-0.686	-0.553	0.125	-0.691	-0.492	0.160	-0.696
热度指数	-0.096	4.285	-0.591	-0.429	4.450	-0.599	-0.088	6.492	-0.603
遥感生态指数	0.548	0.341	—	0.535	0.329	—	0.533	0.354	—

（三）遥感生态指数空间变化分析

在 RSEI 测算基础上，将各年份 RSEI 以 0.25 为间隔，划分为"优、良、中、差"4 个等级，并对各等级所占面积与比例进行可视化分析。结果表明，2009 年武汉市生态状况为优的区域占总面积的 20.21%，2017 年占比为 28.35%，8 年间共上升了 12%，生态品质较高的空间规模稳中有升。但与此同时，武汉市生态状况为"差"的区域面积比例由 2009 年的 12.27% 上升到 2017 年的 16.19%，表明武汉市整体生态质量两极化趋势明显（表 5-3-16、图 5-3-16）。

2009 年、2017 年武汉市 RSEI 生态等级及面积变化统计表　　　　　表 5-3-16

等级	2009 年		2017 年	
	面积（km²）	占比（%）	面积（km²）	占比（%）
优	1389	16.21	2429	28.35
良	3629	42.35	3189	32.22
中	2846	33.21	1563	23.24
差	705	8.23	1387	16.19

从空间分布上看，2009 年，生态环境为优的区域集中于黄陂北部山区，主要包括林地、草地等用地类型，而生态环境较差的区域则集中在城市中心区。都市发展区与周边地区的遥感生态指数均以中为主，呈现连绵

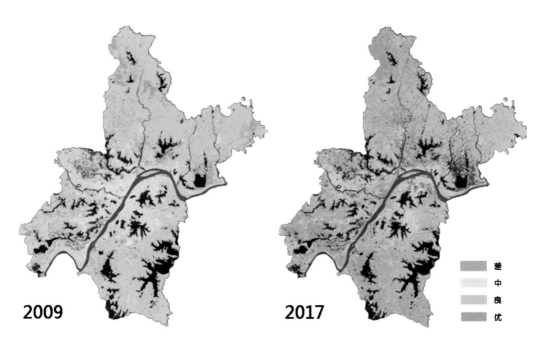

差
中
良
优

图 5-3-16　2009 年、
2017 年武汉市遥感生
态指数分级图

趋势。到 2017 年，在城市总体规划的引导下，武汉市城市建设主要被限制在都市发展区以内，都市发展区内外遥感生态指数差距拉大，外围地区生态环境质量得到一定提升，规划中的生态绿楔已现雏形，但由于城市中心区开发强度进一步上升，城市中心区内遥感生态指数为较差和差的区域面积有所上升（图 5-3-17）。

（四）武汉市遥感生态指数变化特征总结

　　通过对武汉市 2009 年、2013 年、2017 年 Landsat 遥感影像数据的分析，可以发现武汉市遥感生态指数的变化呈现以下特点：从遥感生态指数的变化趋势上看，2009~2017 年间武汉市遥感生态指数基本稳定，但以都市发展区为界的两极分化趋势较为明显；从分项指标的影响权重上看，干度指数对遥感生态指数的影响最大，说明生态环境质量的下降与不透水面面积的增加关系最为密切；从遥感生态指数变化与空间规划的关系上看，武汉市城市总体规划中的绿楔空间构建基本得到了落实，起到了优化城市景观生态格局的作用。

5.3.5　结论与建议

　　在大数据时代和人工智能分析技术日益成熟的背景下，相比于传统统计数据和年度变更数据，利用遥感影像数据源，通过人工智能深度学习方法，对市域内土地利用规模变化、形态特征和生态品质等进行量化分析具有时效性好、准确性高、可操作性强等优势。该方法可以较为客观、准确地反映出特定区域内的土地利用演变特征和城市发展演变规律，在一定程度上可避免人为因素对分析成果的干扰，并且在数据处理效率、可视化表达等方面均具有显著优势。尤其在生态指标信息的获取方面，基于多波段遥感影像数据分析方法，提取诸如湿度、热度、干度和植被指数等多种生态信息，可有效弥补传统手段难以采集生态指标信息的不足。

　　本节研究基于不同年份遥感影像数据源解译得到的武汉市地类信息，从时间和空间两个维度对武汉市土地利用规模、形态及生态品质进行了量化分析和可视化表达。在数据获取方面，以高清遥感影像为基础数据提取的地类变化信息具有较高的准确性，可较为直观、真实的反映重点建设用地、耕地、林地、水体

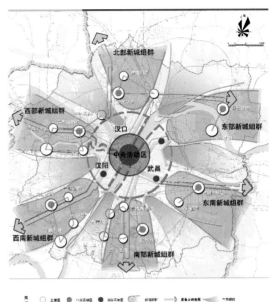

图 5-3-17 武汉市都市发展区周边 RSEI 生态等级较高区域与城市总体规划中生态绿楔的空间对比图
资料来源：图 5-3-17 右图来源于《武汉城市总体规划（2006—2020 年）》

等变化规律。在量化分析方面，基于扩展强度指数、紧凑度指数、破碎度指数等形态指标，对土地利用形态演变规律进行分析，在一定程度上揭示了城市扩展的主要方向和不同时期城市发展热点区域，可为城市的精细化管理和规划编制提供指引。最后，本章节基于多波段影像分析提取的绿度、湿度、热度、干度等指标对城市生态品质进行量化分析，不仅弥补了传统手段难以获取生态指标的不足，同时也为城市生态品质的量化分析和空间异质性识别提供了较为可靠的分析方法。

当然，受数据获取难度和数据处理技术方法等方面的制约，本节的研究也存在一定不足：一是整个研究时段涉及约 150000 张影像切片的处理，虽然研究中积极采用了人工智能分析方法对数据进行处理，但受软硬件的制约，在数据处理效率、识别精度等方面仍然有较大的改进空间。二是在具体指标提取中，研究虽然采用了目前应用较为成熟的扩展强度指数、紧凑度、破碎度指数、斑块密度等形态指标以及湿度、干度、植被指数、热度等生态品质系列指标，但总体看，指标类型的选择和指标数量还需要进一步扩充，以便从多元视角对区域内的土地利用变化规律进行量化分析。展望未来，基于遥感影像数据源的土地利用信息量化分析技术可与传统的数据分析方法形成较好的互补性，可进一步提升规划编制的科学性，更好地服务于城市精细化管理。如在宏观层面，该方法可为各类规划实施评估、资源环境承载力评价、城市发展方向研判等提供有力支撑；在中观层面，可为区域"三线"划定、基本农田整备区划定、增减挂钩项目区安排等提供指引；在微观层面可用于分析城市热岛效应与城市绿地、城市土地利用强度和结构的相关性，指导城市开敞空间体系构建、绿地系统规划等。

本章参考文献

[1] 柴彦威, 刘天宝, 塔娜. 基于个体行为的多尺度城市空间重构及规划应用研究框架 [J]. 地域研究与开发, 2013,32(4):1-7,14.

[2] 甄峰. 基于大数据的城市研究与规划方法创新 [M]. 北京：中国建筑工业出版社, 2015.

[3] 王永军, 李团胜, 刘康, 等. 榆林地区景观分析及其破碎化评价 [J]. 资源科学, 2005,（2）:161-166.

[4] 徐涵秋. 城市遥感生态指数的创建及其应用 [J]. 生态学报, 2013,33(24):7853-7862.

第六章

中观层面武汉城市量化分析的规划应用实践

6.1 武汉市慢行交通网络体系构建研究

6.1.1 研究概述

（一）研究背景

在城市交通发展过程中，以快速化、机动化为导向的高强度道路交通系统的建设，为城市空间拓展提供了支持、为经济高效运转提供了有效保障，却忽略了大众群体、弱势人群的出行权利。与此同时，城市的邻里空间、公共空间受到快速交通的侵蚀、干扰甚至破坏，慢行交通发展缓慢、居民生活品质逐年下降等问题日益突出。

慢行交通是绿色交通系统中的主体，同时也是市民交通出行最重要的出行方式，更是解决"最后一公里"问题的有效策略。慢行交通系统的核心包含步行系统和自行车系统两部分。步行道作为城市道路建设过程中的必备要素，基本能够实现城市范围内全覆盖，建设密度和服务水平都达到了较高的水准。与之相比，自行车系统则存在定位被轻视、网络被分隔、空间被侵占以及缺乏特色等问题。当前武汉市出现了骑行回归的社会现象，骑行空间的需求越来越大，改善骑行环境的呼声越来越强烈。

因此，本节重在探讨如何利用大数据分析，辅助构建骑行系统，为慢行道路规划和设计提供借鉴和指导。若无特殊说明，后文提及的"慢行"主要是指自行车出行。

（二）相关研究综述

国外关于慢行系统优化研究自 1990 年就开始涌现出不少研究成果，而国内关于慢行交通的研究主要集中在 2000 年以后，尤其近年来慢行交通逐渐被人们所重视，国内关于城市慢行系统构建的研究已经深入展开，从宏观的对策到微观的设计研究都有不少成果。

对国内多个城市慢行交通系统规划编制理念与思路方法进行研究，总结发现既有的慢行规划研究成果具有一定的局限性，具体体现在以下几个方面。

首先，既有规划与研究中，慢行交通系统构建方法主要是简单的划分慢行空间，比如慢行区、慢行核等，未能适应慢行交通出行的特征。目前国内对于慢行交通系统的研究大多以慢行区、慢行核、慢行节点、慢行廊道等慢行空间作为规划研究载体及基础，对于慢行空间的研究通常是以城市行政区或功能组团为研究范围，各分区分别代表一类慢行活动需求或代表不同慢行活动出行量。这一方法未考虑慢行交通的重要特征是以短距离出行为主。因此，以此方法引导慢行系统构建难以有效适应慢行交通的出行特征。

其次，目前国内慢行交通系统的研究，对于慢行交通出行所承载的功能研究不够具体与全面。国内对于慢行出行的功能定位为"短距离出行为主或占优势"和"承担日常出行和游憩休闲"两大功能，并未完全覆盖慢行交通出行链，未包含通勤出行、生活出行等所有类别，因此对于慢行交通功能定位的分类有待进一步细化。

此外，近年来随着共享单车的出现，产生了海量的慢行出行数据，基于大数据的慢行交通研究，大多都采用共享单车出行数据。武汉市经过多年的发展，目前已经积累了各种数据资源，在互联网、大数据的趋势下，借助规划的思维对武汉市交通大数据资源进行整合，对于城市交通发展意义重大。武汉市在经历基础设施建设的快速发展阶段后，提升生活品质已经成为城市居民生活的主要诉求。在"以人为本、推行共享、慢行回归"等思潮的影响下，慢行交通将逐渐成为城市交通的未来发展方向，而基于大数据量化分析的慢行交通研究将更加有助于武汉市交通建设和城市发展。

传统的慢行交通规划缺乏交通出行特征等基础数据的支撑，导致在慢行交通规划中，规划方案的主观性和随意性较强，可操作性和指导性较弱。然而，随着互联网技术的进一步发展以及共享理念的深入人心，共享单车应运而生，并成为一种新的交通方式和数据来源。共享单车可以提供骑行者的个性特征、骑行轨迹以及单车的地理位置等数据，不断积累出一个相当准确和丰富的数据库，准确反映骑行出行行为的时空特征，识别城市骑行的热点路段和骑行路段。若能对这些数据进行合理的量化和分析，不仅可以帮助我们更透彻地理解当代城市慢行交通问题的根源，也能为推广慢行交通提供新思路，为城市交通规划提供更为精准的服务。

（三）研究目的

研究旨在分析城市慢行交通系统特征，通过对城市大数据（自行车、轨道、路网、POI数据等）进行叠合分析，探究这些要素对慢行交通的影响关系，寻找慢行交通供需关系，科学地规划城市自行车交通网络。

研究选取了2018年5月、6月武汉市摩拜单车订单数据，对不同特征日的共享单车出行和停放特征进行了分析研究；基于武汉市现状路网、规划路网、互联网开源地图等多源数据，将共享单车骑行轨迹数据匹配到路网当中，并与天气、时段和日期数据结合分析，找出它们彼此之间的影响关系；同时基于武汉市企业、学校和公园景点等POI数据，即兴趣点位置数据，结合共享单车的出行特征，识别不同类别的慢行出行空间；最后针对上述轨道交通、POI和路网等数据分析成果，进行综合叠加分析，实现对城市慢行网络等级体系的识别，并以此为支撑，完成慢行交通系统的构建。

6.1.2 武汉市慢行交通网络体系构建方法研究

（一）武汉市慢行交通出行特征分析

武汉市共享单车全年已实现5.8亿~7.2亿人次的出行次数，全年累计行程达4.8亿公里，骑行分担率达到了全市居民全方式出行的8%~12%，年度客运总量仅低于地铁和常规公交，在通勤交通中扮演重要角色。通过对骑行空间占比、骑行分担率以及骑行指数的分析，有效反映了自行车出行在武汉市各种交通方式中所占据的重要程度。

骑行空间占比，即共享单车覆盖范围与市域面积的比值，主要反映共享单车投放以及活动区域。根据共享单车出行轨迹覆盖范围分析，目前武汉市骑行空间占比为19.5%，仅覆盖主城区及其外围小部分区域，相较于国内各大城市偏低。骑行指数是根据共享单车运行状况，综合反映共享单车对城市居民出行影响的指标，它综合了人均骑行距离、人均骑行次数、人均骑行时间、用户增长率以及人均保有量5项指标。

根据摩拜发布的城市骑行指数，深圳位列第一，荣登骑行指数榜首；成都、北京紧跟其后位列第二、第三；珠海、广州、上海、石家庄、杭州、武汉、昆明分别位列第四至第十名。其中，武汉市位列第九，居民平均单次骑行距离为1.65公里，平均骑行速度为7.91公里/小时，平均单次骑行时间为10~11分钟，相较于其他一线城市，武汉市的骑行需求同样巨大，然而骑行空间和骑行指数都较低，这是因为武汉市缺乏合理的慢行网络规划，慢行交通系统发展与居民日益增长的骑行需求形成矛盾。由此可见，武汉市慢行交通的发展刻不容缓，对慢行交通出行特征的分析迫在眉睫。

（二）出行目的分析

根据成都市规划研究院对城市慢行交通系统规划的研究，慢行出行目的主要有以下五类：通勤慢行、接驳慢行、通学慢行、生活服务慢行以及健身游憩慢行。其中通勤慢行是指以骑行为主，依托干道完成的从居住地到工作地的中短距离出行；接驳慢行是指通过自行车完成的与常规公交或轨道交通接驳的短距离出行；通学慢行主要是指中学生依靠自行车完成的从居住地到学校的慢行出行；生活服务慢行是指在社区范围内完成的，包括就餐、医疗和公共服务等出行目的的出行；健身游憩慢行是指以游憩和健身为目的的在特定道路上进行的中长距离的跑步和骑行活动。

在居民出行调查中，出行目的调查是出行调查当中重要的一环，出行目的往往决定出行时间、出行方式等。对武汉市居民自行车出行目的进行小样本调查，并结合其他城市的相关研究发现，通勤慢行、接驳慢行、通学慢行、生活服务慢行和健身休憩慢行这五类出行目的的骑行占据了城市居民骑行群体总数的90%以上，其中工作日期间通勤、接驳和通学慢行占比较大，周末和节假日期间生活服务和健身休憩慢行占比较大。

（三）基于大数据的慢行出行空间识别

出行空间识别主要是依据不同的慢行出行目的所呈现的出行特征，并结合武汉市实际情况，识别出相应慢行出行需求的空间承载区域。不同出行目的所对应的出行空间具有不同的特点，所受到的影响因素也各不相同。因此通勤、接驳、通学、生活服务以及健身休憩等慢行出行空间的识别需要结合各自具体的特征，在结合人们实际的慢行出行需求和目的后，再精准识别慢行出行需求的空间并提供相应的空间保障，进而构建能够满足不同市民慢行出行需求的慢行系统网络。

1. 通勤慢行

通勤慢行是指居民从居住地直接骑行到达工作地点，一般适用于居住地和工作地距离较近的出行群体，而对于距离较远的群体则会选择慢行与轨道交通接驳的方式。对通勤慢行的出行特征进行分析，通勤骑行主要集中于居民通勤强度大且通勤距离较短的区域，并且由于通勤的出行性质，其骑行量受天气的影响较小，因此要重点识别这些区域。

通勤强度是指区域内发生通勤行为的人口占区域总人口的比重，强度越大则说明通勤的人数越多。通勤距离则是指区域内所有通勤人口的平均OD距离，距离越小，则步行或骑行的人数越多。根据摩拜对用户骑行特征的描述，武汉用户的平均单次骑行距离约1.65公里，86%的骑行都在3公里以内，这说明武汉市内的骑行仍以中短距离为主，而通勤骑行在其中占据重要比例。我们通过将主城区住职通勤强度分布图与主城区住职通勤距离分布图进行结合对比分析，找出高强度、短距离通勤区域，即通勤骑行量较大的区域。分析显示通勤高强度区域沿城市二环线呈环状分布，在江岸区中西部、江汉区西北部、硚口区北部、汉阳区中北部、洪山区和平街区域集中连片，短距离通勤区主要分布于一环线内和南湖地区，在江岸南部、江汉中南部、硚口东部、汉阳东北部、武昌中部、洪山东南部区域集中连片。另外需要注意的是，在中心城区范围内，通勤距离非常短的区域只占了很小一部分，而大部分的区域通勤距离都属于中短距离，对于步行来说距离过长，而对于骑行来说则最为合适。

结合观察分析，高强度、短距离通勤区空间分布主要集中在居住人口密度和就业密度均较高的区域，包括江岸南部、江汉区中部、汉阳区月湖片、武昌沙湖片和洪山南湖片，这些空间区域均需要重点识别。

居民骑行过程中一般会遇到雨、雾、雪等天气状态，它不仅改变出行者的出行环境，也会给出行者带来生理和心理的压力。为分析天气对居民选择共享单车作为出行方式的影响，笔者利用2018年5、6月份武汉市共享单车的骑行数据，以小时为单位，画出一张武汉市骑行流量变化图，如图6-1-1所示。

图6-1-1中每条竖线代表一个小时，24根竖线组成的集合体代表一天。图中显示，一天之中影响共享单车骑行量的主要因素是通勤时间（早上7:00~8:00和晚上17:00~18:00是两个高峰）；而一月之中，影响共享单车骑行量的主要因素则是工作与否（工作日骑行量多于节假日），而天气的影响并不突出，虽然下雨天的骑行量会少一些，但即使是大雨天、暴雨天，仍有很多人骑行。通过将晴天和雨天的骑行流量相减，可以得到武汉市在下雨天还相对"热门"的区域，如图6-1-2所示。

图6-1-2显示，雨天的武汉市中心和地铁站附近依然是骑行热门区域。这是由于在天气恶劣的情况下，市中心的出租车往往会出现供不应求的现象，从各处通勤到达市中心的居民在无法选择其他交通工具的前提下，为了能够按时抵达工作地点，仍然会选择骑行的方式完成接驳。另外，由于郊区的地铁站大都是"孤岛型"地铁站，与周边居住区的距离相对步行来说较远，无车通勤族们想要缩短通勤时间快速抵达地铁站只能选择骑行的方式。

晴/阴　小雨　中雨　大雨

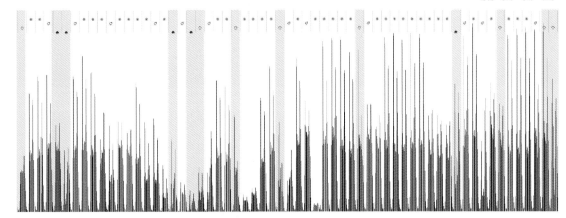

图 6-1-1　共享单车骑
行流量变化曲线

图 6-1-2　武汉市雨天
热门骑行地区

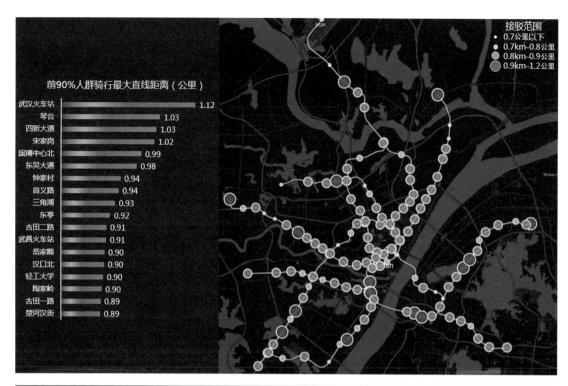

图 6-1-3 武汉市地铁
站点接驳范围

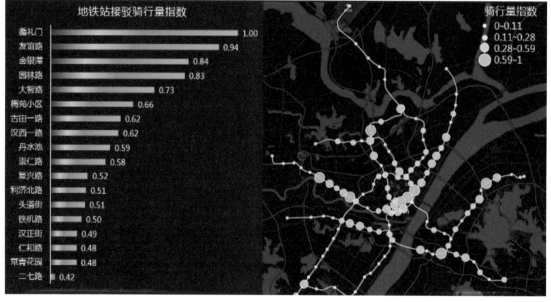

图 6-1-4 轨道站点接
驳范围骑行量指数图

将通勤强度分布图、通勤距离分布图与晴雨天热门骑行地区图结合分析，可以发现，对于高强度、短距离的通勤区域无论在晴天还是雨天都有着较高的骑行量，并且这些区域内部大多分布有城市路网的干道，这些干道主要服务于通勤需求的慢行出行空间。

2. 接驳轨道慢行

接驳公共交通是指居民骑行至常规公交或轨道站点完成换乘或从站点骑行离开的过程。此类出行重点在于自行车与公共交通的接驳，其中以接驳轨道交通的用户最多。对共享单车的接驳比例进行重点调查，统计用户在工作日使用共享单车的接驳情况，数据显示，在现状轨道站点客流中，共享单车接驳比例已经达到12%~13%，而在共享单车出现之前，武汉市轨道站点自行车接驳比例不足 3%。

通过计算武汉市地铁站的单车接驳服务范围（图 6-1-3），可以得到地铁站接驳范围为 0.5~1.1km，

图 6-1-5 地铁站点与
骑行流量关系图

图 6-1-6 中学现状
POI 图

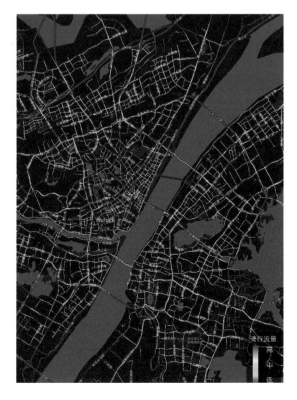

图 6-1-7 骑行流量图

多分布在 0.8~0.9km（90% 的乘客可接受接驳
轨道骑行距离），对于分布较为稀疏的站点其接
驳范围大于分布较为紧密的站点，当市民与站点
距离在 0.8~0.9km 范围内时，大部分人会选择
骑行前往站点。其中服务范围大于 0.9km 的地
铁站有火车站、城市商业中心和位于非市中心地
段的站点。

根据武汉市轨道站点骑行量指数图（图
6-1-4）可以看出，循礼门、友谊路、金银潭和
园林路等轨道站点承担了大量的以接驳为目的的
自行车流量。

与骑行流量图进行对比，可以清晰地观察到
轨道站点附近的骑行量大幅高于其他地区的，这
些骑行量除了分布于主干道上之外，还明显地分
布于轨道站点附近的次干道上，这些次干道便是
服务于接驳需求的慢行出行空间（图 6-1-5）。

3. 通学慢行

通学慢行主要是指学生从居住地骑行至学校
的过程。通过出行特征分析来看，要重点识别学
校资源点的分布，由于学校资源包含幼儿园、小
学、中学和大学，其中幼儿园和小学的学生主要
是由家长负责步行或开车进行接送，大学生居住
和短距离出行主要集中在学校内部，因此通学的
骑行群体主要是中学生，要通过合理规划建设中
学校区周边的慢行网络，提高学生骑行的安全性。
为了更加方便地服务于社区、街道附近的居民家
庭，中学校址的选择往往会考虑服务范围、交通
便捷及学生出行安全等多方面因素，因此学校大
多位于次干道及街区道路上，既能靠近居民区，
又能通过次干道与主干道相连接，同时保证学校
附近道路机动车较少，保障学生出行安全。

根据武汉市中学现状分布图（图 6-1-6）与
骑行流量图（图 6-1-7）的对比分析，可以发现
中学附近的骑行量也较多，并且分布在次干道及
更密集的街区道路上，这些道路是需要重点识别
的服务于通学目的的慢行出行空间。

本次研究以江岸区三阳路周边实验中学、解
放中学、七一中学、二中四所学校为研究对象，
结合学校周边区域路网分布情况，与骑行流量分
布进行叠加分析，识别出重点慢行路段、一般慢

图 6-1-8　通学慢行路
段识别图（左）

图 6-1-9　生活服务设
施 POI 图（右）

行路段以及基本慢行路段（图6-1-8）。

4. 生活服务慢行

生活服务出行主要活动包括就餐、理发、买菜、看病、购物、社区公共服务等日常活动，因此需主要识别公共服务设施、临街商铺、菜市场以及餐饮店等较为集中的区域。

图 6-1-9 中红点表示医疗设施现状信息，绿点表示菜市场现状信息，剩余彩色点表示现状商业设施信息。随着中央城市工作会议提出"创新、协调、绿色、开放、共享"五大发展理念，要求城市提高发展可持续性和宜居性，打造"15分钟社区生活圈"成为城市发展的方向。作为营造社区生活的基本单元，在居民步行可达的范围内，配备生活所需的基本服务设施与公共活动空间，形成安全、友好、舒适、宜居的社区生活平台。"15分钟社区生活圈"界定了居民的活动范围不会太大，所以基本是以步行为主、自行车为辅。

另外，根据生活服务设施图（图6-1-9）与骑行流量图（图6-1-7）对比显示，除了一些大型的商业区承担了部分餐饮和购物需求外，其他的居民日常生活服务设施都密集地分布在街区道路、小巷和里弄内，这些道路往往由于骑行条件较差，道路交通设施不足，行人较多，导致骑行体验较差，骑行流量相对较少。对这些区域道路需要进行重点识别，后续进行慢行空间改善，有效提升居民的生活幸福感。

5. 健身休憩慢行

健身休憩出行主要活动包括观赏、骑游、跑步、休闲、体验、健身等，随着武汉市经济的发展和居民生活水平的提高，娱乐和休闲活动越来越多样。在周末和节假日期间，商业中心、公园景点、河湖绿道等对居民出行有着巨大的吸引力。如图 6-1-11 所示，节假日的热门骑行区域有汉正街—武广商业中心，由于周末出行集中，道路压力大，居民会选择骑行代替车行，常青路和古田等大型居住区由于居住人口数量庞大，即使在周末也有较大的出行需求。另外东湖、江滩和墨水湖等河湖绿道区域，由于生态环境良好，周末休闲骑行较工作日（图6-1-11）而言也陡然增多。

根据武汉市绿地公园现状图（图6-1-10）与周末及节假日骑行流量图（图6-1-11）对比可以发现，公园绿地等休闲放松的场所在周末和节假日具有较高的骑行流量，这些区域安静舒适、景色优美、交通安全，居民更喜欢在闲暇时段去这些场地进行健身和休憩。因此需要重点识别楔形绿地、河流岸线、公园绿地等生态资源较好区域附近的慢行专用道和骑行专用道。

（四）慢行交通网络体系构建方法

慢行交通网络体系构建的核心在于慢行出行空间的识别，道路的服务对象群体是基于什么样的目的完成骑行过程以及道路周边的土地利用类型，直接关系着道路能否满足此片区域的骑行需求，对相应出行目

图 6-1-10 绿地公园现状图

图 6-1-11 工作日与节假日骑行流量差值图

的的慢行空间承载区域进行识别是进行慢行网络体系分级和特色建设的基础，也是构建自行车道网络系统的理论依据。本次研究依据骑行数据、路网数据、天气数据和地图数据等进行融合分析，并根据不同慢行出行需求所对应的骑行特征来识别出行空间，最终得到五类慢行空间和三级慢行体系。

主体网络体系由通勤慢行空间和接驳慢行空间组成。通勤慢行空间以骑行为主，依托串联通勤需求区域的主干道来构建骑行主通道，形成主要慢行廊道。接驳慢行空间以轨道站点周边及便捷联系人流吸引区的次干道构建慢行道，形成次级慢行通道。主网络体系结构涉及区域层面的连接，需确保所有区域、街区以及重要功能相互连接，因此主要慢行廊道和次级慢行通道共同构成主网络体系。

基础网络体系由通学慢行空间和生活服务慢行空间组成。通学慢行空间主要在中学区域，并依托次干道及街区道路布局骑行道。生活服务慢行空间通过街区道路、里弄和巷道串联临街商业、餐饮、公共设施等生活服务点。基础网络体系主要实现区域内部的连接，与社区层面的住宅连接有关，保障区域内最基础的慢行功能，同时可通过适当地连接便捷接入到主网络体系，因此将街区道路和巷道划入基础网络体系当中。

休闲网络体系主要由娱乐健身慢行空间组成。休闲网络体系涉及与休闲娱乐区的连接，确保居民可从家中

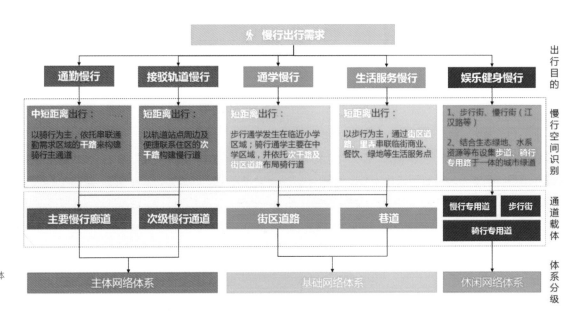

图 6-1-12 慢行网络体系构建路线图

通过使用主网络体系和基础网络体系到达休闲网络，并保证其连贯性。

慢行网络体系构建流程如图6-1-12所示。

6.1.3　武汉市慢行交通网络体系构建方法应用

武汉市共享单车工作日骑行流量图（图6-1-13）与周末骑行流量图（图6-1-14）显示，无论平日还是假期，长江主轴区域骑行指数最高，骑行需求也最大。以此区域为例进行慢行网络体系构建，对后续整个武汉市的慢行交通规划建设具有指导借鉴意义。

长江主轴核心区范围为长江二七长江大桥至鹦鹉洲长江大桥的区段，沿江向两岸腹地扩展1~2公里，西至解放大道—京汉大道—月湖桥—琴台大道，东抵和平大道—友谊大道—中山路，南达鹦鹉洲大桥，北至二七长江大桥。总面积55平方公里，其中长江水域面积18平方公里，陆域面积37平方公里。经过上千年的历史积淀，长江主轴核心区已成为武汉区位最居中的城市之心、人口最密集的活力之源、底蕴最深厚的历史之脉和颜值最突出的景观之荟。

目前长江主轴核心区的慢行环境不太友好、骑行骨架未成体系、整体非机动车道密度较低、自行车道功能不明确、绿道建设未能满足需求、慢行交通现状与区域发展存在较大矛盾，鉴于长江主轴核心区具有重要的城市功能地位，自行车交通网络急需改善。通过构建科学合理的自行车系统，能够提升长江主轴慢行环境，体现区域文化特色。因此将此片区作为武汉市交通转型的先行区和示范区，展示如何利用大数据来进行自行车网络系统的构建，具有重要的意义。

（一）主网络体系构建

主网络体系是以通勤和接驳功能为主，以通勤为目的的群体主要集中在高强度、短距离的通勤区域，以接驳为目的的群体主要集中在轨道站点附近的区域，另外，这两类的骑行量受天气影响相对较小。

根据以上特征利用大数据进行慢行出行

图6-1-13　长江主轴核心区工作日骑行流量图

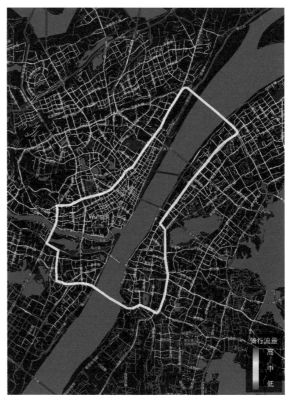

图6-1-14　长江主轴核心区周末骑行流量图

空间的识别，将主城区住职通勤强度分布（图6-1-15）、主城区住职通勤距离分布（图6-1-16）、雨天晴天骑行流量差值图与工作日骑行流量图进行叠加对比分析，可以发现，京汉大道、和平大道、中山大道、友谊大道、武胜路等以及其他一些主干道或次干道在工作日期间骑行量较大，住职通勤强度较大，通勤距离相对较短，沿线有较多地铁站点，并且晴雨天骑行量差值较小，符合慢行主网络体系的特征。

另外，这些主干道的间距也满足主网络体系300~500m的网格间距，因此将这些符合特征的道路规划为主体慢行网络体系。其中，将跨区域连接的主干道规划为主要慢行通道，将连接各区域的轨道站点沿线的次干道规划为次级慢行通道，对于网格间距大于500m的区域可考虑以骑行街的形式进行布局。规划方案网络布局如图6-1-17所示。

同时，通过观察这些道路的现状道路设施和建设水平，可以发现这些主网络道路横断面较宽，道路红线符合建设非机动车道的要求，机动交通和非机动交通流量都较为庞大。因此无论从道路硬性条件，还是

图 6-1-15 主城区住职通勤强度分布（左）

图 6-1-16 主城区住职通勤距离分布（右）

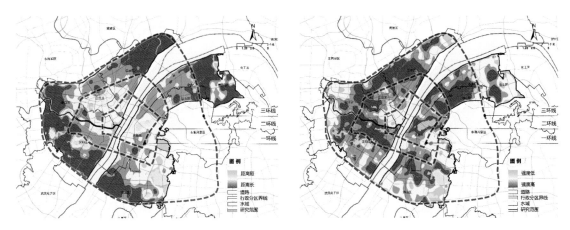

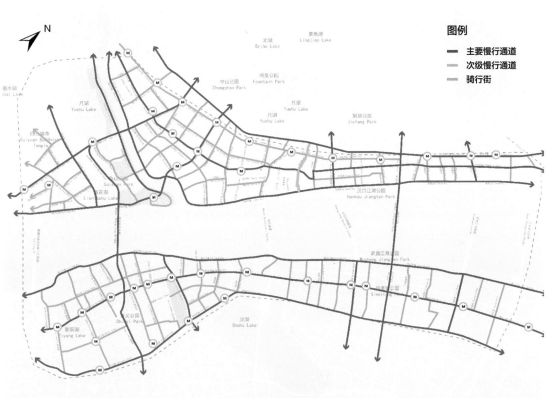

图 6-1-17 长江主轴核心区主体慢行网络体系布局图

从交通需求来说，将这些主干道规划为主网络体系都是合理的。

（二）基础网络体系构建

通学慢行和生活服务慢行是以短距离出行为主，通学慢行主要集中在中学附近，依托次干道及街区道路布局骑行道，生活服务慢行是通过街区道路、里弄串联临街商业、餐饮、医疗、菜市场和公共服务设施等生活服务点。基础网络体系的骑行群体受天气影响较大，通学目的的骑行者一般都是学生，在遇到雨雪天气时为了安全考虑往往会选择其他交通方式，例如采用步行接驳公交的方式；以生活服务为目的的出行往往都是一些非必须出行活动，在遇到恶劣天气时可停止出行活动，待天气转好之后再骑行去完成目的或者采用其他交通方式完成出行。

通过将学校、医疗、菜市场和养老设施等生活服务现状位置图与雨天晴天骑行流量差值图进行叠加对比分析，可以发现学校和生活服务设施的服务范围几乎覆盖了全部的街区道路，这些街区道路上的骑行量虽然没有主干道上的大，但是根据骑行流量图显示，这些街区道路承担了相当一部分骑行量，并且这些道路晴雨天的骑行流量差异较大，符合以通学和生活服务为目的的骑行者特征。同时，这些街区道路也都与不同的主干道、次干道相连，满足作为基础网络的特点。因此，将区域内部保障最基础慢行功能的街区路和街区小路规划为基础慢行网络，路网间距为100~170m，规划方案网络布局如图 6-1-18 所示。

（三）休闲网络体系构建

休闲网络体系主要是以娱乐健身休憩为主导功能的慢行网络，可以实现与武汉市休闲娱乐区的连接，确保休闲网络的连贯性，居民可以通过使用主体和基础慢行网络从家中到达休闲网络。

休闲网络体系主要包含步行街、慢行街和骑行专用道。步行街主要指现状商业步行街暂时不在规划范

图 6-1-18　长江主轴核心区基础慢行网络布局图

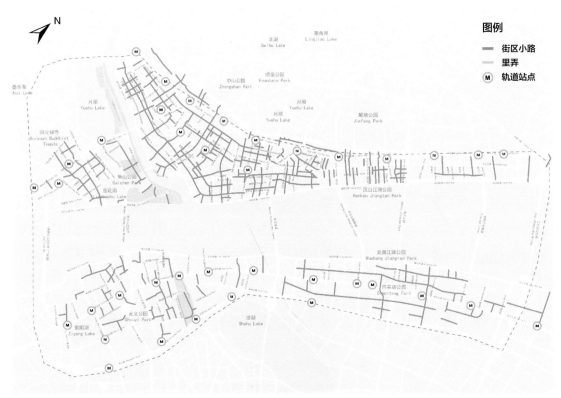

图例
— 街区小路
— 里弄
Ⓜ 轨道站点

围内，因此本次研究主要是对慢行街和骑行专用道等可供自行车行驶的道路进行规划。

以健身休憩为目的的骑行往往需要较高的道路安全标准与骑行环境条件，这便要求休闲性骑行需要在特定的区域和道路上，即居民往往会选择绿化、环境和风景较好的公园、湖边绿地等区域骑行。另外，这类出行一般集中在周末或节假日期间，并且更加依赖晴朗的天气，不仅雨天会减少健身休憩类骑行，就连阴天或空气较差的天气都会令大部分居民放弃骑行。

笔者将公园绿地现状图、工作日和节假日骑行流量差值图（图6-1-11）进行叠加对比分析，可以发现除了中心商业区具有明显庞大的骑行量之外，江滩、月湖、沙湖公园等附近范围内，节假日的骑行量要比工作日的骑行量更多。通过整合区域内的蓝绿生态资源和历史资源，将对应的道路设置为慢行街或骑行专用道，并与主网络或基础网络相连，完成休闲网络体系的构建。

休闲网络体系需要实现与武汉市休闲娱乐区的连接，并确保休闲网络的连贯性，其中步行街作为商业休闲功能的慢行道路，虽然不能供自行车行驶，但也归属于休闲网络体系当中，需要与慢行街和骑行专用道统筹协调进行布局规划，布局如图6-1-19所示。

（四）小结

本章基于武汉市慢行交通出行特征和出行目的，以武汉市长江主轴区域为例，通过以大数据为基础的慢行交通网络体系构建方法，构建了长江主轴区域内的三级慢行网络体系，即主网络体系、基础网络体系和休闲网络体系。其中，主网络体系包括主要慢行通道、次级慢行通道和骑行街；基础网络体系包括街区小路和街区路；休闲网络体系包括步行街、慢行街和骑行专用道。各类道路根据各自定位共同承担慢性休闲功能和慢行交通功能，慢行网络总体布局如图6-1-20所示。

图6-1-19 长江主轴核心
区休闲网络布局图

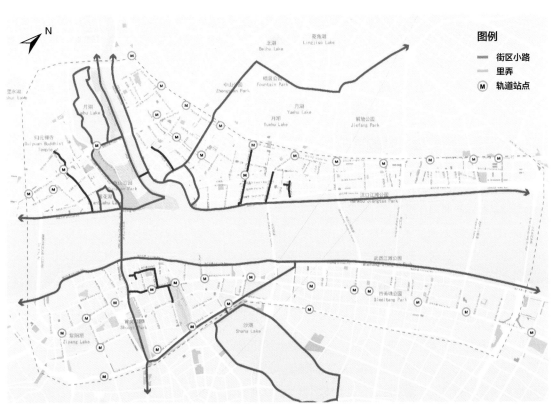

对于不同等级的慢行道路，在完成网络布局规划之后，在其建设过程中也要注意与道路实际状况及功能相适应。对于自行车交通设施、机动车的交通管控以及路口的交通组织都需要一套完善的体系来进行指导，此为道路设计过程中需要考虑的，这里不再详细讨论。此外，鼓励居民方便使用自行车的相关政策也需同步研究与制定。

6.1.4 结论与建议

（一）结论

1. 根据大数据进行自行车道规划，比传统数据更有优势

共享单车作为"互联网+"时代产生的新事物，以更强的灵活性、更高的便捷性以及更高的分布密度逐渐成了一种新的交通方式，在其发展过程中积累了庞大的用户数据和骑行数据。随着共享和慢行回归等理念的宣扬，慢行交通逐渐受到了各个城市的重视。在新的互联网环境和社会背景下，传统的规划方式难以满足居民骑行的新需求，因此，对骑行大数据的分析显得尤为重要。通过对各种骑行数据的搜集和分析，可以有效掌握骑行主体的行为特征以及空间分布规律，这对于城市进行自行车道的规划和建设是重要的参考依据。

2. 通过构建示例，为后续的慢行系统规划设计提供指导和参考

将武汉市长江主轴核心区作为示范区，通过综合分析共享单车出行链数据及订单数据、武汉现状路网、规划路网、互联网开源地图等多源数据来进行慢行网络的规划和布局。以满足人的慢行需求为切入点，研究各类慢行活动的出行特征以及对出行空间的要求，融合大数据分析和识别慢行活动空间，并以此为基础构建满足各类慢行出行需求的慢行网络系统，依靠详细步骤和具体的方法来展示如何利用大数据进行网络

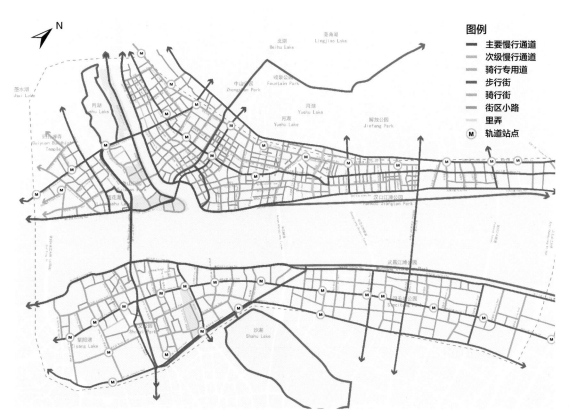

图 6-1-20 长江主轴核心区慢行网络总体布局

系统的布局，为实现更为人性化、精细化的城市慢行交通系统规划编制提供了新的思路与方法路径。

（二）展望

由于研究时间、技术以及数据等多因素的限制，本研究还存在一些不足，希望在未来能够开展更加详细和完善的研究。本研究虽然在大数据基础上，将共享单车数据、路网数据、POI数据等进行综合分析，但是缺少考虑机动交通和静态交通的影响，机动交通和静态交通作为自行车出行的重要竞争因素，对自行车流量的分布存在着很大的影响。因此，如何将机动交通和静态交通作为影响因子，在慢行系统规划中予以考虑将是下一步的工作重点。

6.2 武汉市暴雨内涝灾害模拟研究

6.2.1 研究概述

近年来，由于气候变化和城市化进程的加快，城市地区的暴雨径流条件发生改变，如地表径流总量增大、洪峰时间提早等，城市暴雨内涝灾害带来的直接或间接损失越来越大，同时给城市雨水管网带来了极大的挑战。武汉处于平原地区，建成区地势平坦，河网发达，因此当同时遭遇外洪与暴雨时，若河道管网等排涝能力不足，城市极易遭受内涝灾害。由于排水系统的复杂性和影响因素的多样性，传统排水系统评估方法难以对其运行情况进行全面地分析和诊断。城市暴雨内涝模拟是武汉实施内涝综合治理措施的重要手段。通过构建城市雨洪模型，模拟城市内涝积水退水全过程，一方面是排水系统更新维护、易涝点整治、排水设施改造等城市排涝工程措施建设的依据，另一方面也是城市排水防涝规划、城市内涝预警技术等非工程措施建设的重要内容。因此，加强对武汉暴雨内涝特性的分析，研究城市内涝模拟的原理及方法，建立适用于武汉的城市雨洪模型和内涝防治体系，对于提高武汉市排水防涝安全能力、保障武汉市社会经济快速发展，具有十分重要的意义。

国外发达国家从20世纪60～70年代起就开始研究城市雨洪模型，并取得了较大进展（表6-2-1）。目前，应用较为广泛的有美国环境保护署（EPA）的SWMM模型、丹麦DHI公司的MIKE模型、英国Wallingford水力学研究所的InfoWorks ICM模型等。国内对城市雨洪模型的研究相对较晚，但经过近年来的研究和实践得到了大量成果。目前，部分城市、高校已经开始自主或参与开发城市排水防涝工具，如清华大学开发的城市排水防涝设施普查信息平台，中国水利水电科学研究院自主研发的城市洪涝模型等。

	常用模型对比表	表6-2-1
模型	**特点**	
EPA SWMM	完全免费、开源，适合二次开发；但无法耦合二维地形，仅进行管网计算	
DHI MIKE	与ArcGIS结合好，二维水动力计算精准，管网、地形、河道等相互耦合，结果直观；运算速度略慢	
InfoWorks ICM	所有模块计算在同一界面，操作便捷，运算速度快	

本次研究的范围为武汉市汉口地区，研究区域约133平方公里，采用DHI MIKE雨洪管理模型进行模拟分析，主要内容包含排水系统全周期大数据的收集与处理、平台搭建、模拟运算和模拟分析4部分。其中数据收集与处理包括管网、地形、下垫面、闸站运行调度、湖港水位、排口分布、特殊道路（高架、下穿、铁路等）分布、降雨量等大数据，并处理成雨洪模型适用的数据格式；平台搭建包括MIKE URBAN管网模型、MIKE 11河道模型、MIKE 21地面模型、MIKE FLOOD耦合模型；模拟运算是根据不同降雨量进行模拟，

如短历时设计降雨模拟运算、长历时设计降雨模拟运算等；最后对模拟结果进行分析评估，包括对现状排水设施能力评估，展示不同降雨、不同时间下淹水区积水深度和面积的变化情况，结合内涝评价指标评估现状内涝风险等级。

6.2.2 内涝成因及影响要素分析

受自然地形地势影响，历史上武汉市形成了两江交汇、堤防高地围合的城市防洪系统；受外江洪水位制约，形成了末端人工抽排的城市排水防涝系统。同时，武汉市河、湖、港、渠众多，城区排水依自然地形，通过管涵、明渠进入湖泊调蓄，非汛期经闸或汛期经泵站排入江河，形成"蓄排结合"的排水格局。

（一）内涝的形成机制

城市排水防涝是指利用城市防涝工程将设计防涝标准下的降雨所形成的城市雨水顺利排除的全过程。城市防涝工程是一个系统工程，由多种防涝设施共同构成，并联或串联运行，管理运行复杂。结合武汉市实际情况，排涝系统的构成包括降雨径流、雨水口收集或地面下渗、雨水管涵或明渠输送、入湖或调蓄池调蓄、泵站抽排等。

依据《室外排水设计规范（2016年版）》GB 50014—2006，内涝是指强降雨或连续性降雨超过城镇排水能力，导致城镇地面产生积水灾害的现象。结合排涝系统的构成，内涝的形成机制大致可分3个阶段。

第一阶段：降雨量＜初损＋后损——无径流

在降雨的最初阶段，降雨强度不大，降雨降落地面后以植被截留、地面填洼、土壤下渗等方式被吸收，无径流产生。

第二阶段：降雨量＞初损＋后损——产生径流

当降雨强度持续增大，土壤下渗接近饱和，这时产生地面径流，它首先在低透水性的地方和坡面陡峻处开始，随着暴雨强度的增大和大小坑洼的填满，然后扩大范围甚至遍及全流域，汇集的径流则注入雨水口，最终至排水管道。

第三阶段：降雨量增大——管网满流，地面产生径流在低洼处汇集

降雨强度继续加大，排水管道呈满流状态，地面汇集的径流量无法及时通过雨水口排入地下管道系统，于是在低洼处聚集，产生积水，导致内涝。

由此可见，内涝形成过程，包括超标准降雨、地形地势、下垫面情况、排水系统能力4个重要环节。因此，处理和控制好这4个环节就能有效防止内涝的产生。

（二）内涝形成的主要要素

由内涝形成机理可知，内涝形成主要受降雨、地形地势、下垫面以及排水设施等因素的影响。但武汉市湖泊港渠众多，又受堤防的影响，因此实际中湖泊港渠涵闸的调度和泵站的运行调度等维护管理也对内涝形成产生重要影响。

1. 降雨

连续性降雨或强降雨是造成城市内涝的客观因素。武汉市暴雨多集中在4~8月，其降雨量占全年的65.8%。汛期5~10月降雨量占全年的73%。本次研究对武汉约60年的年降水数据进行统计分析，总结武汉近60年的降水变化规律及趋势；对武汉1980~2012年日降水量大于100毫米降水数据进行统计分析，总结归纳武汉市强降水规律，统计武汉市暴雨雨型中雨峰系数，用于模型模拟。

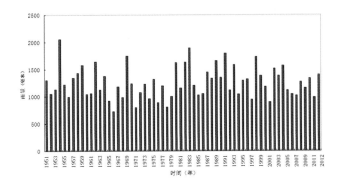

图 6-2-1 武汉市 1951~2012 年降水分布图

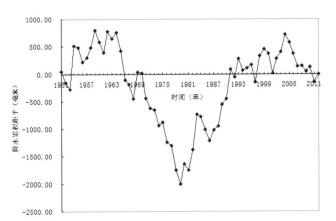

图 6-2-2 武汉市 1951~2012 年年降雨量累计距平分布图

（1）代表性雨量站的选取

根据研究要求以及雨量监测站点记录历史，选取位于武汉市东西湖区的吴家山雨量站点进行分析研究。收集整理的数据来自于湖北省气象档案馆 1951~2012 年共 62 年武汉单站日降水资料。

（2）年降雨规律

① 年降水趋势变化分析

根据近 62 年降雨资料统计，武汉市年降雨量在 700~2100 毫米之间波动。如图 6-2-1 所示，初夏梅雨季节雨量较集中，多年平均降水量 1257 毫米，最大降水量 2056.9 毫米（1954年），最小降水量 726.7 毫米（1966年）。采用累积距平法对武汉年降水趋势变化（图 6-2-2）进行分析，从总体上看，近 62 年来武汉年降水量变化表现为"两升一落"，降雨量的增加趋势并未达到显著水平，即自 1951~1960 年初，年降水量呈现为上升趋势，并最终达到统计年份中的最大值；在随后的 20 世纪 60~70 年代逐渐降为最低；80 年代后至今又缓慢上升。从突变情况看，1979 年有明显的突变情况。

② 月降雨规律

根据表 6-2-2 的统计结果，4~8 月雨量较集中，约占全年的 65.8%，多年月平均最大降水发生在 6 月（217.9 毫米），其次依次为 7 月（189.7 毫米）、5 月（164.2 毫米）、4 月（135.9 毫米）、8 月（118.9 毫米）；多年最大月降水为 758.4 毫米（1998 年 7 月）。

武汉市多年月平均降水特征统计分析表　　　　　　表 6-2-2

月份	1	2	3	4	5	6	7	8	9	10	11	12
平均值（毫米）	41.1	62.2	95.5	135.9	164.2	217.9	189.7	118.9	75.2	72.6	53.9	30.0
最大值（毫米）	107.7	183.1	225	333.6	354.9	522.8	758.4	482.5	219.4	409.2	166.8	107.3
最小值（毫米）	0	1.8	16.6	22.9	36.2	13.1	28.9	0.3	1	0	0.2	0

从不同年代大暴雨发生的次数和各年最大暴雨的强度看（图 6-2-3），暴雨强度并无明显的增加趋势，大暴雨只出现在 4~9 月，特大暴雨只出现在 6~8 月，10 毫米以下降雨的场次占 70%。

③ 日降雨规律

造成武汉内涝的灾害性降雨主要是暴雨、大暴雨及以上降雨。通过图 6-2-4 中近 60 年的年最强降水过程（24 小时）分析可发现，年最强降水过程（24 小时）整体呈减弱趋势，但各年降水均超过暴雨值范围。其中年最强降水过程（24 小时）大于 100 毫米有 57 天，大于 200 毫米的有 6 天（图 6-2-5），分别出

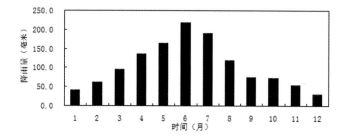

图 6-2-3 武汉市 1951~2012 年月平均降水量分布图

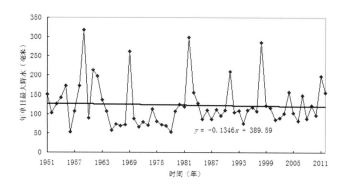

图 6-2-4 年最强降水（24 小时）变化趋势图

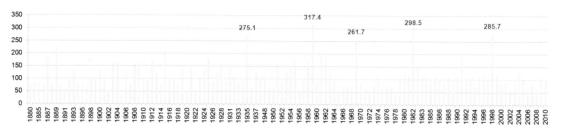

图 6-2-5 各年最大日降雨量变化趋势图

现在 1959 年、1982 年、1998 年、1969 年、1961 年和 1991 年。其中特别值得注意的是 1959 年，降水量达到 317.4 毫米；1998 年的降水也达到统计值中的第三高，为 285.7 毫米。经分析，下降趋势并不是说明最强降水整体的雨量有所下降，而是整体趋于平均，如 1959 年达到 300 毫米以上的特大降水并不会频繁地出现，但是最强降水过程中各年的平均值会有所提高。

④ 短历时强降雨规律

除了连续性降雨易产生内涝外，强降雨也是重要致涝因素。暴雨日最强时段多发生在凌晨，平均最大 1 小时降水发生在 5:00 左右；平均最大 3 小时累积降水发生在 2:00~6:00 左右；平均最大 6 小时累积降水发生在 2:00~8:00 左右。短时暴雨的雨峰系数在 0.39~0.49，并随暴雨强度的递增而递增（图 6-2-6）。

以 1998 年的降雨为例（图 6-2-7），是一场实际持续了 48 小时的连续性降雨，亦是一场强降雨。其总降雨量 452.7 毫米，最大日降雨量 285.7 毫米（近 50 年一遇降雨），最大小时降雨量为 97.14 毫米（近 100 年一遇降雨）。

2. 竖向

武汉市被长江、汉水分隔，形成汉口、汉阳、武昌三镇，地形各异，湖泊众多，水系资源丰富，沿江由堤防围合形成高地。汉口地区主要由漫滩阶地、冲积平原组成，地势平坦。地形不利地段属于易渍水区，如黄孝河系统整体呈南高北低之势（图 6-2-8），地面高程在 19.50~26.20m；解放大道的武广至单洞门路段、台北路的台北一路至建设大道段地势相对低洼，属于全系统的易渍水区。武昌、汉阳地势起伏较大，整体上农田、湖泊边地势较低。建成区标高大部分在 21.00~24.00m，少数在 30.00m 左右（丘陵地区），郊区农田及湖塘周边标高只有 19.00~22.00m，基本上在常年洪水位以下。

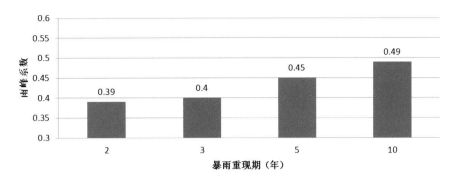

图 6-2-6 不同重现期
下平均雨峰系数图

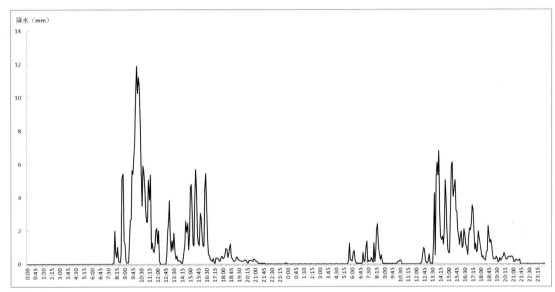

图 6-2-7 1998 年降
雨雨型

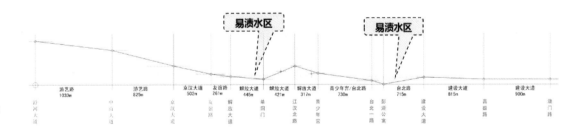

图 6-2-8 黄孝河系统
部分不利地段示意图

3. 下垫面

下垫面的影响体现在径流系数的变化上，以青山 118 街坊为例，其规划用地面积为 10 公顷，现状年均雨量径流系数为 0.53，通过增加透水铺装、下凹式绿地、雨水花园等海绵措施，年均雨量径流系数减小为 0.43，增加了 1218 立方米的蓄水容积，降低了内涝风险。

4. 排水设施

排水设施的影响包括雨水口、管渠收集系统、湖泊调蓄、泵站抽排等一系列设施的影响。汉口地势平坦，大部分地区靠机场河、黄孝河系统泵站抽排出江，排水沿程长，坡降缓，管渠能力不足，极易形成内涝。而汉阳和武昌大部分地区属丘陵地带，地势较高，自然排水条件好，但湖泊周边低洼地区受湖泊水位顶托，也易形成内涝。

（1）现状排涝系统分区和泵站建设情况

长江、汉江是武汉市城区降雨的最终受纳水体，由于城区大部分地段的地面高程低于外江洪水位，为防治外洪威胁，沿江建设了堤防，与自然高地一起将城区围合在防洪保护圈内。汛期，雨水通过泵站抽排出江；非汛期，雨水通过穿堤排水闸自排出江。根据出江口的不同，本次研究了汉口城区4个现状排水防涝系统，分别为常青、黄孝河、汉口沿河和汉口沿江四大系统（图6-2-9），总汇流面积133.3平方公里，现状出江泵站总抽排能力487.3立方米/秒（表6-2-3）。

图 6-2-9　汉口地区排水系统分区示意图

现状排水系统及设施一览表　　　　　表 6-2-3

序号	排水系统	泵站名称	泵站规模（立方米/秒）
1	常青系统	常青泵站	52
		常青二期泵站	135
2	黄孝河系统	后湖二期泵站	43.5
		后湖三期泵站	81
		后湖四期	110
3	汉口沿河系统	宗关泵站	1.4
4	汉口沿江系统	天津路泵站	10.5
		武汉关泵站	1.1
		民生路泵站	14
		黄浦路泵站	32
		堤角泵站	6.8

① 常青系统位于汉口西部地区，现状总汇水面积73.9平方公里，汇流范围东起姑嫂树路和新华路，西至竹叶海，北临张公堤，南达汉江，系统内雨水通过北部的常青泵站抽排入府河后入长江，现状抽排能力为187立方米/秒。区域内有西北湖、竹叶海和张毕湖等湖泊。

② 黄孝河系统位于汉口中部地区，现状总汇水面积53.1平方公里，汇流范围东起解放大道沿线，西至姑嫂树路和新华路，北临张公堤，南达汉江，系统内雨水通过北部的后湖泵站抽排入府河后入长江，现状抽排能力为234.5立方米/秒。区域内有皖子湖、小南湖、菱角湖、机器荡子、后襄河和塔子湖等湖泊。

③ 汉口沿河系统位于汉江北岸，总汇水面积0.4平方公里，汇流范围东起汉西路，西至宗关水厂，北临解放大道，南达汉江，系统内雨水通过西南角的宗关泵站抽排入汉江（规划福新泵站正在开展建设尚未建成），现状抽排能力为1.4立方米/秒。

④ 汉口沿江系统总汇水面积5.9平方公里，包括堤角、黄浦路、天津路和民生路4个子系统，地区雨水分别通过堤角、黄浦路、天津路、民生路、武汉关泵站抽排出长江，总抽排能力为64.4立方米/秒。

（2）现状湖泊

武汉市排涝以湖泊调蓄后外排为主，直接排入外江为辅。汉口地区和武昌、汉阳的沿江地区直接排入外江，其他地区雨水入湖调蓄后再抽排出江。汉口地区现状湖泊不承担调蓄功能。

（3）现状排水管网

汉口地区排水干管基本完善，现状管网总长约 579.18 公里（本次研究的现状管网为市政道路下雨水及合流管网，未包括社区及雨水收集支管等，并结合模型需求进行了适当的概化处理）。

5. 维护管理

维护管理的影响包括雨水口、管渠的淤积影响、湖泊港渠的水位控制、泵站涵闸的调度以及立交汇水面积的控制等。

（1）设施淤积。一般来说，管道淤积达到 20% 时，过水能力约降低 25%。

（2）水位控制。现有调蓄湖泊常水位部分高于规划控制最高水位，又未能在雨前实现预排，导致湖泊调蓄功能不能发挥，湖泊水位超过最高控制水位，顶托上游排入管道水位，造成上游地区渍水。

（3）涵闸控制。在合流区和雨污混流区，为了避免污水排入湖泊污染水体，截污闸不能按设计要求及时开启排除雨水，导致上游来水不能或不能及时入湖而在地势相对较低地段形成渍水。

（4）立交汇水区控制。周边配套排水管不完善、未设置挡水设施或道路未设置反坡等，导致下穿立交等特殊低洼地段实际汇水范围发生变化，立交排水提升泵站不堪重负而渍水。

6.2.3 城市内涝模拟模型构建及分析

（一）模型构建的基本架构

本次研究通过数学模型的设置和概化，反映降雨、下垫面、地形、雨水口、管渠、泵站、湖泊等影响，同时结合建设用地情况与地形误差进行适当修正，通过历年典型暴雨下渍水点的分布进行率定，最终形成渍水点分布预测模型。

（二）数据收集与处理

1. 数据收集

管网模型构建需要的资料包括管径、管道上下游管底高程、排水方向、检查井井底高程、检查井和管道的拓扑关系、管道汇水范围、泵站前池规模和高程、与管道连接泵站的规模和起排水位、降雨数据、地形数据、下垫面数据等。本次研究数据来源包括实测 1:500 管线图、近年已完成并实施道路排水修建性详细规划、1:2000 地形图、市水务局排渍手册和泵站处数据等。

2. 数据处理

（1）现状管网和检查井的概化

本次研究对实测管网数据进行了适当地概化，保留市政道路上的排水管网，对地块内部及雨水篦子连接支管进行了删除，并适当概化检查井，以便于模型稳定快速的计算。

（2）现状河网数据的梳理

本研究根据数据收集情况，对机场河东渠、机场河西渠、黄孝河、建设渠、幸福二路明渠、岱山渠、塔子湖明渠等河道进行数据梳理，明确河道位置、断面、高程等数据信息，参与水动力演算。

（3）现状地形数据梳理及下垫面分析

现状地形通过 1:2000 高程图插值生成，删除高架和下穿等特殊点高程，生成 10m×10m 网格的 DEM 数据。另外，在 MIKE URBAN 中用不透水率计算的各土地利用层作为下垫面图层（图 6-2-10），包括建筑、道路、绿地、水系和裸土等。各层不透水率如图 6-2-11、表 6-2-4 所示。

各下垫面层不透水率　　　表 6-2-4

下垫面	短历时	长历时
水系	0	0
绿地	0.15	0.25
道路	0.85	0.9
建筑	0.9	0.95
裸土	0.3	0.35
其他	0.6	0.65

图 6-2-10　汉口地区下垫面示意图

（4）降雨边界条件数据梳理

模型中的降雨边界条件主要包括短历时设计降雨、长历时设计降雨。

① 短历时设计降雨

短历时降雨采用武汉暴雨强度公式推求。短历时降雨历时为 3 小时，降雨重现期分别为 1、2、3、5 年，降雨时间步长为 5min，雨峰系数采用：$P \geq 10$ 年时，取值为 0.5；$5 \leq P < 10$ 年时，取值为 0.45；$P < 5$ 年，取值为 0.40。故本次雨峰系数采用 0.4。武汉市暴雨强度公式：

图 6-2-11　汉口地区径流系数示意图

$$q = \frac{885 \times (1 + 1.581 \lg P)}{(t + 6.37)^{0.604}}$$

$$\cdots\cdots\cdots\cdots\cdots\cdots\cdots\cdots (6.1)$$

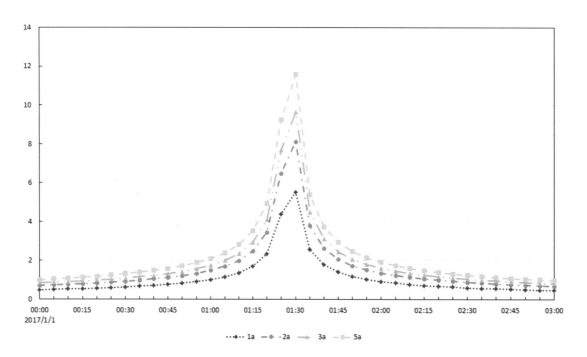

图 6-2-12　短历时设计降雨雨型

短历时降雨雨量时间序列见图6-2-12，各重现期的降雨量统计列于表6-2-5短历时降雨雨量统计。

短历时降雨雨量统计　　　　　　　　　　　　　　　　　　　表6-2-5

降雨重视期	1年	2年	3年	5年
总降雨量（毫米）	41.1	60.7	72.2	86.6

② 长历时设计降雨

长历时的设计降雨采用10年、20年、30年和50年一遇24小时降雨，以50年一遇24小时的长历时降雨为例，武汉市50年一遇降雨24小时的总雨量是303毫米，根据暴雨逐时雨量分配系数（表6-2-6），设计得到50年一遇降雨雨量时间序列，见图6-2-13。

武汉市24小时暴雨逐时雨量分配　　　　　　　　　　　　　　表6-2-6

时间（小时）	1	2	3	4	5	6	7	8
该小时时段雨量占24小时雨量的比例（%）	1.21	1.31	1.13	1.05	1.42	1.54	1.85	1.69
时间（小时）	9	10	11	12	13	14	15	16
该小时时段雨量占24小时雨量的比例（%）	2.05	2.28	2.92	2.57	5.21	6.22	11.26	38.9
时间（小时）	17	18	19	20	21	22	23	24
该小时时段雨量占24小时雨量的比例（%）	7.88	4.53	0.91	0.85	0.80	0.98	0.74	0.7

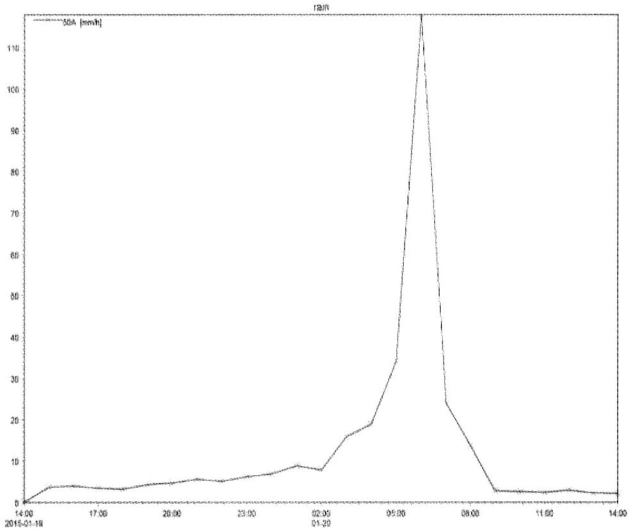

图6-2-13 50年一遇长历时设计降雨雨型

（三）现状模型的搭建

1. 管网模型搭建

管网模型的搭建包括管网水文学模型和管网水力学模型。水文模型的输出结果是降雨产生的每个集水区的流量，计算结果可用于管网的水力学计算。水力学模块则是利用基于一维自由水面流的圣维南方程组计算管网中的水动力情况。此次以现有管网数据作为源数据导入MIKE URBAN，经过集水区的划分连接，以及集水区水文模型参数设置等操作之后建立该区域的排水管网模型。模型的边界条件主要考虑的是降雨数据，MIKE URBAN水文模型计算所得到的径流量作为流量边界条件用以计算管流模型。在MIKE URBAN搭建的排水管网模型中共有管线3051条、节点2709个、管线总长579.18公里。

2. 二维地表漫流模型（MIKE 21）构建

二维地表漫流模型（MIKE 21）主要是对地形进行处理。数字高程模型（DEM）是描述地表起伏形态特征的空间数据模型，由地面规则格栅网点的高程值构成的矩阵，形成栅格结构数据集。

3. 河道模型搭建

MIKE 11模型的构建包括河网文件（.nwk11）、断面文件（.xns11）、参数文件（.hd11）、时间序列文件（.dfs0）、边界文件（.bnd11）5个文件的设置。设置了河道及水工构筑物属性、位置以及相互之间的拓扑关系，不同位置河道横断面数据、河道糙率、初始条件等，降雨等随时间变化的序列文件，河道上下游边界条件等。

4. 耦合模型构建

本次研究耦合模型是将一维管网模型、河道模型以及二维地表漫流模型进行耦合模拟计算。具体分为：城区管网模型与二维地表模型耦合；城区管网模型与河道模型耦合；河道模型与二维地表模型耦合。模型中城市管网与二维地表的耦合连接是通过检查井来实现的，每一个检查井都与地形中的一个计算网格（精度为 10m）耦合。河道模型与二维地表模型耦合采取中心线连接的方式，采用河道中心线所在位置对应的网格耦合计算（图 6-2-14）。

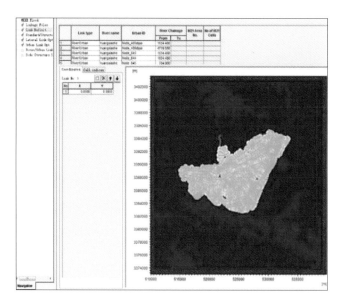

图 6-2-14 MIKE Flood 模型界面示意图

（四）相关分析

1. 现状排水管网能力评估

分别用 1 年、2 年、3 年、5 年一遇的降雨对现状排水管网进行评估，评估的标准采用：雨水管道在整个降雨过程中，管道是否充满。若管道不充满，则认为管道排水能力满足要求；充满则认为管道附近存在排水瓶颈，影响管道的排水能力。本次评估中，考虑河道水位顶托情况下对现状排水系统作出分析，评价结果如图 6-2-15。

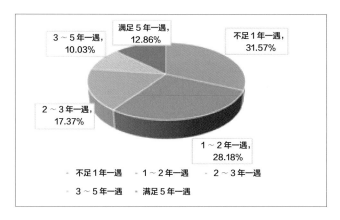

图 6-2-15 现状各排水标准管道占比

由结果可以看出，汉口地区现状排水管网中排水能力不满足 1 年一遇标准的管道占比为 31.57%，满足 1~2 年一遇标准的管道占比为 28.18%，满足 2~3 年一遇标准的管道占比为 17.37%，满足 3~5 年一遇标准的管道占比为 10.03%，满足 5 年一遇以上标准的管道占比为 12.85%。

2. 不同降雨条件下的积水情况

分别采用 10 年、20 年、30 年、50 年一遇 24 小时设计降雨对汉口地区进行内涝模拟，图 6-2-16~图 6-2-19 为各降雨条件下第 16 小时（雨峰）时刻的积水情况。

3. 现状内涝风险评估

（1）武汉市内涝评价与分级

根据内涝积水深度和积水时间，划分三级内涝风险（表 6-2-7），具体为：积水深度低于 0.15m 的视为无风险；积水深度在 0.15~0.40m，积水时间超过 1 小时的为低风险；积水

内涝风险等级划分标准		表 6-2-7
内涝风险等级	积水深度 h（m）	积水时间 t（h）
低风险	$0.15 < h \leq 0.4$	> 1
中风险	$0.4 < h \leq 0.7$	> 1
高风险	$h > 0.7$	> 1

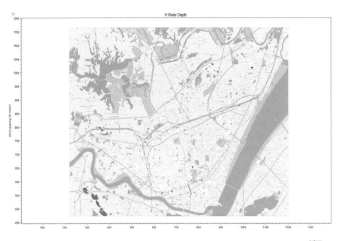

图 6-2-16　10 年一遇长历时设计降雨条件下积水情况示意图

图 6-2-17　20 年一遇长历时设计降雨条件下积水情况示意图

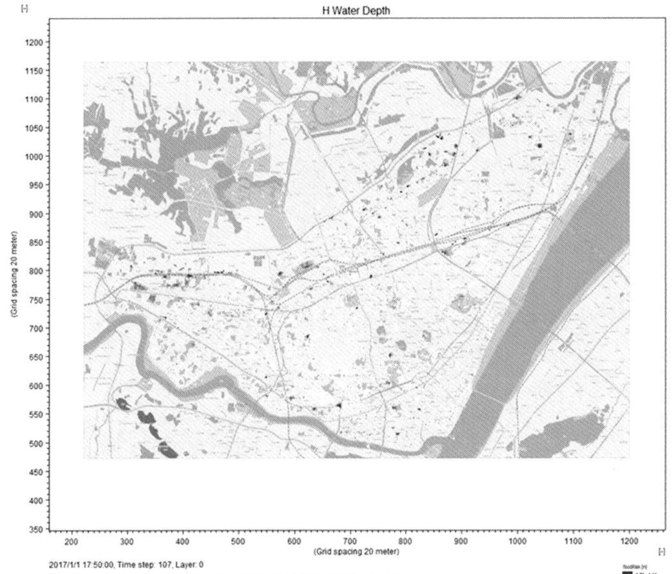

图 6-2-18　30 年一遇长历时设计降雨条件下积水情况示意图

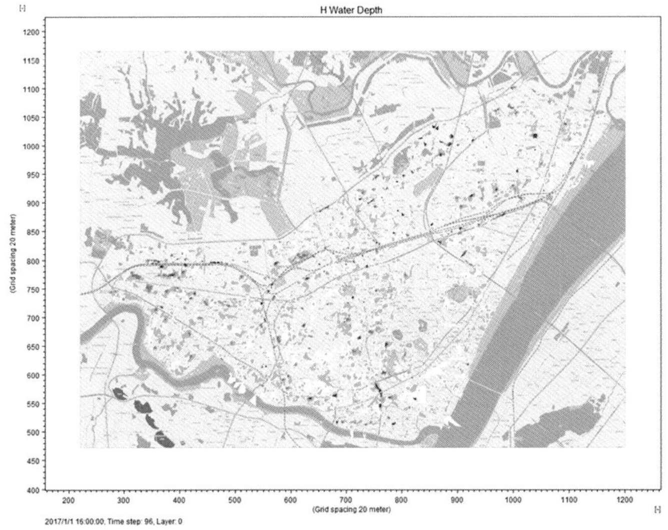

图 6-2-19　50 年一遇长历时设计降雨条件下积水情况示意图

深度在 0.40~0.70m，积水时间超过 1 小时的为中风险；积水深度在 0.70m 以上，积水时间超过 1 小时的为高风险。

（2）现状内涝风险

依照内涝风险分级的标准对上述 4 种不同工况的内涝风险进行模拟，图 6-2-20~ 图 6-2-23 及表 6-2-8 分别为内涝风险评估图及内涝风险评估结果统计表。

经模拟，10 年一遇降雨时，总内涝风险面积 377.3 公顷，

降雨内涝风险评估结果统计表　　表 6-2-8

降雨条件	内涝风险等级	渍水面积（公顷）	占比
10 年	低风险区	320.6	2.41%
	中风险区	45.2	0.34%
	高风险区	11.5	0.09%
合计		377.3	2.83%
20 年	低风险区	505.2	3.79%
	中风险区	86.6	0.65%
	高风险区	20.3	0.15%
合计		612.1	4.59%
30 年	低风险区	596.3	4.47%
	中风险区	108.6	0.81%
	高风险区	24.7	0.19%
合计		729.6	5.47%
50 年	低风险区	760.8	5.71%
	中风险区	136.6	1.02%
	高风险区	32.3	0.24%
合计		929.7	6.97%

145

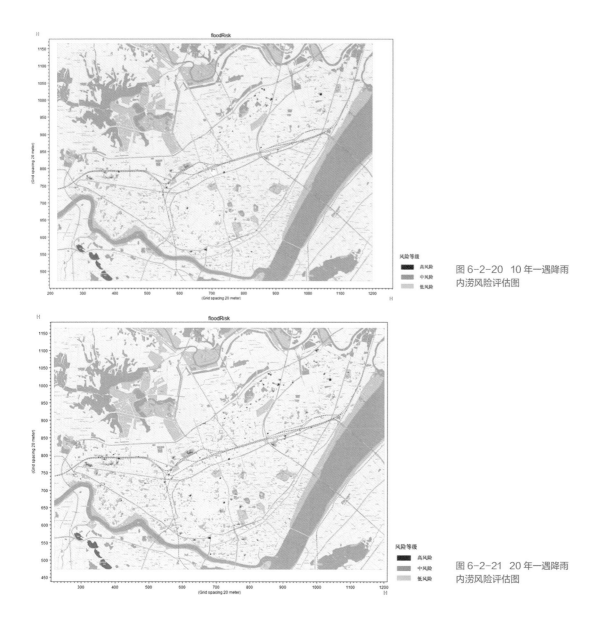

图 6-2-20 10 年一遇降雨
内涝风险评估图

图 6-2-21 20 年一遇降雨
内涝风险评估图

其中低风险区 320.6 公顷，中风险区 45.2 公顷，高风险区 11.5 公顷，总风险面积占汇流面积的 2.83%；20 年一遇降雨时，总内涝风险面积 612.1 公顷，其中低风险区 505.2 公顷，中风险区 86.6 公顷，高风险区 20.3 公顷，总风险面积占汇流面积的 4.59%；30 年一遇降雨时，总内涝风险面积 729.6 公顷，其中低风险区 596.3 公顷，中风险区 108.6 公顷，高风险区 24.7 公顷，总风险面积占汇流面积的 5.47%；50 年一遇降雨时，总内涝风险面积 929.7 公顷，其中低风险区 760.8 公顷，中风险区 136.6 公顷，高风险区 32.3 公顷，总风险面积占汇流面积的 6.97%。

6.2.4　结论与建议

（一）结论

近年来，武汉的城市内涝防治工作取得了一定的进展和成效，但仍存在一定的问题。本次研究以 DHI MIKE 模型为主要研究手段，从城市管网排水能力，内涝灾害系统的角度，对武汉市汉口地区可能面临的内涝风险进行了评估，主要结论如下。

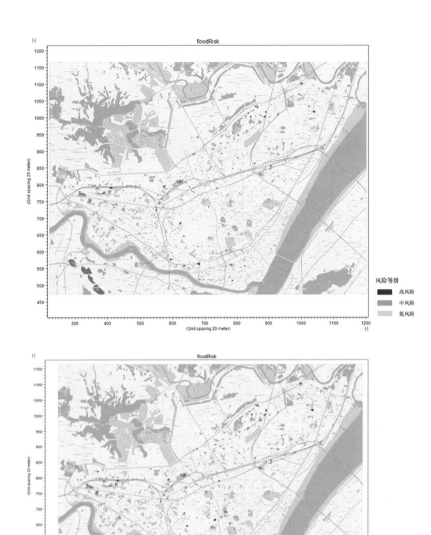

图 6-2-22 30 年一遇降雨内涝风险评估图

图 6-2-23 50 年一遇降雨内涝风险评估图

1. 建立了科学合理的城市排水防涝标准体系

传统的排水规划标准是由于缺乏计算机和模拟软件的支持，采用了工程近似的算法，其目标是基于管道重力条件下的过流能力与一定重现期的最大流量匹配，与社会上采用地面是否积水来评判城市排水系统合理性不一致，本次研究引入了城市排涝的概念和内涝评判标准，完成了具有武汉特色的内涝评判标准、规划设计参数选取等研究，通过模型模拟细化工程近似计算的边界条件，提高了计算的准确性。

2. 客观全面评估了城市排水防涝水平，提高了规划设计的科学性和成果的可视性

通过应用 GIS 和 DHI 数学模型，客观评估了城市排水防涝水平，同时更加直观地判别城市不利地段和管渠薄弱环节，并为后期的动态评估、内涝预警和建设计划安排提供了科学有力的支撑。

（1）汉口地区排水能力不足的管道主要分布于汉口沿江及古田、长丰等老旧片区，主要由于前期管道设计标准较低、管网老旧淤积等原因，导致现状排水能力无法满足城市发展。

（2）随着设计暴雨重现期的逐步提高，汉口部分地区积水深度逐步增加，渍水范围不断扩大，内涝风险不断提高。根据内涝风险等级划分标准，汉正街地区、武汉中央商务区淮海路、万松园、长丰片、银墩路等铁路涵洞等区域处于中、高风险。

（二）展望

城市暴雨内涝模型的模拟基于大量的基础数据，相关资料的获取和更新是一个长期的过程；同时，本次研究后期将结合规划用地分类，按照防护对象的重要程度，对内涝风险区进行分类分级，以指导后期地块和道路的规划、设计、建设；另外，现状建成区中存在的雨污混流现象是导致水环境污染的重要因素之一，如何将城市暴雨内涝模型与水体水质模型相结合，是后期城市规划量化分析的重要方向。

6.3 武汉市商业中心活力综合指标体系评价研究

6.3.1 研究概述

城市商业中心汇聚了大量的人流和设施，是一个城市的核心活力地区，有必要对其进行深入研究，使其更有效地配置功能、积聚人气，进而带动整个城市的发展建设。由于城市商业中心存在海量和不断变化的信息，仅使用传统数据必然存在较大局限，而伴随对手机信令、商业网点信息、人群热力等大数据开发运用的不断深入，规划师可以将大数据与传统数据相互配合，展开更加深层次的研究。

早期学者开始利用 POI 数据进行商业中心的空间分布识别，而在识别商业中心空间结构的基础上，学者又开始利用大数据采集的各类标签，通过语义分析和机器学习等手段，进一步解析商业中心地区的内在特征，并形成若干评价指标，具体又可分成下列两类。

一是设施功能视角，关注评价商业中心的外在综合实力，该类研究把各个商业地区当成单个整体，利用各类 POI 类大数据，通过市、区等宏中层面的横向多指标对比，判断其综合实力和影响力。部分学者（张伊娜，2016；杨卓，2016；赵宁，2017）利用大众点评 POI、百度 POI、刷卡消费等数据进行了类似的研究尝试。该类研究和城市总体规划中的战略定位、空间结构等内容高度关联。

二是人本视角，关注商业中心内在使用者行为的时空变化，通过对手机信令、百度热力等具有丰富的时间和空间信息的轨迹数据深度挖掘，研究人流的积聚消散在不同时间和空间尺度内的不同变化，分析其与商业地区的内在联系，进而为商业地区的内功能优化、商业设施配置等提供参考（王德，2015；代鑫，2016；王鲁帅，2016；吴志强，2016）。此类研究从实践角度来说，由于直面潜在消费者，可为商业中心带来收益，具有较大现实意义。武汉市的商业活力研究可以借鉴上述研究历程，并结合自身特点，构建出一套完整的研究体系。

基于上述有益经验，本次研究尝试以武汉市多个商业中心为对象，使用多元大数据对各商业中心进行多元分析评价。

（一）研究对象

本次研究在参考武汉市目前已经编制的两版商业设施体系规划的基础上，实际考虑各个规划商业中心的建设情况以及相应获取的大数据富集情况，从中选取出 15 个相对发展成熟、数据样本充足的商业中心作为本次的研究对象（图6-3-1），如表6-3-1所示。

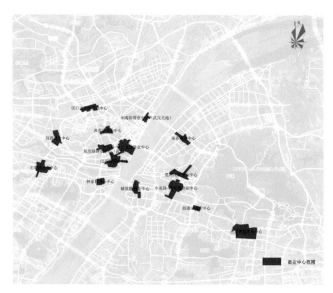

图 6-3-1 武汉市 15 个商业活力中心空间分布图

武汉市 15 个商业活力中心信息示意表	表 6-3-1
名称	所属行政区
楚河汉街商业中心	武昌区
永清街商业中心（武汉天地）	江岸区
汉口火车站商业中心	江汉区
汉正街商业中心	硚口区
汉西商业中心	硚口区
江汉路 - 中山大道商业中心	江岸区
王家湾商业中心	汉阳区
航空路商业中心（武广）	江汉区
街道口商业中心	洪山区
西北湖商业中心	江汉区
解放路商业中心	武昌区
钟家村商业中心	汉阳区
中南路 - 武珞路商业中心	武昌区
徐东商业中心	武昌区
光谷鲁巷商业中心	东湖高新技术开发区

（二）研究思路

本节研究首先从商业中心活力相关理论和实际现象入手，明确商业中心活力现象的主要几类表征；其次将进一步探究商业中心的活力表征与大数据之间的关联，由此构建基于多元大数据的武汉市商业中心活力特征评价体系。在此基础上，本节研究以武汉市内若干商业中心为实际对象，利用采集的多元大数据以及传统数据，对各商业中心开展实际商业活力评价并打分，明确其各自特征，为相关规划编制中有关商业设施的定位、功能和布局等内容提供参考借鉴。

（三）研究数据

本次研究涉及的数据包括以下类别。

武汉市百度 POI 数据。选取 POI 中与商业活动高度相关的购物、酒店、美食、丽人、休闲娱乐、运动健身六大 POI 类型数据，据统计在本次研究范围内的 POI 数量约有 1.8 万个，具体数据分布如图 6-3-2 所示。

武汉市 2018 年 5 月银联刷卡数据。包括与商业活力高度相关的教育、文化、生活、购物、酒店住宿和餐饮六大类刷卡消费数据，并包含客户消费金额、笔数、交易商品及服务类型、时间以及个人信息等多类标签，据统计在本次研究范围内的银联刷卡数据总条数大约 6 万条，具体数据分布如图 6-3-3 所示。

武汉市 2018 年 5 月联通手机信令数据。按照 250m×250m 的栅格精度，范围覆盖武汉市全市域，包含居住人口、消费人口等多类有关标签（图 6-3-4）。

武汉市餐饮商铺数据。包括大众点评和美团两个餐饮平台，其中大众点评数据（图 6-3-5）在本次研究范围内的约有 5000 家店铺，包含消费

图 6-3-2 百度六大类 POI 设施数量示意图

图 6-3-3 六大类银联刷卡消费数量示意图

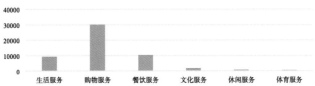

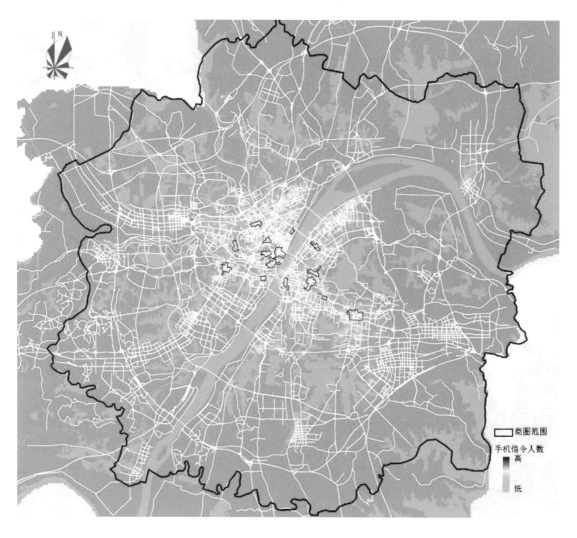

图 6-3-4　手机信令数据局部示意图

评论数、客户评价（口味、环境和服务）等有价值的标签信息。武汉市美团餐饮数据约有 3000 家店铺（图 6-3-6），包含消费评论数、星级等有价值的标签信息。从两家平台的店铺的评论数来看，大部分点评的评论数在 1000 条以下，基本未发现人为操作（恶意刷评论）的情况，可以为研究使用。

武汉市商铺租金数据。租金数据以大集商铺网数据为主，其在本次研究范围内的约有 2000 条出租店铺信息，包含租金、店铺面积等有价值的标签信息。此外本次研究还搜集了搜房网、58 同城网等类似店铺租金数据作为补充和校核使用，其数据数量、

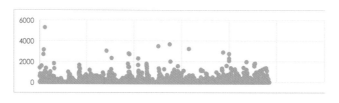

图 6-3-5　大众点平台餐饮店铺评论数量分布示意图

图 6-3-6　美团平台餐饮店铺点评论数量分布示意图

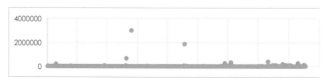

图 6-3-7　大集网商业出租店铺租金分布示意图

图 6-3-8 腾讯"星云"
大数据布局示意图（左）

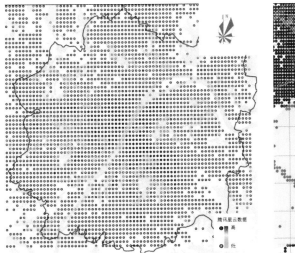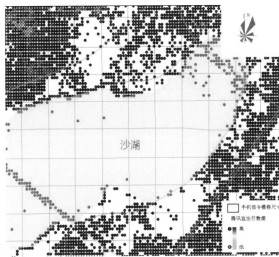

图 6-3-9 腾讯"宜出
行"大数据局部示意图
（右）

密度和标签基本类似。（图 6-3-7）

2019 年 4 月份的武汉市腾讯"宜出行"及"星云"人群热力数。（图 6-3-8、图 6-3-9）其中宜出行数据空间精度为 30m×30m，星云数据空间精度为 500m×500m，数据标签为人流热度（1~99），两个数据的时间精度均达到小时级别。

此外，本次研究含包括路网、建筑等多类传统数据，将大数据与传统数据结合，可以更好地开展本次研究分析（图 6-3-10）。

图 6-3-10 建筑和道路
数据示意图

6.3.2 武汉市商业中心活力综合指标体系构建

武汉市传统的江汉路、汉正街、光谷、钟家村等商业中心一直久盛不衰，而武广、徐东、永清街等新晋商业中心也在近年内迅速崛起，在市内形成"诸强争霸"式的商业中心格局。因此有必要对这些商业中心的活力特点展开分析，为后续规划中的"规划定位、规划战略以及商业中心体系布局"等内容提供技术支持。

本次研究偏向于宏、中观层面商业中心活力研究。在该层面，商业中心往往作为单个整体要素，进行整体性、综合性的评估和概括。回顾之前研究，各位学者习惯从设施功能（POI及其标签）和人流活动（消费、手机信令、人群热力）两个视角切入，构建相应的指标体系，本研究将前人技术方法进行归纳，尝试构建一套完整的武汉市商业活力评价指标体系，包含影响、设施、人群、消费等一系列表征因子，为各个商业中心的总结概括提供参考。同时在数据充足的情况下，该评价指标也可作为市内、市外之间类似商业中心横向比较依据之一。

（一）商业中心活力指标体系总体框架

本研究初步提出武汉市商业活力中心"综合活力指数"概念，并按照"一级指数——二级指数——因子"的三级指标体系构架体系，将武汉市商业中心综合活力指数进一步分解为影响力、设施活力、消费活力和人流活力4项一级指数，各个一级指数之下又包括若干二级指数和相应的计算因子（表6-3-2）。

商业活力中心综合活力指数一览表　　　　　　　　　表6-3-2

总称	一级指数	二级指数
武汉市商业中心综合活力指数	商业中心影响力指数	市内影响指数
		市外影响指数
	商业中心设施活力指数	设施积聚指数
		设施多样性指数
		热点设施评价指数
	商业中心消费活力指数	消费积聚指数
		消费多样性指数
		平均租金指数
	商业中心人流活力指数	日常人流积聚指数
		日内人流积聚变化指数

需要指出的是，考虑到商业中心边界具有一定的模糊性和不确定性（会随着规划要求或主观意愿进行调整），因此在指标体系中尽量去掉类似"总数、总量"这种与边界调整直接相关（或关联性相对较大）的所谓"绝对总量型"因子，而尽量选择"密度、比例"诸如此类与边界调整关联较小或者甚至非相关的因子。

（二）商业中心活力指标体系选取概述

1. 商业中心影响能力指数选取

影响力是商业中心活力的直观表现之一。从影响力的客群对象的角度而言，商业中心影响力又可分为市内和市外两个方面。针对市外的影响力，从目前能获取的大数据而言，分析市外消费者的消费情况是一种十分有效的方式，这也符合我们日常的生活经验——外来人口新来到某个城市时，往往习惯去当地影响力大、知名度广的地区进行游览和消费的思路十分契合；而分析市内影响力，则可结合王德等（2015）在研究上海市若干商业中心等级的研究经验，用"商业中心辐射影响范围"来作为分析切入点，由此构建"市外影响——市内影响"的指标评价体系。

在具体技术和因子选取上，在表征市外影响力时，可以利用银联刷卡大数据，计算各个商业中心"外来消费金额占总消费金额比例"的情况作为分析因子；在表征市内影响力时，在计算出商业中心辐射影响范围和相应的影响范围内人流数的前提下，进一步分析计算各个商业中心"单位商业建筑面积内（手机）人流吸引比例"的情况，作为分析因子。

2. 商业中心设施活力指数选取

商业设施是商业中心活力产生的基础。在评价设施活力方面，前文提到相关学者的一系列研究中，均将商业设施数量和密度作为评价设施规模的分析因子之一，本次研究也借鉴其经验选取类似的因子。另外，杨卓（2016）等研究也表明，当下许多"网红""明星"等热点商铺是商业中心吸引人气、保持活力的重要手段，其发展情况可以侧面体现一个商业中心是否更受市民追捧和更加具备活力，因此也在分析中建议加入对热点设施的分析表征。由此构建"数量积聚——设施多样性——热点设施综合评价"的指标评价体系。

在具体技术和因子选取上，在评价其二级指数"设施积聚"方面，建议将6类商业类POI大数据和用地、建筑等传统数据进行关联，组成POI空间密度、POI建筑空间密度和商业建筑容积率三项数值来作为表征因子；在评价二级指数"设施多样性"方面，参考王良（2019）等研究结论，利用香农多样性指数[1]，统计各个商业中心中6类商业POI设施的比例关系来作为表征因子；在评价二级指数"热点设施综合评价"方面，经过研究发现，餐饮设施在商业设施总数中占比高，且与其他商业服务业设施联系密切，因此研究基于大众点评、美团等餐饮界知名的餐饮平台大数据（及其标签），将其中的评价数值作为表征因子。

3. 商业中心人群活力指数选取

对于商业中心活力的感知与评价，除了考虑设施分布，还需要看其真正对人群的吸引情况。结合王鲁帅（2016）、吴志强（2016）等人研究经验，本节研究提出按商业中心的人群活动的时间特点，从"日常（以单日为时间精度）——日内（以日内24小时为时间精度）"两个时间维度展开分析，即分析"日常人流积聚"和"日内人流积聚变化"两项指标。

在具体技术和因子选取上，在评价其二级指数"日常人流积聚"方面，考虑到手机信令大数据往往具有较大的时间的跨度（一般以月、甚至年为单位），因此提出"单日内各商业中心的单位用地面积内平均人流密度"作为表征因子。在评价其二级指数"日内人流积聚变化"方面，考虑到受到工作和休闲时段的影响，商业中心内的人流活动会发生相应变化，该变化可以用商业中心内人流（总数）曲线的波动来表征（研究认为人口曲线变化越大，代表该地区越能吸引外部人群前往，活力越充沛），因此用方差[2]来进行表征。

4. 商业中心消费活力指数选取

评价商业中心的活力，除了研究其设施和人群情况，更加直观的是分析人群消费和商铺运营情况，因此可以利用银联刷卡大数据和商铺租金等相关大数据进行消费活力分析。结合刷卡消费数据的信息特点，可从消费积聚和消费多样性两个方面进行展开，同时考虑到一个地区商业消费越高，其相应的租金也会水涨船高，因此各个商业中心的平均租金，可以从某种程度来反映该区域商业消费的活力水平。由此构建"消费积聚——消费多样性——商业中心平均租金"的指标评价体系。

在具体技术和因子选取上，在评价其二级指数"消费积聚"方面参考设施积聚的类似思路，并结合银联刷卡消费数据标签特点，选取"消费金额商业空间密度""消费人数商业空间密度""消费笔数商业空间密度""人均消费""笔均消费"和"人均消费次数"等数值作为表征因子，"消费多样性"同样参考设施多样性的思路选取香农多样性指数（即各类消费金额比例）作为表征因子，"商业中心平均租金"则根据上述思路，统计各个商业中心内商铺平均租金价格。

【1】 香农多样性指数全称为香农－维纳多样性指数，常用于调查植物群落局域内生境内多样性分析，在香农－威纳多样性指数中，包含着两个成分：1）种数；2）各种间个体分配的均匀性。各种之间，个体分配越均匀，均匀性值就越大。因此，如果每一个体都属于不同的种，多样性指数就最大；如果每一个体都属于同一种，则其多样性指数就最小。

【2】 方差是在衡量随机变量或一组数据时离散程度的度量方式。方差是每个样本值与全体样本值平均数之差的平方值的平均数。方差越大，代表这组数据中的每一个数据与平均数偏离越远，该组数据构成的曲线波动幅度也相应越大。

6.3.3 武汉市商业中心活力综合指标体系实证分析

（一）武汉市商业中心影响能力评价

1. 武汉市商业中心市外消费指数

目前获取的武汉市商业中心的银联刷卡消费数据，外地消费数据总条数为 9.5 万条，满足大数据计算量要求。统计结果显示，汉口火车站商业中心市外消费金额比例最高，达到 40.52%，相比之下汉西商业中心市外消费金额比例最低，仅为 3.99%。按照前述的"外地消费金额占比"因子计算方法进行计算并归一化。具体结果如图 6-3-11 所示。

2. 武汉市市内影响辐射指数

该指数计算之前需要统计"商业中心辐射影响范围"，其计算路径如下：以手机信令数据为基础，首先进行商业腹地识别（即按照业内通用标准，统计每个单元格内前往每个商业中心的人流比例，倘若其中某商业中心人流比例超过 20%，断定此单位格为该商业中心的腹地）。由此将各个商业腹地内的手机人流汇总，并计算其与各自商业中心内的商业建筑面积之间比值。

而后进行"单位商业建筑面积人流吸引比例"计算。首先结合目前所获取的手机信令数据进行腹地计算，本节研究总计识别出 2.1 万个有效的手机人流量栅格可作为 15 个商业中心的腹地，上述人流量栅格内总计约含 310 万休闲人流量。其次，结合各个商业中心的商业建筑面积数据，计算出各个商业中心的单位建筑面积内人流吸引数。据结论显示，江汉路—中山大道、光谷—鲁巷、徐东和航空路（武汉广场）等商业中心的单位商业建筑面积内的人流吸引能力最强。具体结果见图 6-3-12。

（二）武汉市商业中心设施能力评价

1. 武汉市商业中心设施积聚指数

按照前述分析流程，结合百度 POI、用地和建筑数据进行计算，其中全市百度 POI 数据点位约有 5.3 万条，分析范围内约有 1.8 万条；建筑数据范围内约有 4 万余栋，满足大数据计算量要求。计算出的 6 类商业类设施 POI 的空间密度、POI 建筑空间密度和商业建筑容积率等结果见图 6-3-13。

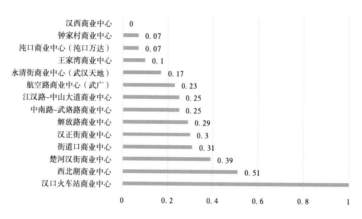

图 6-3-11 武汉市商业中心市外消费归一化指数（外地消费金额占比）示意图

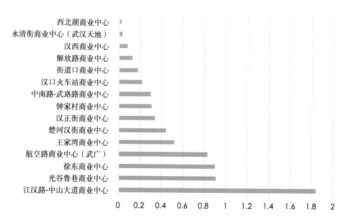

图 6-3-12 武汉市商业中心市内影响辐射归一化指数

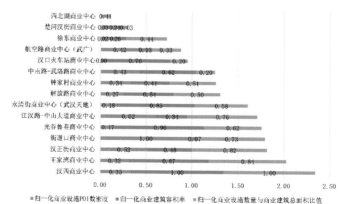

图 6-3-13 武汉市商业活力中心设施积集聚归一化指数

2. 武汉市商业中心设施多样性指数

参考前述分析流程，按照餐饮、购物、生活、体育、文化、休闲 6 个分类，对百度 POI 数据进行香农多样性指数计算，香农 - 威纳指数其公式是：

$$H = -\sum (P_i)(\log_2 P_i) \quad\quad\quad (6.2)$$

其中，H= 样品的信息含量（P_i 个体）= 群落的多样性指数，S= 种数，P_i= 样品中属于第 i 种的个体的比例，如样品总个体数为 N，第 i 种个体数为 n_i，则 $P_i = n_i / N$。

结果显示：除了汉西和汉正街两个商业中心多样性指数明显偏低（购物 POI 数量偏高），其余中心设施多样性数值均相对较好。具体结果如图 6-3-14 所示。

3. 武汉市商业中心热点设施综合评价

按照前述分析流程，利用大众点评和美团数据进行计算，其中全市大众点评餐饮店铺及点评数据点位约有 2 万条，分析范围内约有 0.5 万条；全市美团餐饮店铺及点评数据点位约有 2 万条，分析范围内约有 0.3 万条；两者综合后满足大数据计算量要求。在计算流程上，首先根据评论数量设定"热点"餐饮设施的标准并提取，其次统计热点餐饮设施占区域全部商业设施比例，以及计算热点设施中顾客评价分数，其中大众点评平台数据是将"口味、环境和服务"三项分数进行汇总，美团平台数据是统计"星级"数量，计算结果需要归一化处理。经计算热点餐饮设施占区域全部商业设施比例、热点设施中顾客评价分数等因子，结果显示汉口地区各个商业中心的整体热点设施评价相对高于武昌和汉阳，但其中汉正街的热点设施活力不佳。具体指标如图 6-3-15 所示。

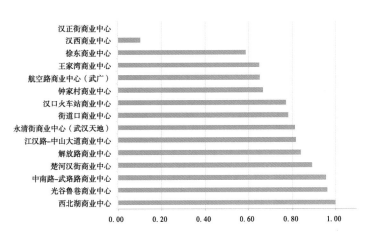

图 6-3-14 武汉市商业活力中心设施多样性归一化指数（香农 - 威纳指数）示意图

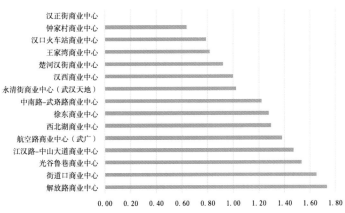

图 6-3-15 武汉市商业活力中心热点设施综合评价归一化指数

（三）武汉市商业中心人群活力评价

在开展分析之前，考虑到商业中心的空间尺度，需要利用腾讯宜出行数据（30m×30m 栅格精度）来细化手机信令数据的精度（250m×250m 栅格精度），才能提升分析的准确性。具体操作为：

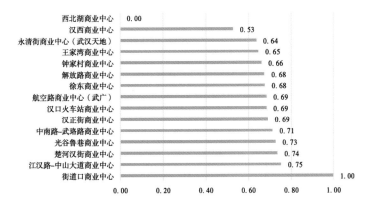

图 6-3-16 武汉市商业活力中心日常人口集聚归一化指数

统计每个手机信令人流量栅格中包含腾讯"宜出行"热力栅格的总数，然后以其范围内的每个腾讯"宜出行"热力栅格所在的手机信令人流量栅格的人流数为基础，乘以该热力栅格的热力值占所在手机信令人流量栅格（包含腾讯"宜出行"热力栅格）总数的两者之比。

1.武汉市商业中心日常人口集聚指数

按照前述分析流程，分析"宜出行"数据加密后的各商业中心的手机信令数据，计算各个商业中心的"单日内各商业中心的单位用地面积内平均人流密度"，结果显示综合判断出街道口、江汉路—中山大道、楚河汉街等商业中心的日常人口集聚活力最佳。具体指标如图6-3-16所示。

2.武汉市商业中心人口集聚变化指数

按照前述分析流程，首先分析"宜出行"数据加密后的各商业中心的24小时人流热力曲线，并利用堆积法将所有人流热力曲线进行叠加显示，结果显示各商业中心人流热力曲线呈现"4点最低潮—12点高潮—19点第二高潮"的特征，与实际经历相符，表明上述数据可以进行进一步分析计算。

其次，计算各个商业中心的24小时人流数的方差，其具体计算步骤为：首先以1小时为单位，逐步收集每个商业中心的热力变化数据，进而构建每个商业中心热力变化曲线；其次求出各商业中心热力曲线中的方差，作为评价因子（需要归一化处理）。方差的计算公式如下：

$$\sigma^2 = \frac{\sum(X-\mu)^2}{N} \quad\text{...}(6.3)$$

结果显示汉正街、江汉路—中山大道、航空路（武广）等商业中心的人口集聚变化大，人口活力充沛（图6-3-17）。

（四）武汉市商业中心消费活力评价

1.武汉市商业中心消费聚集指数

按照前述分析流程，计算各个商业中心的消费金额商业空间密度、消费人数商业空间密度、消费笔数商业空间密度、人均消费、笔均消费和人均消费次数等数据，结果显示钟家村的消费积聚性最强（主要表现为人均消费次数最多），江汉路—中山大道、汉正街、武汉天地、中南路和徐东的消费积聚性也表现较好。具体指标如图6-3-18所示。

2.武汉市商业中心消费多样性指数计算

按照前述分析流程，按照餐饮、购物、生活、体育、文化、休闲6个消费分类（和POI分类类似），对50余万条消费数

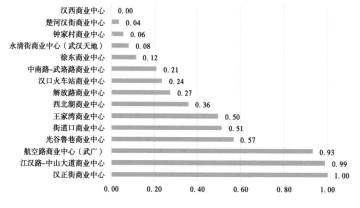

图 6-3-17 武汉市商业活力中心人口集聚变化归一化指数

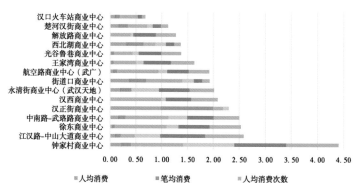

图 6-3-18 武汉市商业活力中心消费积聚归一化指数

图 6-3-19 武汉市商业活力中心消费多样性归一化指数（香农 - 威纳指数）

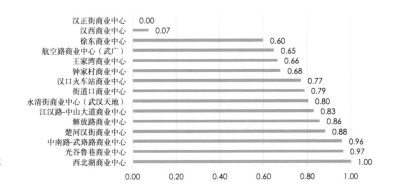

据进行香农多样性指数计算，结果和设施多样性类似：除了汉西和汉正街两个商业中心的消费多样性指数明显偏低（购物消费比例偏高），其余中心消费多样性数值均相对较好。具体结果如图 6-3-19 所示。

3.武汉市商业中心商业中心平均租金指数

按照前述分析流程，搜集武汉大集商铺网、58 同城、搜房网等网络平台的租金数据，研究范围内总计搜集约 8000 条数据，满足大数据计算量要求。将上述数据处理后计算各商业中心平均租金。结果显示楚河汉街租金明显高于其他商业中心，王家湾、汉西和解放路租金相对较低。具体指标见图 6-3-20。

图 6-3-20 武汉市商业活力中心平均租金归一化指数

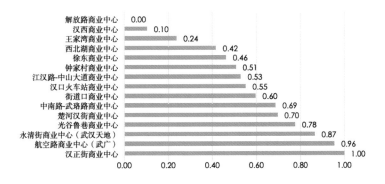

（五）武汉市商业中心综合活力指数汇总

上述二级指数、指标和因子表征的内容迥异，其结果尽管经过归一化处理，但仍然无法直接相加汇总，需要对其赋予一定的权重。本次研究分析了统计学的相关理论知识，最终确定利用"主成分分析法"来作为权重计算的方法，其具体流程如下：

首先求出其累计总方差为 78.39%，表明其较为适合做主成分分析。其次求出其成分矩阵（包含 4 个主成分），以及各个主成分的特征根及方差。再进一步求出上述 10 个因子的荷载数及线性组合系数，最终求出 10 个因子的综合模型系数（即权重系数），并标准化（使其总和为 1）（表 6-3-3）。

主成分分析法确定的各因子权重系数一览表　　　　　　　　　　表 6-3-3

名称		综合模型系数（权重系数）标准化值
综合模型系数	消费多样性	0.138848
	设施多样性	0.138848
	设施积聚	0.039692
	热点设施	0.122694
	市内影响	0.100735
	单日人口集聚变化	0.1183
	日常人口集聚	0.094106
	平均租金	0.104629
	市外影响	0.139146
	消费积聚	0.003002

　　将上述四大类二级指数按照权重进行重新打分，结果显示，江汉路—中山大道和光谷—鲁巷综合得分相对高于其他商业中心，具体内容见表6-3-4和图6-3-21。

武汉市15个商业中心活力指数（综合指数未加权重）评价一览表　　　　　　表6-3-4

名称	设施积聚	设施多样性	热点设施	消费积聚	消费多样性	平均租金	市外影响	市内影响	日常人口集聚	单日人口集聚变化	综合
江汉路—中山大道	0.23	0.38	0.66	0.03	0.38	0.18	0.12	0.34	0.24	0.39	2.93
光谷—鲁巷	0.23	0.44	0.69	0.01	0.44	0.27	0.08	0.16	0.23	0.22	2.79
汉正街	0.24	0	0.04	0.02	0.00	0.35	0.14	0.08	0.22	0.39	1.48
王家湾	0.27	0.30	0.38	0.02	0.30	0.08	0.05	0.11	0.20	0.20	1.91
航空路—武广	0.12	0.30	0.62	0.02	0.30	0.33	0.11	0.13	0.22	0.37	2.51
汉西	0.31	0.05	0.46	0.02	0.05	0.03	0	0.03	0.17	0	1.11
中南路—武珞路	0.17	0.44	0.56	0.03	0.44	0.24	0.12	0.07	0.22	0.08	2.37
徐东	0.10	0.27	0.58	0.03	0.27	0.16	0.04	0.16	0.21	0.05	1.87
解放路	0.17	0.39	0.77	0.01	0.39	0.00	0.13	0.03	0.21	0.11	2.22
街道口	0.24	0.36	0.74	0.02	0.36	0.21	0.14	0.00	0.31	0.20	2.58
楚河汉街	0.04	0.41	0.43	0.01	0.41	0.24	0.18	0.09	0.23	0.02	2.06
钟家村	0.17	0.31	0.31	0.04	0.31	0.18	0.03	0.06	0.21	0.02	1.64
西北湖	0.01	0.46	0.58	0.01	0.46	0.15	0.24	0.00	0.00	0.14	2.06
汉口火车站	0.13	0.36	0.37	0.01	0.36	0.19	0.46	0.03	0.22	0.09	2.21
永清街—武汉天地	0.21	0.37	0.47	0.02	0.37	0.30	0.08	0.00	0.20	0.03	2.07

（六）分析结论

　　围绕上文提出的武汉市商业中心活力综合指标体系的四大项指标、计算方法和本节研究的香农多样性指数进行了实证分析，根据分析结果，本节研究初步归纳形成以下几点结论。

　　就各项评价指数而言，在商业中心影响活力指标中的对外影响力方面，可以明显看出商业中心的市外消费指数评分高低与商业中心与对外交通设施的距离高度相关，因此汉口火车站商业中心的评分远高于其他中心。而在对内辐射能力方面，江汉路—中山大道、光谷—鲁巷两个商业中心的市

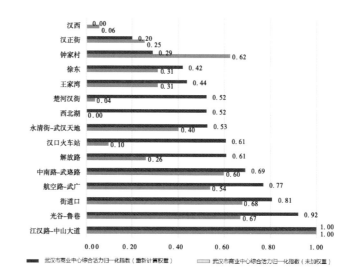

图6-3-21 武汉市商业中心综合活力归一化指数（加权和未加权）

内影响辐射指数评分远高于其他商业中心，表明两者吸引了大量的市内人流，是市内最强的商业消费人群积聚地。从规划角度而言，建议一方面可以利用规划手段来进一步借力和发挥两个商业中心的集聚和辐射优势，带动周边地区甚至城市发展；而另一方面，也要考虑大量消费人流集聚带来的交通、公共空间等设施的配给增加和优化。

在商业设施活力指数方面，一些以街巷式结构为主商业中心（如汉西、王家湾、汉正街等）设施积聚密度更大，评分也相应较高，但也导致这些商业中心的设施多样性相对不足，热点设施也相对偏少。而在解放路、光谷—鲁巷等更为多元的商业中心，相应地"热点商业设施"也会更多地涌现。

与此同时，在商业中心消费活力指标和人口活力指标中，消费多样性、平均租金、人口集聚以及人口集聚变化等因子评价的大部分结论与商业设施活力指标的分析结论接近，进一步强化了商业设施活力评价结论的可靠性，也表明设施活力、消费活力和人口活力三者之间高度相关，即多样性的设施可以带来更多消费人口的集聚以及消费产生，而更多消费人口集聚以及消费行为反过来能促进"热点商业设施"的频繁出现。很显然，这表明各个商业中心在规划及布局中，在条件允许的情况下，应尽可能地引入多样化的业态，提升设施多样性，才能吸引更多消费人群和消费金额。

值得注意的是，在商业中心消费活力指标中的消费集聚因子评价中，钟家村"异军突起"，其消费积聚性评分为最高（主要表现为人均消费次数最多），这或许与其特殊的交通及区位成功地吸引了大批固定的消费客群有关。

而就各个商业中心的评分"表现"而言，其中江汉路—中山大道及光谷—鲁巷商业中心商业活力综合评价打分最高，二者在影响活力、设施活力、消费活力和人口活力等领域均表现较好；汉西、汉正街和王家湾等商业中心综合打分相对较低，其中汉西和汉正街主要因为在消费活力和设施活力等领域得分较少，王家湾在消费活力和人口活力领域得分较少；其余商业中心得分处于中间水平，并各自呈现一定特点。

6.3.4 结论与建议

商业活力类大数据，是各类大数据中公开程度最高、信息量最大、信息标签最丰富的大数据数种之一，也是当前城乡规划领域内的大数据研究重点。通过对于各类商业活力大数据的搜集和分析，可以有效掌握、对比和分析城市的商业活力特征和规律，从而有效促进城市商业中心的进一步发展。

本节研究按照对于商业活力的定义理解，基于多源大数据（包括百度POI、银联刷卡、手机信令、大众点评、腾讯"宜出行"人口热力、腾讯"星云"人口热力、武汉大集商铺网等），创新性地构建了武汉市商业中心综合活力评价体系，其下含4个一级指数、10个二级指数和相应的计算因子，并以武汉市15个商业中心为代表，展开实证分析。

本节研究虽然利用大数据初步构建了评价商业中心活力评价体系，但进一步实现对商业中心活力的持续观测和准确分析，还需要从以下两个方面进行强化：一是基于对于商业活力的认识不断加深，搜集更多的数据和计算方法，提升研究分析的全面性和准确性；二是应构建长期的数据动态监测和更新机制，逐渐推进"大数据"向"厚数据"转变，实时掌握商业中心活力变化的最新动向情况，才能更好地为相关规划编制服务。

6.4 武汉市风环境影响分析

6.4.1 研究概述

建设国家中心城市，打造生态宜居武汉是构建生态、宜居、环境友好型城市的积极诉求。十八大以后，国家提出了打造生态文明、建设美丽中国的宏观战略举措，意味着未来城市的发展不仅要保证经济的增长，更要维护好原有的生态本底，构建良好的人居环境。与此同时，中国气象局在颁布的第18号令《气候可行性论证管理办法》中明确提出在城乡规划、重点领域或者区域发展建设规划中应进行气候可行性论证。因此，如何在城市规划中应用城市气候知识和信息的研究与实践成了当前不容忽视的课题。

目前，以德国斯图加特、日本东京等国外城市的风环境研究实践较为前沿，其主要成果是基于城市气象数据、城市建设相关数据以及现场风环境测试等对城市自身风环境特色进行分析与总结，再利用这些数据构建高精度的气候环境动态实时监测平台，同时建构宏观、中观、微观三个层级的城市风环境规划管控体系。我国则主要是香港中文大学、同济大学、清华大学等科研机构对城市风环境研究的成果较为丰富。这些机构有关城市风环境规划与引导领域的研究视角多元，宏观、中观、微观多个尺度均有所涉及，其中城市宏观尺度的研究多是基于表面粗糙度理论针对城市整体风环境进行分析，并以此为依据对城市整体空间发展做出适度的引导。中微观尺度以建筑及建筑群落的相关研究为主，研究方法则采用计算机数据模拟（CFD）及其相关的量化分析方法。主要研究成果为利用 CFD 方法中的相关软件进行建模空间分析，得出不同建筑单体及建筑群平面布局和空间关系对于室外风环境的影响，以此总结提炼出基于风环境舒适度提升的单体建筑及建筑群落优化设计方案。

武汉市迄今已开展两轮城市风环境研究，分别从城市六大绿楔宏观层面与一、二级通风廊道中观层面积累了一定的研究经验。研究主要基于城市结构的表面粗糙度理论，结合地理信息系统（GIS）数据平台对城市盛行风主导风向的分析，计算城市表面粗糙度以及采用新的截面法来计算建筑迎风面积密度，并对城市空间风渗透性进行量化及可视化描述。

本节研究旨在摸清武汉市现状风环境特征的基础上，以武汉市主城区三环线内风环境作为研究对象，以市气象局提供的全市 117 个气象站的历史观测数据以及市自然资源和规划局的地形及建筑三维模型为数据基础，采取 CFD（计算机模拟）量化分析方法，依托 SWIFT 模型，以精确到米级分辨率的模拟网格为单位对城市风环境开展分析模拟，利用多学科交叉的视角与量化研究技术方法对武汉市已划定的二级风道体系进行验证，同时提出改善微观街区尺度风环境的相关规划引导与优化措施。

6.4.2 研究思路

武汉市前期有关风环境的研究未获取精确的气象站观测数据，其关于武汉市风环境的分析难免有所偏差，本节研究拟通过分析气象站全年实测数据来获取准确的武汉市现状风环境特征。考虑到风环境是一种瞬时变化的物理现象，其突出的表现就是风速风向无时无刻不在变化，为准确提炼武汉市现状风环境特征，拟采用提炼风机制的方法来选取武汉市全年最具代表性、占比最高的风速风向作为研究的基础。将提炼出的典型风机制作为模拟的数据支撑导入 SWIFT 模型中，再录入 3 个体现风环境特征的典型指数以及武汉市已有的地形及建筑物的地理信息三维数据，最终形成可准确表达武汉市主城区风环境特征的分析模型。

（一）武汉风机制分类

本次风机制分类采用自组织特征神经网络（SOMs）方法，这是确定一组数据中最具代表性分类的计算方

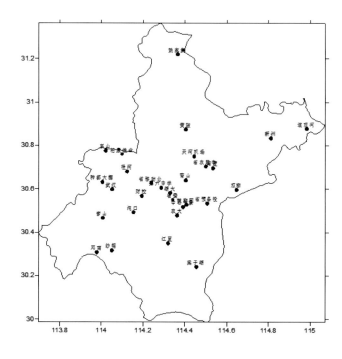

图 6-4-1　选取的有效气象站点分布图
资料来源：《武汉城市风环境研究报告（2016）》

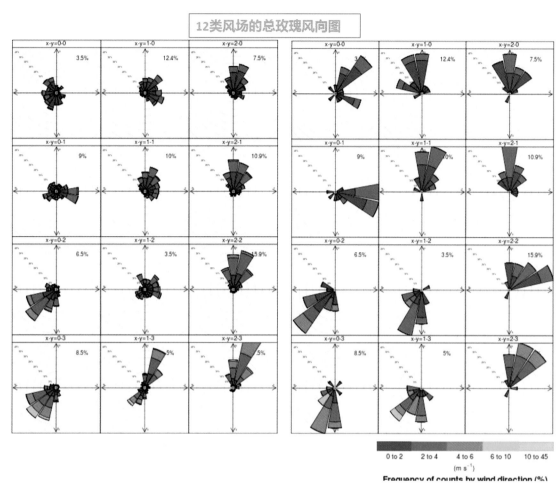

图 6-4-2 武汉市 12 类
典型风场分析图
资料来源:《武汉城市风环境
研究报告(2016)》

法,有助于基于区域性气象数据归类一维至三维数据。同时允许在指定的类型数量上进行分类,给出每个分类的最佳代表及其统计学权重。

本次风机制分类的基础数据来自武汉市主城区及其周边气象站的历史观测数据,除去低速风与无效数据,选取其中 22 个气象站观测数据用于风机制分类(图 6-4-1)。

考虑夏季自然通风的必要性以及白天是居民户外活动繁忙的时间段,对夏季白天进行特定研究。通过对气象数据的玫瑰风向图进行数据筛选以及在街区尺度上进行参数设置,对主要风机制进行快速高分辨率(米级)三维气象参数模拟,最终得出在特定风向上风速出现的频率图,明确了 12 个较为适宜的风场分类(图 6-4-2)。

分类结果显示,东北—轻风、东北—大风、西南风—大风属于发生频率较高的风机制,具体分类数据如下:东北—轻风占比 15.5%;东北—大风占比 7.5%;西南—大风占比 8.5%(图 6-4-3)。

(二)武汉风环境分析模型构建

1. SWFIT 模型

SWIFT 模型作为城市气象模拟的诊断型模型,可以将地貌、建筑物、地形、气象资料、河流以及其他四维数据统筹分析,实现精确模拟。其主体思路是在计算机上对建筑物周围风流动所遵循的动力学方程进行数值求解,通常称为"计算流体力学"(Computational Fluid Dynamics,简称"CFD"),从而模拟

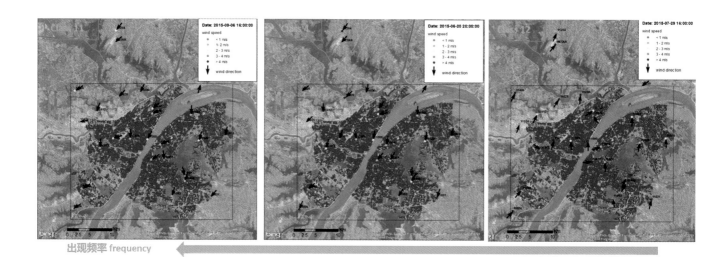

出现频率 frequency

图 6-4-3 武汉市三类
典型风机制分析图
资料来源：《武汉城市风环
境研究报告 (2016)》

实际的风环境。该模型还可以计算在
一个时间点的大气现象，包括建筑物
对风环境的减弱效应和湍流结果。经
过多年的优化与研究，其模拟结果与
风洞实验、现场实测的数据基本保持
一致，更为重要的是，其模型允许在
时间及网格分区上并行运算，从而降
低了运算需要的时间，非常适用于城
市这种复杂巨系统的大规模数据运算
（图 6-4-4）。

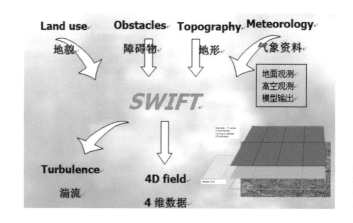

图 6-4-4 SWIFT 模
型分析图
资料来源：《武汉城市风环
境研究报告 (2016)》

2. 城市地理信息模型

城市地理信息模型是将武汉市地形地貌与现状城市建设数据相结合，共同构建一个基于 GIS 可以进行
相关量化分析的数据模型。其主要原理是根据一定的数学法则，以三维电子地图数据库为基础，按照一定
比例对现状或规划的三维、抽象的描述，其形象性、功能性远强于二维电子地图。武汉市作为地理信息数
据库积累较为丰富的城市，其扎实的数据基础使得本次研究的成果更为精准，确保分析结论的科学性。

本次研究还将采用舒适度、局地气候、风力扩散这三个指数对城市微观风环境进行模拟分析，其分析
结果将直接作为规划方案调整量化参考。

舒适度指数（Comfort Index），定义为对于行人层风环境舒适度，静风或强风时不舒适，轻风时
舒适（表 6-4-1）。

舒适度指数分类　　　　　　　　　　　　　　　　　　　　　表 6-4-1

ID	风速 (m/s)	舒适度
1	< 1	不舒适
2	1 ~ 3	舒适
3	3 ~ 5	一般舒适，但可以忍受
4	> 5	不舒适

局地气候指数（Micro-climate index），定义为由规划改变的风环境的程度。

$$\text{Ind}_m = \frac{U_{\text{after}}}{U_{\text{before}}}$$ ·· （6.4）

式中，U_{before} 和 U_{after} 分别是规划前后的风速。通过定义 5 个指数，其中一个指数代表风速不变（$\text{Ind}_m = 1$），其他四个指数分别代表两个增加或减少 50% 的风速（表 6-4-2）。

局地气候指数分类 表6-4-2

ID	Ind_m	风环境微气候变化程度
1	< ½	较大减小
2	> ½	减小
3	= 1	不变
4	< 1.5	增强
5	> 1.5	较大增强

在舒适的区域中，通常设定风速不会在很大程度上变化，而在不舒服的区域中则通过优化设计方案来改善风环境。该指数可以作为城市规划方案相对于当前情况的量化改进目标（表 6-4-3）。

城市规划方案相对于当前情况的量化改进目标 表6-4-3

ID	风速 (m/s)	舒适度	对应的 Ind_m 规划目标
1	< 1	不舒适	4, 5
2	1 ~ 3	舒适	2, 3, 4
3	3 ~ 5	一般舒适	2, 3
4	> 5	不舒适	1, 2

风力扩散指数（Wind Dispersion Index），定义为相对于先前情况通过修改城市区域的扩散条件（对于局部排放的污染物和对于局部热量而言）的变化水平。它与气团的物理寿命或其滞留时间有关。因此，在模型中可以将其表示为扩散粒子在规划前后被传输到模拟区域外的平均时间的比率。在这项研究中，由于滞留时间不能被直接计算，所以它被粒子浓度所取代。在城市规划项目中，该指数可以用方案修改后相对于当前方案粒子扩散后的浓度变化来表示。

$$\text{Ind}_d = \frac{C_{\text{before}}}{C_{\text{after}}}$$ ·· （6.5）

式中，C_{before} 和 C_{after} 分别是规划前后的扩散粒子浓度，详细指数见表 6-4-4。

风力扩散指数分类 表6-4-4

ID	Ind_d	风力扩散指数
1	< 1/4	必须改进
2	> 1/4	需要改进
3	> 1/2	可以接受
4	= 1	不变
5	> 1	已经改进了的

最终，以武汉主城区（三环线内）的三维 GIS 地形和建筑物（群）资料为基础，通过各季节主要风道的气象数据，利用小尺度数值模型，即 CFD 模型对相应城区进行短期和中长期三维风环境模拟。本次 CFD 模拟共涉及 31 处观测站点的数据，整体尺度为 36 km × 29 km，其模拟的精度达到 4m（图6-4-5）。

6.4.3 武汉风环境模拟分析

（一）中观尺度风环境模拟分析

考虑到数据运算的效率，本节中观尺度的研究主要针对武汉市主城区三环线内开展，利用前文搭建模型开展相关分析工作，得出了相关模拟数据（表6-4-5）。根据分析结果，主城区沿主干道及大型水面周边区域的最大风速可达10m/s，虽然平均风速处于1~3m/s舒适区间，但大量建成区内的风速最小值为0，夏季静稳风的比例较高，整体风环境有待提升。

由图6-4-6可知，中心区域建筑密度较高区域风速较低，高层建筑分布相对分散的区域则对周边的风速有明显影响，但有较大开放空间，如湖泊以及绿地等区域，这些区域有利于通风，风速较大。

武汉市于2012年提出了全市通风廊道布局图，当时以武汉市盛行风为出发点，较为偏重西南风和东南风的研究（图6-4-7）。

本次研究通过分析各气象站实测数据，发现偏北—东北风在冬季和夏季的白天对城市影响最大，因此依据本轮中观尺度模拟对2012版规划的风道进行了优化提升（图6-4-8）。

区域1为南湖片区。通过模拟，发现东侧的一条通风廊道穿越较大体量的商业建筑，其通风效果并未达到预期效果。可通过适当地调整，降低其通风强度，保留其原有的通风廊道功能，但降低其通风等级（图6-4-9）。

区域2为古田片区。通过模拟，发现东侧的一条的通风廊道穿越较大规模的居住片区，其通风效果将会显著下降，达到预期通风效果难度较大。可通过适当地调整，降低其通风强度，保留其原有的通风廊道功能，但降低其通风等级（图6-4-10）。

区域3为西北湖片区。通过模拟，发现通风廊道穿越较大规模的居住及商业混合片区后，通风效果有一定程度的下降，但达到预期通风效果难度较大。可在保留其原有的通风廊道功能的前提下适当地降低通风强度、

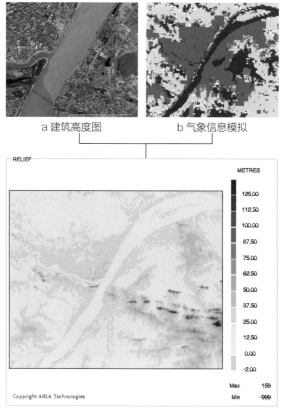

a 建筑高度图　　　　　b 气象信息模拟

c 叠合分析图

图6-4-5　武汉市风环境模拟模型示意图

本次风环境研究CFD模拟结果部分数据　表6-4-5

FID	平均值（m/s）	最小值（m/s）	最大值（m/s）	标准差
1.00	3.16	0.00	4.02	0.41
1.00	2.81	0.00	5.27	1.11
1.00	2.44	0.00	6.65	1.18
1.00	2.37	0.00	5.86	1.24
1.00	1.52	0.00	6.58	1.27
1.00	1.52	0.00	6.86	1.31
1.00	2.47	0.00	5.54	1.16
1.00	2.06	0.00	7.03	1.29
1.00	2.42	0.00	5.61	1.23
1.00	1.59	0.00	5.95	1.23
1.00	2.32	0.00	4.62	1.23
1.00	1.81	0.00	5.67	1.32
1.00	3.06	0.00	5.00	0.66
1.00	2.19	0.00	5.08	1.22
1.00	2.75	0.00	4.71	0.84
1.00	1.91	0.00	10.34	1.79
1.00	2.10	0.00	5.32	1.21
1.00	2.45	0.00	6.57	1.16
1.00	3.12	0.00	7.20	0.58
1.00	2.65	0.00	5.17	1.11
1.00	1.70	0.00	5.87	1.27
1.00	2.90	0.00	7.68	1.06
1.00	2.09	0.00	4.98	1.25
1.00	1.93	0.00	8.19	1.32

图6-4-6 武汉市主城区风环境CFD模拟结果

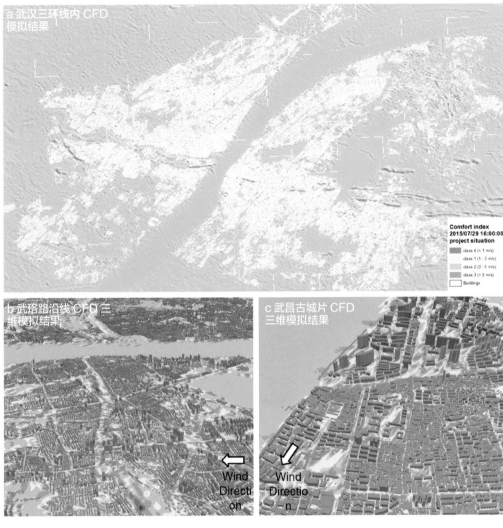

图6-4-7 武汉市二级风道布局图（2012年）（左）

图6-4-8 武汉市主城区二级风道量化校核结果（右）

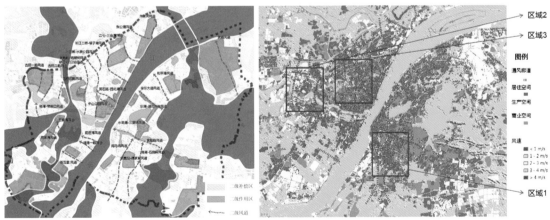

降低其通风等级以满足实际模拟结果（图6-4-11）。

通过考虑影响城市通风的绿化植被、建筑布局、地形地貌、道路系统4个方面的主导要素，最终形成基于计算机模拟数据的通风廊道调整方案，不仅结合了用地以及实际建设情况，其精度也达到了4m尺度，10余条通风廊道具有了较强的落地性与可行性，未来可根据具体的控制要求将风道沿线的与主导风向较一致的城市干道、城市公园、开敞空间、街头绿地、连片的低密度区域进行整体控制。

165

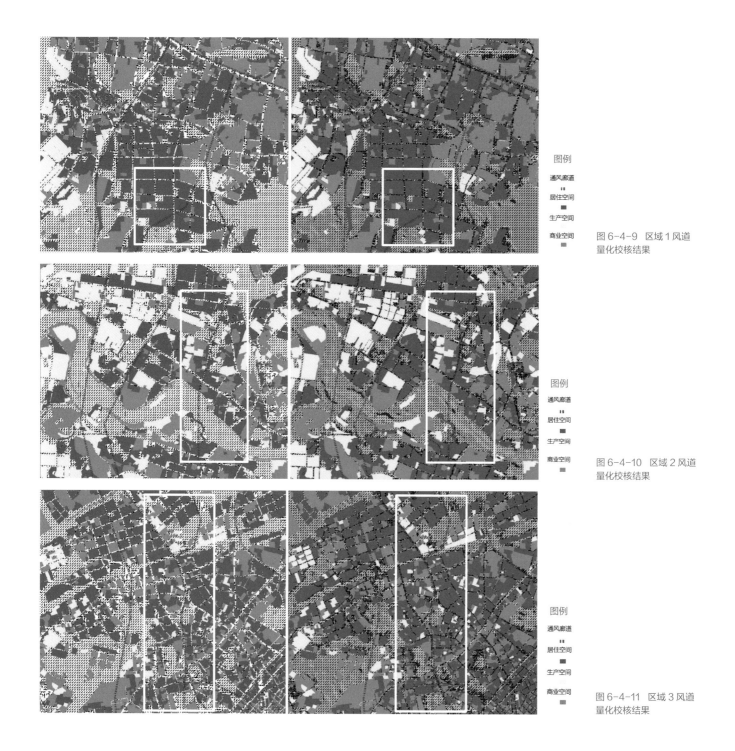

图例
通风廊道
居住空间
生产空间
商业空间

图 6-4-9　区域 1 风道量化校核结果

图例
通风廊道
居住空间
生产空间
商业空间

图 6-4-10　区域 2 风道量化校核结果

图例
通风廊道
居住空间
生产空间
商业空间

图 6-4-11　区域 3 风道量化校核结果

（二）微观尺度风环境模拟分析

　　本次微观尺度研究主要针对街区开展，二七滨江片作为武汉市重点功能区，目前土地已经平整，新的规划方案成果也较为完善，易开展基于风环境的城市设计优化研究试点工作（图 6-4-12）。

　　首先将规划与现状的建筑高度、建筑密度、建筑组合形式进行对比研究，相较于周边片区，规划方案中的建筑高度更高，建筑密度则相对较小，组合形式则多呈围合式。同时，针对该片区的西南风风机制下的风速进行模拟研究。分析结果如图 6-4-13 所示，围合式建筑群落的布局与规划的导致围合内部空间风速明显下降，存在不舒适的静风区域。

　　在东北风风机制下，同样也出现了建筑围合内部空间风速下降的现象，同时城市峡谷效应也随之出

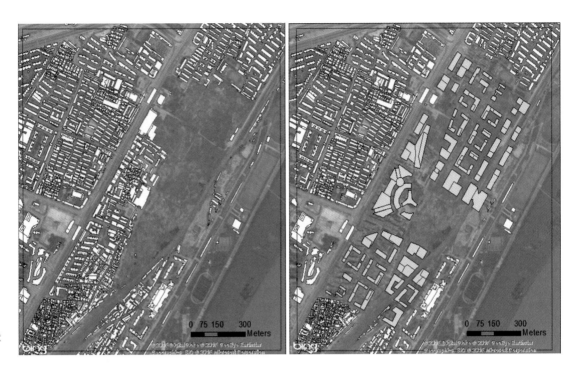

图 6-4-12 二七片现状
及规划方案对比

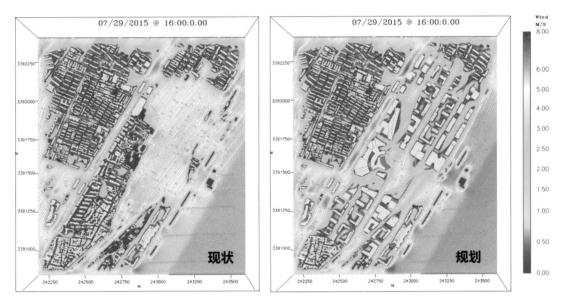

图 6-4-13 西南风风机
制下风速模拟

现（图 6-4-14）。

接下来针对本片区进行风速差的分析研究，结果如图 6-4-15 所示，板式空间及高楼的增加产生了城市峡谷效应，局部风速过大，且高空风速下降更多。

本次研究将通过对规划方案进行优化，从而实现该片区风环境的改善提升。优化的主要措施为：①片区内主要风道边不建高层；②高层建设在主要风道平行方向上；③在垂直于主要风道的方向不设置闭合楼群（图 6-4-16）。

通过风环境模拟，由图 6-4-17、图 6-4-18 可知，西南风风机制下两块主要的低风速区得到明显改善，东北风风机制下一块主要的低风速区得到明显改善。

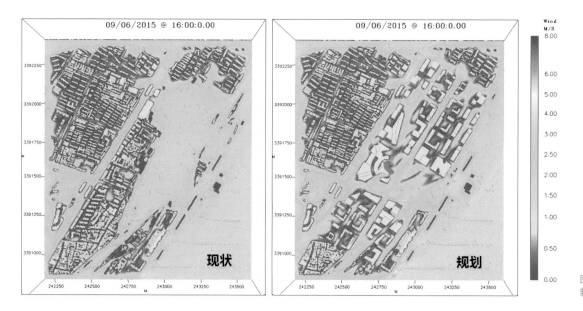

图 6-4-14 东北风风机制下风速模拟

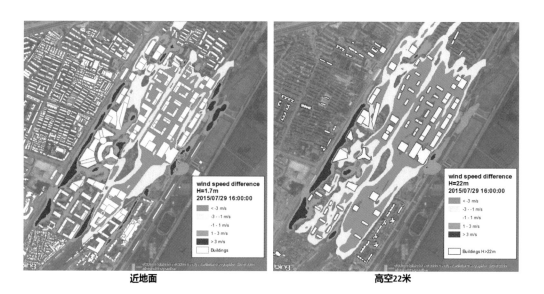

图 6-4-15 风速差模拟分析图

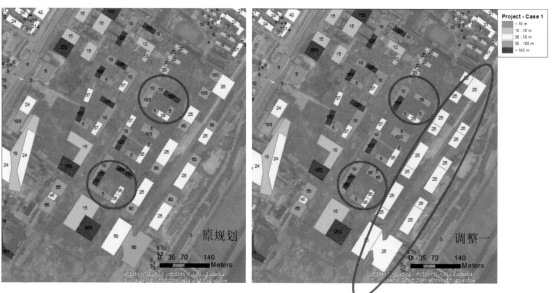

图 6-4-16 规划方案调整示意图

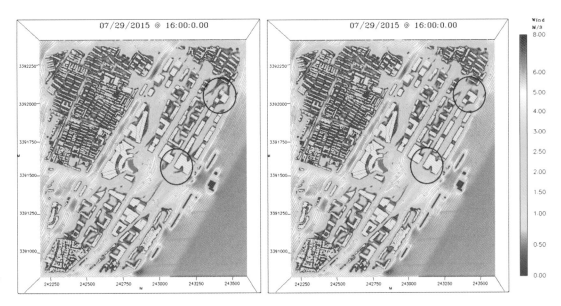

图 6-4-17 西南风风机
制下风速模拟

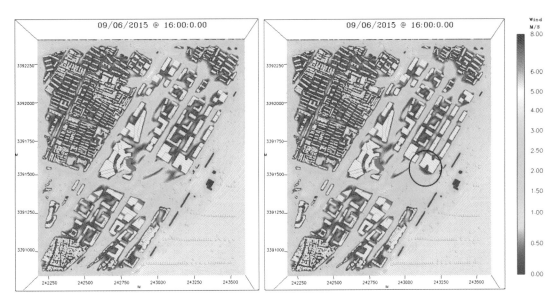

图 6-4-18 东北风风机
制下风速模拟

　　这种优化调整虽然使风速显著增强，但城市峡谷效应的缓解效果不是很明显。因此，在之前优化的基础上继续对方案进行优化调整，进一步将大型建筑物和周边建筑物的距离加大，把垂直于主要风道的大型建筑物低层架空（图 6-4-19）。

　　再次进行风环境模拟，由图 6-4-20、图 6-4-21 可知西南风风机制下又有两块明显的低风速区得到明显改善，东北风风机制下这两块低风速区也有明显的改善。

　　而通过对风速差的模拟，显示出增加楼间距可以增加风流通，闭合楼群中使用低层架空的方法能使风有效进入闭合范围中（图 6-4-22）。

　　接下来进一步通过将体积大的低层建筑物改为占地面积小的高层建筑物，增加大型建筑物间距，保留方案中的两个架空大楼来对规划方案进行进一步的校核与优化（图 6-4-23）。

　　通过分析可知，西南风风机制下又新增了 4 块改善较为明显的低风速区，东北风风机制下这 4 块低风

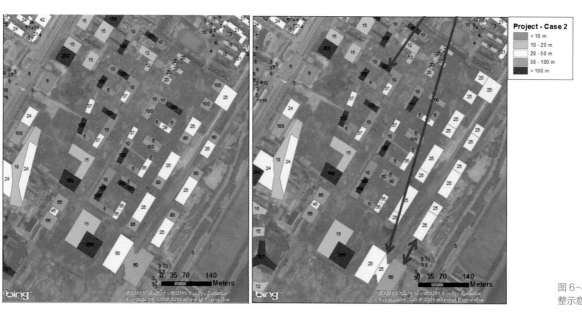

图 6-4-19 规划方案调整示意图

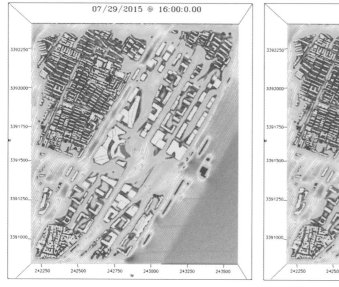

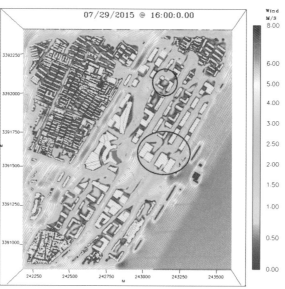

图 6-4-20 西南风风机制下风速模拟

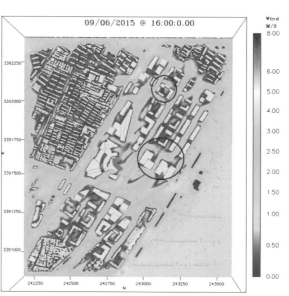

图 6-4-21 东北风风机制下风速模拟

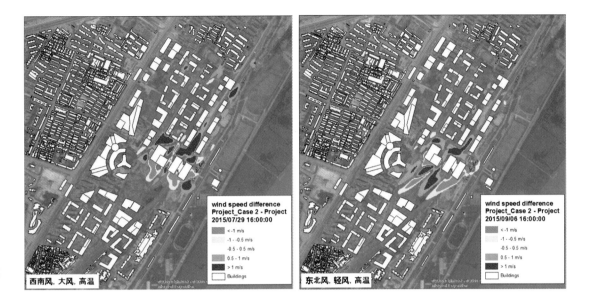

图 6-4-22 风速差模
拟分析图

图 6-4-23 规划方案调
整示意图

速区改善依然较为明显（图 6-4-24、图 6-4-25）。

通过对风速差的分析发现，减小占地面积大的楼房、提高建筑高度、加大高楼间距可以增加风流通。继而对规划方案中的局地气候指数进行模拟研究，经过对比可知，调整后规划方案中的风环境舒适度较高，远超周边片区。同时，调整后的局地气候指数舒适度较高，同样远超周边片区（图 6-4-26、图 6-4-27）。

本节针对二七街区的夏季白天进行研究，考虑了东北大风和西南大风两个主要风机制，模拟的结果显示，新建建筑楼间空间的减少和高楼的增加将导致风速显著下降，但是由于高楼出现狭管效应使高空风速出现下降。改善低风区风环境的措施则包含增加开放空间、增加绿地空间、增加建筑物之间距离、形成通畅的开放绿地空间体系、调整建筑物体积、调整建筑物高度、调整建筑物通风结构等。

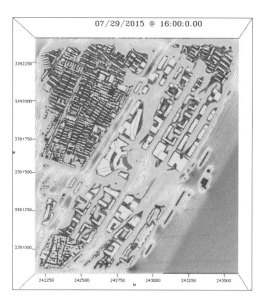
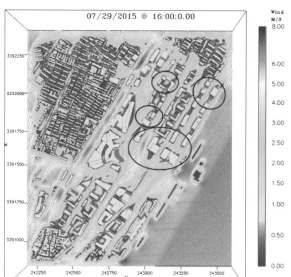

图 6-4-24　西南风风机制下风速模拟

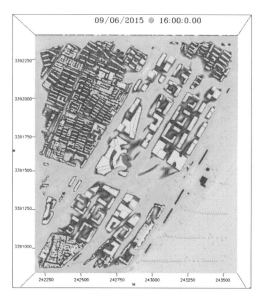
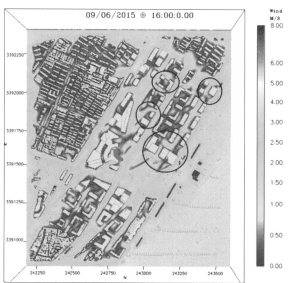

图 6-4-25　东北风风机制下风速模拟

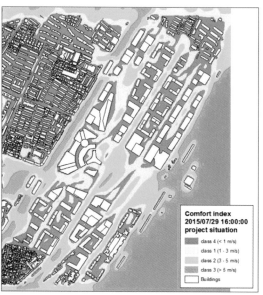

图 6-4-26　风环境舒适度分析图

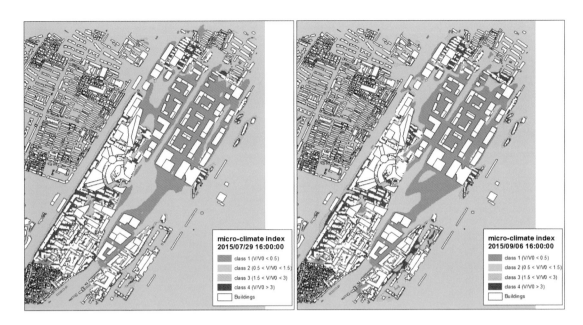

图 6-4-27 局地气候
指数分析图

6.4.4 结论与建议

城市规划是城市发展的蓝图，但面对新时代人与自然和谐共生的诉求，需要规划工作者更加重视气候和城市规划的相辅相成关系，应坚持开展气候与城市规划技术不断革新、突破与融合的工作。可量化城市气候适应性分析是生态文明在城市规划中实现的重要保障，因此，改变过去就空间论空间，就规划谈规划的传统规划思维，运用多学科交叉视角、数据支撑分析、量化模拟手段、实施落地优先的研究思路来开展规划工作的时代已经到来。

本研究作为规划和气象领域的交叉研究课题，旨在对城市中微观尺度的风环境进行模拟，在理论构建和模拟验证方面，除城市规划外还需要多方面的团队配合和支持，包括气象、流体力学以及计算机模型的搭建等，因此整个研究还属于前沿性探索阶段。目前，本次研究主要形成以下 4 项创新点：①风机制的识别，实现了武汉市首次基于气象站点全年实测气象数据的提炼，总结出最具代表性、科学性的三类风机制；②完成三环线内主城区主要风环境的模拟工具开发工作，实现了风环境分析从定性到定量、平面到三维、低效到高效的转变；③对于主要风道和次级风道进行模拟分析，提出了优化调整建议，提高了二级风道划定的科学性；④使用 CFD 流体力学模型进行量化模拟，并以此为基础得出相关规划优化措施，为以后城市设计方案基于风环境提升的优化策略提供了量化与科学支撑。

目前的研究成果尚存在典型建筑模式风环境模拟缺失、规划指标与气象指标相关性不明确、方案优化策略缺乏量化标准等不足之处。未来，大量的城市风环境研究相关工作有待进一步完善，如明确城市不同片区、不同建筑类型布局与风环境的关系，制定城市风环境模拟标准，进一步明确二级风道评价标准和规划标准，对城市特定区域进行风环境评价和管控方案进行量化优化措施的验证，升级完善城市风环境三维数值模拟系统，对接城市仿真实验室等。

本章参考文献

[1] 任超，袁超，何正军，等 . 城市通风廊道研究及其规划应用 [J]. 城市规划学刊，2014,216(3):52-60.

[2] 李军，荣颖 . 武汉市城市风道构建及其设计控制引导 [J]. 规划师，2014,30(8):115-120.

[3] 周雪帆，陈宏，管毓刚 . 基于中尺度城市气象模型的城市通风道规划研究——以贵阳市冬季案例为例 [J]. 西部人居环境学刊，2015,30(6):13-18.

[4] 彭翀，邹祖钰，洪亮平，等 . 旧城区风热环境模拟及其局部性更新策略研究——以武汉大智门地区为例 [J]. 城市规划，2016,40(8):16-24.

第七章
微观层面武汉城市量化分析的规划应用实践

7.1 武汉市三阳路城市更新改造中空间句法模型的应用

7.1.1 研究概述

随着城市社会经济和量化技术手段的发展，城市更新改造需要结合新技术新方法实现设计方式的突破和创新。传统的城市更新设计方式多依靠设计人员的直觉与经验，然而许多研究表明，旧城、城市空间与人类活动三者之间具有紧密联系，探究三者的关系对旧城更新理论有着一定的推动作用，如何准确地挖掘城市空间的症结，挖掘城市空间待开发潜力至关重要。本研究尝试运用空间句法分析手段，以武汉市三阳路城市更新区域为案例，探讨空间句法在城市更新改造中的应用方式。

空间句法是一种通过分析街道网络来理解人们如何在城市中运动以及通过视域分析来了解公共空间运作方式的方法，它同时还是一种关于空间和城市的理论。空间句法认为街道系统不仅仅是地点之间的一系列通路，它还是城市生活最明显的发生地，并且形成了表现城市多样性的基础。空间句法理论认为，街道网络的结构本身就是一个对运动模式起到决定性作用的因素，城市的道路结构在很大程度上决定着城市中的行为，从而吸引各类公共设施到易达性较好的街道。

空间句法（Space syntax）起源于20世纪六七十年代，国外学者 Bill Hiller、Julienne Hanson 等对空间与社会问题的研究，并创立了新的空间理论，后来出版了理论书籍《空间的社会逻辑》，提出组构是一组整体性关系，同时，空间句法的分析工具被 Bill Hiller 团队开发并不断完善，使得该理论于八十年代末在西方城市规划与设计领域广泛运用。

在中国，空间句法及其理论体系于21世纪初引进，之后国内许多学者在理论和实践中取得了重要成果，并体现了其与不同学科的交流和融合。其中，在城市更新领域比较有代表性的有以下研究成果。段进、Bill Hiller 等（2007）出版了《空间句法与城市规划》，对空间句法的理论和方法进行了系统的介绍，并以苏州、南京、嘉兴、天津等多个案例表现了空间句法在实践应用上对城市发展的演变特征的概况和预测的可行性。王浩峰、沈尧、盛强等（2013）分别通过具体案例的量化分析，验证了空间句法整合度值与城市更新中商业用地比例的正相关性。杨韬（2016）以上海四川北路城市更新为例，使用空间句法工具从理论和实证两个方面研究城市更新中空间结构及其中的人车交通流，认为人们在日常生活中读取并识别和它们之间的关系，形成了共同在场和共同感知的空间流，成为场所精神的记忆基础，并构成了城市更新的重要部分。

空间句法理论及模型对于实现微观层面的城市更新改造的价值在于以下两点：首先是"预测性"，多年的实证研究表明空间句法对街道空间拓扑形态的量化描述与城市中的各类交通运动和活跃功能分布均有良好的相关性，以此为基础可以基于设计方案对使用者行为进行预测；其次是"可操作性"，空间句法模型抓住了空间形态这个要素，进而为功能用地的落位提供了基础结构，空间与功能结构则是规划与设计工作的核心。

虽然空间句法在国外的城市规划领域已取得不少成果，但由于国内的发展历程较短，近年来虽有部分城市规划和设计项目应用了空间句法模型，但在微观尺度的更新改造中，结合空间句法模型进行综合分析的项目仍不多见。

基于此，本研究利用网络数据、交通流量数据、传统现状数据及实地户外考察数据，使用空间句法对三阳路城市更新片区的城市功能结构、交通支持条件、公共服务设施配套水平、社会聚集规律进行研究，并探索如何将空间句法应用于城市空间特征与更新机制研究、复杂交通区域城市空间特征与交通疏导研究以及城市空间特征提升街区活力研究。

数据主要来源于四个部分。

（1）互联网地图开放平台的道路数据和道路人流数据。本研究从百度地图爬取了全武汉市都市发展区范围内的所有级别道路数据用于武汉市空间句法基础模型的构建，并利用百度街景数据，分离出研究片区内部道路的人流量数据。

（2）互联网开放平台 POI 数据。抓取百度地图中武汉中心城区（三环路以内）百度 POI 数据（含零售业与餐饮业），并进行了人工校正。

（3）传统规划设计图纸数据。包括公交站点分布数据和街区详细建筑数据。

（4）无人机航拍的人流和车流数据。本研究使用无人机于 2017 年 2 月 25 日实地航拍了三阳路 19 个街道截面的机动车流量。

本研究的范围为武汉市三阳路片区。该片区北至武汉长江二桥、南至一元路、西至解放大道、南至汉口江滩，总面积 183 km²，属于武汉市较为中心的地段。近年来，轨道交通建设的实施和城市更新步伐的加快给该地区发展注入了新的活力（图 7-1-1）。

图 7-1-1 研究范围

7.1.2 武汉市空间句法模型构建

（一）模型构建基础

空间句法分析往往需要足够大的建模缓冲范围，尽管本研究以三阳路为主要研究区域，仍需建立武汉市都市发展区范围内的空间句法基础模型，一方面基于此模型寻找适合武汉市本区域的空间句法参数，另一方面针对三阳路片区的研究本身也应该考虑更大范围城市空间对其的相互影响作用。

本研究的一个主要工作内容是建立武汉城市尺度的高精度空间句法模型。本模型抓取百度地图最高精度的道路网络，

图 7-1-2 武汉市精细现状路网

人工处理生成道路轴线模型，并在武汉三环路内进行了大量的道路双线并为单线、拓扑角度连续性检验、修正及高架立交桥系统的建模等工作（图7-1-2）。后续展开的一系列空间句法研究，均基于此展开。

（二）模型构建方法

以从百度爬取且人工修正后的武汉市精细现状路网为数据基础，使用Depthmap软件，计算出武汉市从宏观尺度到微观尺度的空间句法整合度和穿行度基础值。根据软件反馈的计算结果，再结合从天津、南京等多个与处在同等发展规模及城市得到的经验值，对所有尺度的整合度穿行度进行修正（公式7.1），最终得到武汉市不同分析尺度的整合度和标准化穿行度的变量值。

武汉市空间句法参数修正公式如下：

$$X = \log(y+1)/\log(z+3) \cdots\cdots(7.1)$$

式中：x——修正值；

　　　y——原始值；

　　　z——该尺度节点深度。

（三）模型构建成果

我们最终得到武汉市都市发展区范围内修正后的空间句法模型（图7-1-3），这套模型包含都市发展区内每条主要道路不同分析尺度的整合度和标准化穿行度的变量值。基于这一成果，既可以对武汉都市发展区内整体的道路空间结构及其蕴含的空间潜力和问题进行分析，也可以对任意局部区域进行详细的空间

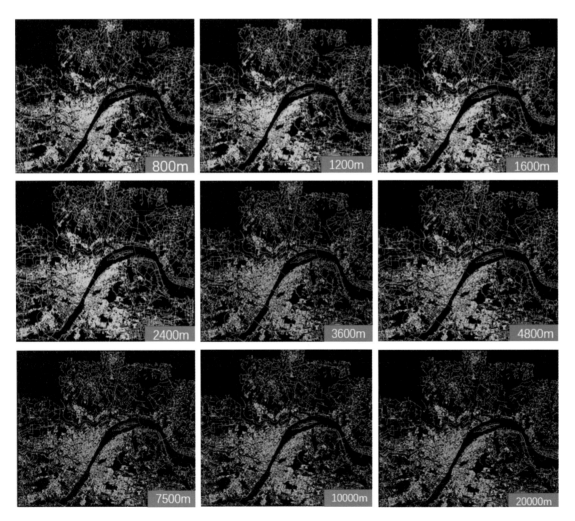

图7-1-3 武汉市空间句法基础模型

结构分析。

（四）基于空间句法的武汉市空间格局分析

为了更好地理解空间句法的基本理论，需要我们对城市规划中应用最广泛的两个基本变量的进行解释，即空间句法线段分析中的整合度和选择度。

整合度（Integration）是指从空间中任意一条视线开始，沿视线构成的网络看出去，通过多少拓扑步数能够看遍整个城市，步数越少，表示那条起始视线代表的城市空间在城市中的重要程度越高，即它的整合度越高，表示这个空间容易被多数人所到达。这一指标度量了系统中从所有起点到所有终点的最小角度路径，可以预测每条线段的到达性交通潜力。

选择度（Choice）是指在视线构成的网络中任意挑出两条不相交的视线，沿视线网络寻找这两条视线之间最短的拓扑路径，某条视线上通过的这样最短路径的数目就是这条视线代表的空间选择度，选择度越高，表示这个空间容易被多数人通过。这一指标反映的是空间系统中线段的穿越性交通潜力。

需要强调的是，因为影响城市空间等级的因素很多，无论是整合度还是选择度的分析结果并不能反映城市空间等级的绝对高低，只是从城市空间联系的基本条件出发，客观反映不同的空间在城市中交流联系的等级潜力。

1. 整合度分析

从空间整合度的角度来看，汉口解放大道从航空路至黄浦路沿线地区、建设大道从青年路至黄浦路沿线地区、青山地区、光谷地区这些区域，从微观尺度到宏观尺度整合度变量都较高，这些地区都拥有较为规整的路网形态，且路网层级体系相对完备。其中，汉口沿江租界区基本保留和延续了一百多年前西方国家在武汉租界地区规划的路网格局，其道路间隔在300m左右，路网布局模式相对规整，而青山地区则反映了中华人民共和国成立初期在苏联指导下由武钢规划建设的方格网道路系统。两者依托路网骨架形成的城市空间格局具有高度一致性，从路网结构上看，有作为城市空间中较高通达性区域的基本条件。建设大道沿线地区虽为近三十年逐步发展形成，但其路网密度较为均衡，具有较高的整合度。光谷地区由于是新开发地区，且未受城市现状既定要素和难以逾越的自然因素制约，其空间路网格局也呈现出相对均衡和规则的系统格局（图7-1-4）。而以上这些地区也一直是武汉市主城区范围内商业人流等要素表现活跃的高度集中区域。

2. 选择度分析

随着R取值的不断增加（R分别取值7500m、10000m、25000m），武汉市主要干道体系的结构愈加清晰，如图7-1-4所示的红色线段即为选择度较高的道路，可理解为这些红色道路被选择作为连接城市各空间之间最短路径的概率要高于其他颜色的道路。如汉口解放大道和京汉大道都表现出较高的选择度，

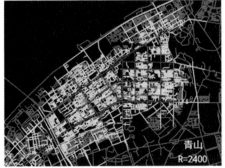

图 7-1-4 武汉市局部
地区句法参数详解

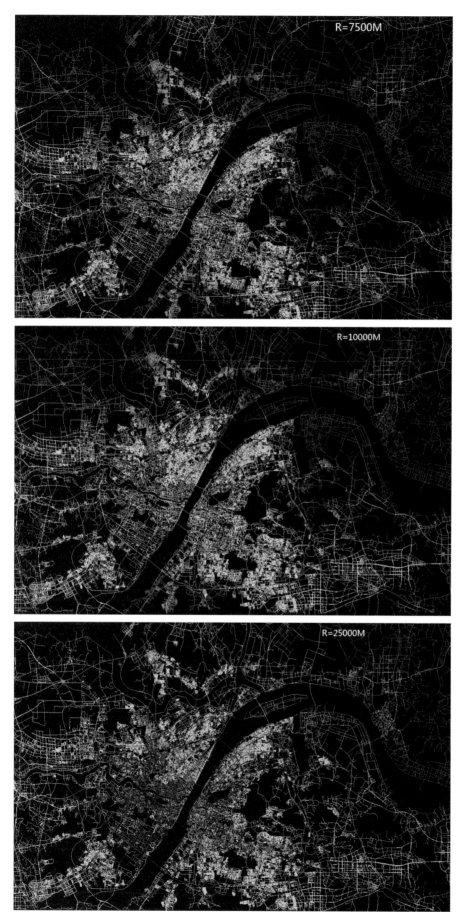

图 7-1-5 武汉市不同尺度句法参数详解

这与我们在实际生活中对道路的使用习惯较为接近——这两条道路虽规划级别不同，但都穿越了汉口的主要城区，道路两侧连接了众多老城的次一级路网系统，都与过江通道相连接，因此容易被车辆所选择（图7-1-5）。

同时，在传统人流和商业活力较高的区域，至少有两条选择度较高的城市道路在区域内穿越，这些道路既可以是平行的，也可以是相交的，如：武广和武昌重要的徐东地区，其区域内有3条高选择度的道路穿越；中南路、钟家村、王家湾、青山等区域都具有2条高选择度的道路穿越，从而为这些区域提供较大的流量支撑。

通过对武汉市空间句法模型的初步分析不难发现，商业和人流活力高的地区，往往拥有规整且层级完备的路网系统，或者是在大尺度上被选择穿越的道路数量多且密度大，为这些地区的空间连接度提供物质支撑。说明空间句法修正参数体现的特征与武汉城市发展的水平基本相符，可以作为局部地区更精细微观研究的量化参数。

7.1.3 空间句法在三阳路城市更新改造中的应用

（一）基于空间句法的交通可达性分析

空间句法理论一般从穿行度指数和整合度指数角度，分析区域的交通可达性水平。

对该片区而言，从穿行度角度分析，本区域内部道路较为适合步行，沿江大道、中山大道、京汉大道3条主干道较为适合机动车出行，但该区域不适合自行车出行（图7-1-6），具体如下。

400m半径：适宜人群步行，三阳片链接街区与街区间的道路穿行度较好，说明本区域大部分道路都适宜步行。

2000m半径：适宜自行车出行，三阳片在全市范围整体穿行度不高，相较而言比较好的是三阳路，其次是卢沟桥路和中山大道、解放大道、京汉大道、沿江大道。

4800m半径：适宜机动车出行，三阳路的选择度等级加强，沿江大道、中山大道、京汉大道和解放大道的穿行度较好，而卢沟桥路的穿行度相较2000m时有所减弱。

20km半径：解放大道和黄浦大街两条主干道的穿行能力明显提升，说明在大尺度范围内，这两条干道在大尺度范围交通运输中起到更重要的支撑作用。而沿江大道、中山大道、京汉大道及三阳路段依旧保持了比较好的穿行能力。

从整合度角度分析该片区在400m、1200m、4800m和25000m半径内的表现，发现在小尺度整合度上，三阳路片区整体表现一般，随着半径增大，其整合度值开始逐渐变高，到25000m时，区域内大部分道路都

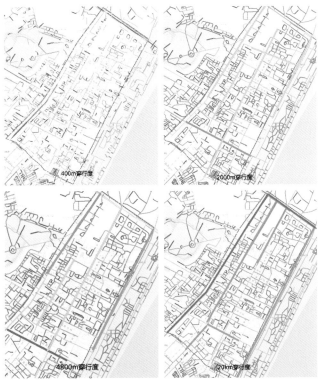

图7-1-6 片区400m、2000m、4800m和20km半径内的穿行度分析图

表现了较好的水平。这一结果表明，从路网结构分析，三阳路片区更适合做区域型或者城市型中心，而周围片区及本片区内部的吸引力较弱（图7-1-7）。

（二）基于空间句法分析的轨道交通服务水平评估

本研究从 2017 年 3 月 20 日开始进行连续 6 天的客流量统计，并结合空间句法理论分析影响地铁进出站客流的因素。再基于研究结果，对影响三阳片两个地铁站点（黄浦路、三阳路）的客流量情况的原因进行具体分析。

图 7-1-8 分别展示了全市各个站点间的日均进出站客流量统计，从统

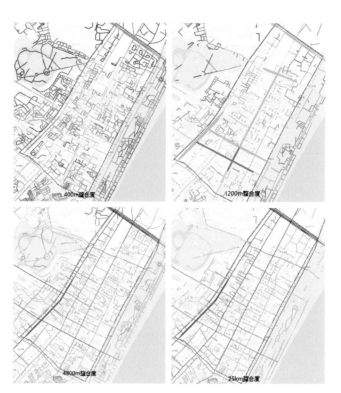

图 7-1-7 片区 400m、1200m、4800m 和 25km 半径内的整合度分析图

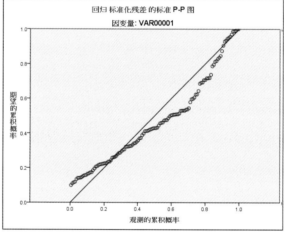

图 7-1-8 地铁站客流量与道路整合度相关性

计结果看出，黄浦路和三阳路的日进出站客流分别排在 132 个地铁站的 85 位和 91 位，处于客流量较小的水平。

由于进出站客流量是出行目的的体现，因此对其起决定作用的应该是分布于站点周边一定半径内的城市功能。而从空间句法的理论来说，站点周边的功能分布也受到这些街道在城市整体空间中的连接参数的影响：空间连接好的街区往往更有活力，有更多的商业分布，成为出行的目的地。也就是说，分析进出站客流量主要应分析地面街区的空间吸引力，而非地铁站点拓扑结构的吸引力。

基于这个假设，本研究尝试统计了武汉市所有站点 500m 半径内的道路整合度、穿行度的平均值和最大值，使用 spss 软件进行多元线性回归分析。

结果表明，与进出站客流量最相关的变量包括站点周边 500m 内街道的 10000m 整合度平均值和 3200m 整合度平均值。模拟拟合度 R 的平方值为 0.446，显著性分析 0.000 < 0.005，说明结果显著性明显，其公式为：

进出站客流量 =-1431.044+10000m 整合度平均值 ×12.62+3200m 整合度平均值 ×356.316。

这个结果印证了区域空间吸引力对地铁进出站客流量的预测力：站点周边 500m 范围内在 3200m 整合度和 10000m 整合度更好的街道，有更大的概率成为地铁出行的目的地。

如果需要向这两个区域引导更多的人流量聚集，则需要提高这两个站点 500m 范围内周边道路 3200m 整合度和 10000m 整合度相关拓扑系数。

（三）基于空间句法的机动车流量预测

本研究以三阳路为例，探索如何使用空间句法模型进行区域未来车流量预测。

我们将无人机航拍数据与空间句法的道路拓扑参数进行相关性分析（图 7-1-9）。

机动车的流量数据基于前述三个航拍位置获取。虽然三阳路施工断路对基地中的车流量影响很大，且

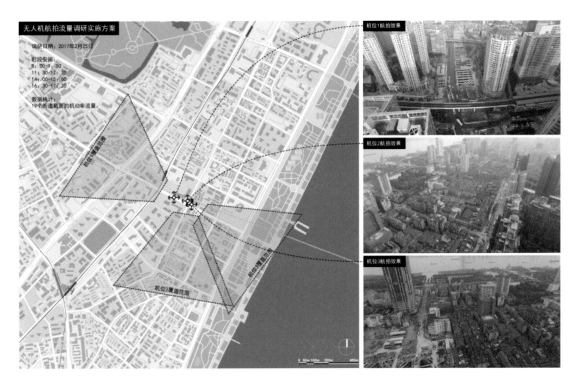

图 7-1-9　无人机航拍流量调研实施方案
资料来源：《武汉市城市更新中的定量化规划设计方法研究——以三阳路片为例》项目成果

图 7-1-10　三阳路机动车流量实地航拍数据
资料来源：《武汉市城市更新中的定量化规划设计方法研究——以三阳路片为例》项目成果

基于有限的三个位置仅能获得 19 个街道截面的车流量数据。但由于机动车流量受空间拓扑结构的影响很大且规律非常稳定，我们能够对有限的数据进行量化分析，锁定最适合的空间参数（图 7-1-10）。

如图 7-1-11 分析结果显示，7.5 公里半径和 10 公里半径穿行度值预测效果最好，其中峰值出现在 7.5 公里半径，其 R^2 值为 0.6527。所以 7.5 公里半径和 10 公里半径穿行度都可作为预测未来车流量分布的基础参数，通过线性回归方式预测车流量。

（四）基于空间句法的人流量预测

与车流量预测方法类似，本研究先实地监测从沿江大道到解放大道的人流量，再将获取的数据与空间句法的道路拓扑参数进行相关性分析，根据分析结果实现对该区域未来的人流量预测。

受制于拍摄的角度，人流量的数据非常难以获取，经常被建筑物和树木遮挡。作为一种尝试，我们试图采用百度街景中数出的单位长度步行人数分布线密度数据作为替代的数据源。采用百度街景的另外一个优势是可以结合时光机功能排除断路施工带来的影响。由于 2014 年三阳路已经进入拆迁状态，且街景数据受限于拍摄时刻的偶发情况，因此该数据的局限性较大，其结果仅做研究参考。

通过与空间句法模型的 Nach800 变量叠加进行回归分析，发现其结果能够较好地分析该地区的步行流量分布（R^2 值在 0.64，说明人流分布与空间句法模型的 Nach800 变量高度相关）（图 7-1-12）。

图 7-1-11　三阳路机动车流量与空间句法参数相关性分析
资料来源：《武汉市城市更新中的定量化规划设计方法研究——以三阳路片为例》项目成果

图 7-1-12　三阳路人流量百度街景数据
资料来源：《武汉市城市更新中的定量化规划设计方法研究——以三阳路片为例》项目成果

（五）基于空间句法的社会聚集规律分析

社区居民户外聚集活动对城市更新有潜在应用意义，我们对片区中比较有代表性的传统社区——四维社区进行了系统的实地调研。

为了对研究范围中的社会聚集现象进行收集和观察，我们在工作日和周末以地毯式的快照扫描方式对有人群聚集的区域进行记录，每天记录 4 次。街头摊贩等非居民的人群在数据中会被特殊标注以确保我们捕捉到的聚集行为都以当地居民为主，这样处理也能够在研究中分离商业功能对居民聚集的影响。同时，在可视化照片数据时，我们也区分了站立和坐着的人群（图 7-1-13~ 图 7-1-15）。

初步的分析显示 400m 半径的整合度和穿行度对解释社会聚集具有一定作用。直观来看，社会聚集的强度随着道路边界向街区内部道路递减。该分析结果同样可用于评估不同城市更新方案对人群聚集程度的影响（图 7-1-16）。

图 7-1-13 户外聚集调研
资料来源：《武汉市城市更新中的定量化规划设计方法研究——以三阳路片为例》项目成果

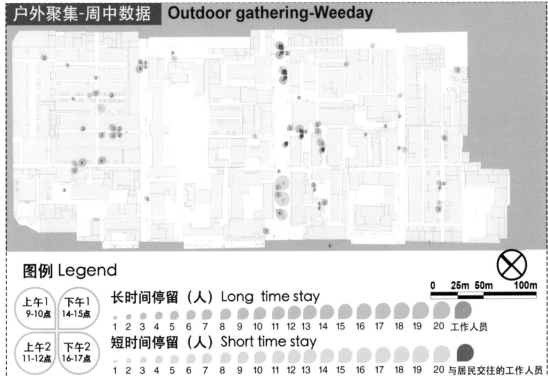

图 7-1-14 周中社区户外聚集人群分布
资料来源：《武汉市城市更新中的定量化规划设计方法研究——以三阳路片为例》项目成果

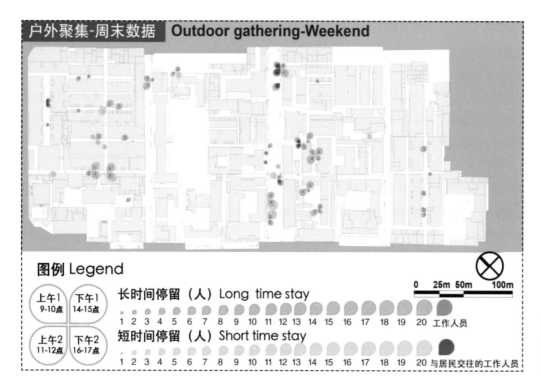

图 7-1-15 周末社区户外聚集人群分布
资料来源:《武汉市城市更新中的定量化规划设计方法研究——以三阳路片为例》项目成果

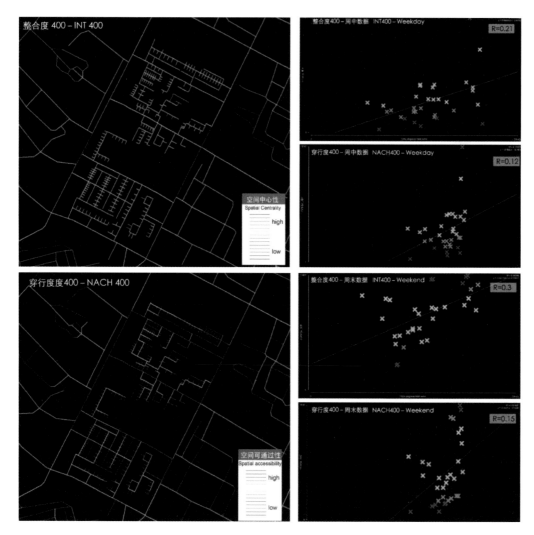

图 7-1-16 社会聚集与空间句法回归分析
资料来源:《武汉市城市更新中的定量化规划设计方法研究——以三阳路片为例》项目成果

7.1.4　结论与建议

城市更新中道路必然会产生改变，从而影响人、车流量的分布及社会聚集情况，本研究一方面引入新的调研技术，通过无人机、百度街景技术及实地调研，有效获取采样时间段内的现状人、车流量，另一方面通过空间句法工具，结合统计学原理，构建道路拓扑结构与人群行为的回归关系模型。空间句法可通过整合度和穿行度等指数，反映路网在抽象拓扑学中的可达性及被使用潜力，通过对公交站、停车场、地铁站与道路拓扑结构回归分析，判定设施服务能力是否与道路拓扑等级相一致，从而更精准地量化交通设施服务水平。

该研究探索的思路和研究结论，将可以直接应用于预测不同城市更新改造方案中人、车流量变化及社会聚集情况变化，从而定量化判定不同更新方案的优劣。

但空间句法到目前为止仍在不断的发展之中，其自身还并没有完全的成熟，在具体城市具体项目中预测效果的准确性还需要长期时间验证。此外，空间句法的本质是空间切割的拓扑关系研究，其基础模型是纯粹的图形拓扑分析，我们基于模型的人群行为预测，更多是依靠统计学的相关性原理，探索二者的回归关系，但实际上，影响人群行为的要素并不完全取决于城市拓扑空间，各种复杂的城市活动都会影响人群行为，因此空间句法只能在一定程度上反映或预测流量及聚集效应，对其分析结果要保持辩证的科学态度。

本研究只对人群行为变化与道路拓扑系数的相符程度进行了纯数理研究，但我们更需要花更多精力，对造成此结果的原因及影响因素进行深入的研究并剖析潜在问题，这将是今后研究的重点。

7.2　武汉市中心城区街道品质评价分析

7.2.1　研究概述

街道空间是城市活动的载体，也是城市居民最基本、最密切的公共活动场所。自 2015 年以来，中共中央和国务院在城市工作会议、各类管理意见和管理办法中多次提出优化城市道路、加强各类交通系统建设和提升街道特色的要求。为响应国家号召，武汉市提出的城市发展目标中也包括更加关注人的生活与街道的品质，近年来武汉市开展了多项历史文化街区改造更新、景观道路改造提升等关注街道空间的改造工作。

多年来国内外学者就城市街道空间品质展开了广泛而深入的研究。20 世纪七八十年代的早期研究主要是从街道所具有的条件来判断街道品质的好坏，其中简·雅各布斯、克里斯托弗·亚历山大和凯文·林奇均在他们的著作中指出高品质、具有活力、步行友好的街道应该具备的条件：包括了街道安全性、功能多样性、公共空间、街道尺度和关键性要素几个方面，但他们并未提出完整的指标体系来评价一条街道的好坏。进入新世纪，研究已经提出了完整指标体系来评价街道空间品质，评价方法主要分为主、客观评价研究。主观评价研究主要包括调查问卷、访谈以及专家打分模式等带有人为主观判断的调查方法，如里德·尤因（2009）和杨·盖尔（2003）均利用主观评价研究制定过相关评价体系。随着近年来人工智能的发展，训练 AI 以人的主观思维对影像进行评价的研究也逐渐崭露头角，Naik 团队（2014）通过机器学习建立街道安全评价体系 StreetScore 来对街道的安全感进行评价，虽然 AI 学习的模板来自于专家和街道使用者的主观思维方式，但 AI 弥补了传统主观评价研究调查中因数据样本量偏小而造成较大偏差的缺点。客观评价研究通过对街道物质空间的调查来评价空间现状，周进和黄建中（2003）用此方法建立了城市公共空间品质评价指标体系；苟爱萍和王江波（2011）利用 SD 语义分析法，将主观调查分析与街道客观现状调查结合，得到更为综合的评价结果。利用影像识别和大数据技术将客观评价研究带上新的台阶，龙瀛和唐婧娴（2017）利用开放大数据和街景图片分割技术，利用 AI 判读街道要素，应用大数据评价街道活动，从围合度、人性化尺度、通透性、整洁度和意象化对街道空间品质进行了测度。

随着技术手段的不断发展，大数据、AI 人工智能等信息化规划新技术已经逐渐成为规划设计核心技术手段之一，利用 AI 和大数据对街道空间进行评价也成了近年来的热点，但基于新技术手段对武汉市街道空间品质的研究却较少，尤其是将规划技术和信息化技术相结合的评价体系研究几乎空白。本章节使用融合了新技术与传统规划手段的多源数据对街道空间品质进行评价，为街道的规划建设提供一种分析思路，从而指导未来评估与街道相关的实施类项目和街道相关规划编制。

本次研究利用大数据、传统规划数据和现状调研数据，结合人工智能、ArcGIS 空间分析和空间句法等分析技术，提出一套用于评价街道空间品质的综合指标体系。研究主要包括三个部分：指标体系构建、实证研究和成果总结（图 7-2-1）。指标体系构建即分析模型的公式构建，通过项目文献学习、调查研究等方式，选取最适用于评价武汉市街道品质的若干种量化分析指标，形成完整的品质评价指标公式。实证研究即选取武汉市中心城区中一块区域对品质评价指标公式进行实例研究。成果总结即对最终成果进行分析说明，并根据结果和分析过程中出现的问题和技术壁垒作出总结。需要特别指出的是，在本章节的研究中，街道物质空间层面的研究对象被界定为以下几个部分：主要功能设施，包括机动车道、公交车道、机动车停车带、非机动车道和人行道等；附属功能设施，包括街道绿化、街道家具、市政设施、隔离设施、人行横道和安全设施等；空间界面，包括沿街建筑立面形态、色彩和附属设施等。采取的数据主要来源于互联网地图开放平台街景影像数据、互联网开放平台 POI 数据、传统规划设计图纸数据和现状调研数据。

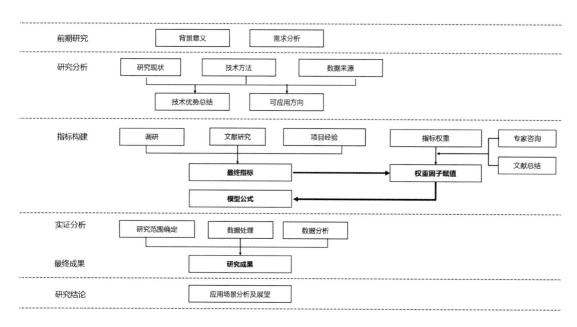

图 7-2-1 技术分析图

7.2.2 武汉中心城区街道空间品质评价体系构建

近年来关于街道空间品质评价的研究层出不穷，针对不同的关注重点和评价方式，各类研究建立了不同的指标体系。街道作为城市的基础，空间品质特色与城市自身特点息息相关，包括城市地理、气候、历史和发展方向等，没有一套指标体系可以适用于所有的城市街道。本次研究通过总结各类指标提炼的方式方法，结合近期武汉市街道空间相关规划编制成果和实施性项目经验，构建针对武汉城市特点的评价指标体系。

（一）武汉市街道空间现状

武汉市中心城区现状共建设道路 1850 条，总里程达 1940km，占规划道路的 68%。整体街道格局特色较为明显，三镇沿两江生成环射状路网体系，且道路形成垂江、顺江和环湖三种特色路网形态。同时由于武汉特殊的历史文化背景，中心城区街道空间变化多样、丰富多元，中西方文化碰撞明显。就建筑风格而言，既有西式历史建筑，也有现代风格建筑，时代特征明显；就街道文化而言，既有水运码头文化，也有市井商业文化，雅俗共存、活力突显。

道路空间特征明显的同时，现状问题也较为突出。首先除汉口原租界区路网密度较好之外，其他区域整体路网密度偏低，尤其支路网建设相对滞后，微循环存在堵塞，且多数街道空间内非机动车与行人通行不畅，慢行网络建设亟待完善。其次街道空间同质化严重，未进行改造更新的历史街区、特色滨水街区与一般性街区差别较小，街道特色与城市风貌、文化特征未能很好匹配。同时大量街道空间并未承载必须的公共活动，例如街头公园、休闲座椅、景观小品等未布置，与市民日益增长的对美好生活的需求不匹配。此外城市有限的管理水平使占道停车、私自征用街道空间、施工打围区域交通堵塞的情况多发，街道形象与城市建设目标不匹配。

（二）武汉市中心城区的街道空间品质评价体系构建

总体而言，街道空间品质评价在测度方法上分为主观感受和客观数据评价两类，分析维度包括城市及建筑设计、交通、景观、生态、健康和社会感知等。不同测度方法虽在分析维度上有所差异，但综合使用能构建出较为完整的指标体系。王兰等人（2018）在其文章中多角度比选了国内外各种评估体系，选取"测量城市设计"（Measuring Urban Design）评估体系，将文献整理、影像资料整理和专家打分方法相结合，结合指标在实际项目中的合理性和可操作性，从环境影响、意向性、围合度、人尺度、透明性和丰富性几个维度构建出最终的指标体系。叶宇等人（2019）探索了人本尺度下的街道空间特征要素的选择，通过对空间品质系列经典研究的回顾、分析机器学习算法的可操作性，选取街道绿视率、天空可见度、建筑界面、步行空间、道路机动化程度、多样性和可达性等要素构建指标体系。由上述研究可见，指标体系的构建多通过对于经典文献案例的梳理和指标实操性的评价两部分构成。本次指标体系的构建也将从这两方面进行探索。

1. 街道空间品质评价指标选取

为更好地建设武汉市本土特点的街道空间，本次研究的指标选取思路主要有 3 个：首先，指标必须常用并具有城市代表性和可操作性，能够反映城市突出的现状问题，尤其要与街道品质联系紧密的相关编制类及实施类项目中重点关注的问题相对接；其次，指标必须反映街道使用者所最关心的街道问题，探索使用者最关心的街道空间元素；最后，选取的指标能够通过现有的新兴信息化规划技术与传统规划技术进行量化分析研究，得到最终结论。

为选取出常用且具有重要城市代表性的指标，首先对探究街道空间品质的文献进行整理。综合分析尤因（2009）提出的基础城市设计品质量化模型、叶宇（2019）提出的街道空间品质测度模型、唐婧娴等人（2017）设计的评价街道空间改造的模型和贺慧等人（2018）构建的分析商业街道公共空间品质的指标，出现频率较高的指标包括街道绿视率、天空率、开敞率、建筑视野率、贴线率、步行空间尺度、透明度和宽高比等。针对武汉城市特色，本研究对《武汉市街道设计导则》《武汉市城市道路全要素规划设计导则》《汉口租界区街道系统规划》《武汉市城市设计管理要素库》等武汉市近期编制的街道类规划项目进行了整理，其中具有城市特点的重点关注指标包括：步行空间尺度、非机动车及慢行系统完整性、建筑前区空间尺度、全口径市民街道设施（无障碍通道、老幼休憩及娱乐设施）、建筑宽高比、微型公共空间的布局及相应设施布局、街道家具、交通与街道功能协调性、交通安全设施配置、贴线率、绿视率、沿街出入口数量 12 项。为反映街道使用者最关心的街道元素，我们参考了《武汉市街道设计导则》对定义"理想的街道"所进行的使用者线上线下问卷调查，市民认为高品质的街道特征重要性从低到高依次为：街道步行安全、宜人的空间尺度、良好的街道管理与维护、街道设施与家具的布置、街道的活力性、舒适的街道环境、独特的街道气质和高可达性。因此在选定指标上，对步行空间尺度、宽高比、街道家具、透明度与商铺个数、绿视率、趣味性和街道风貌这几个指标需格外重视。最后，得到的指标需被现有的各类技术转译后量化表达，部分无法获取数据、无法设定评价方式的指标需要从指标体系中剔除。

综上所述，将经典文献和实际案例中提炼得到的指标进行整理后，得到用于本次研究的指标共 15 个，具体指标和相应的评价技术见表 7-2-1。

评价指标表   表 7-2-1

序号	一级分类	评价指标	评价技术
1	街道功能空间	步行空间宽度	二维平面数据
2		道路可达性	空间句法
3		路边停车设施	调研数据
4	街道空间设施	步行通道空间连续度	调研数据
5		无障碍通道空间连续度	调研数据
6		街道家具评价	街景影像
7	街道视觉感受	高宽比	街景影像
8		天空开敞率	街景影像
9		贴线率	二维平面数据
10		绿视率	街景影像
11		建筑视野率	街景影像
12		透明度	调研数据
13	街道风貌感受	空间趣味度	街景影像
14		星级店铺百米数	大数据
15		街道开朗度	街景影像

2. 指标模型建立

指标选定后，需对每一个指标赋予不同的权重来建立最终的指标模型。本次研究通过对比相关文献及研究，并与武汉市规划行业专家进行座谈后，确定各项指标权重，得到最终的评价指标体系如表 7-2-2。

权重指标表   表 7-2-2

序号	一级分类	评价指标	权重系数
1	街道功能空间	步行空间宽度	0.068
2		道路可达性	0.075
3		路边停车设施	0.023
4	街道空间设施	步行通道空间连续度	0.071
5		无障碍通道空间连续度	0.056
6		街道家具评价	0.083
7	街道视觉感受	宽高比	0.071
8		贴线率	0.075
9		绿视率	0.056
10		透明度	0.071
11		天空开敞率	0.068
12		建筑视野率	0.068
13	街道风貌感受	空间趣味度	0.075
14		星级店铺百米数	0.064
15		街道开朗度	0.075

因子确定后，针对每个评价指标设定相应的评价标准，评价结果以分数进行对应。

（1）步行空间宽度评价

结合国内大城市街道设计导则中对于理想街道的步行空间宽度（设施带、步行通行区和建筑总宽度）的设定，对现状街道的步行空间尺度进行评价，规定评价结果为"好"——记9分；"中"——记5分；"差"——记1分（表7-2-3）。

步行空间宽度评价表　　　　　　　　　　　　　　　表7-2-3

街道类别	评价区间		
	好（9分）	中（5分）	差（1分）
交通型街道	两侧>5m	5m>两侧>2.5m；单侧<5m	两侧<2.5m
综合型/商业型街道	两侧>5m	5m>两侧>2.5m；单侧<5m	两侧<2.5m
生活型街道	两侧>2m，巷道>1.5m	2m>两侧>1.5m；单侧<1m	两侧<1.5m
景观型街道	两侧>5m	5m>两侧>2.5m；单侧<5m	两侧<2.5m

（2）道路可达性评价

比尔·希列尔（1984）提出的空间句法软件对道路的可达性作出了完整全面的分析。本次研究运用空间句法软件进行800m步行可达性和3200m非机动车与机动车可达性分析，得到不同的可达性评分，根据其得分进行分段评价（表7-2-4）。

可达性评价表　　　　　　　　　　　　　　　表7-2-4

可达性	评价区间				
	差（1分）	较差（3分）	一般（5分）	良（7分）	好（9分）
800m	<240m	240~282m	282~308m	308~348m	>348m
3200m	<1697m	1697~1876m	1876~2060m	2060~2400m	>2400m

（3）路边停车设施评价

根据道路的不同等级、不同宽度评价该条道路是否适合路边停车（表7-2-5）。路段内按照标准进行路边停车设置记为达标（"好"——9分），未按标准执行记为不达标（"差"——1分）。

路边停车设施评价表　　　　　　　　　　　　　　　表7-2-5

道路类型		车行道空间宽度（m）	路边停车位置
城市快速路		—	禁止停车
城市主干道		—	禁止停车
特殊历史性、景观性道路		—	禁止停车
一般性道路	双向通行	>12	允许两侧停车
		8~12	允许单侧停车
		<8	禁止停车
	单向通行	>9	允许两侧停车
		6~9	允许单侧停车
		<6	禁止停车
小巷		>9	允许两侧停车
		6~9	允许单侧停车
		<6	禁止停车

（4）步行通道空间连续度评价

根据现状通道空间连续度情况进行评价，道路100%设置有通道视为完全连续，记9分为"好"。超60%道路长度设置有通道视为大部分连续。小于60%道路长度设置有通道视为部分连续，双侧大部分连续记 7 分为"良",双侧部分连续或单侧完全连续记 5 分为"一般",单侧部分连续记 3 分为"较差"。没有设置通道为无通道,记 1 分为"差"。(表 7-2-6)。

步行和无障碍通道空间联系度评价表   表 7-2-6

评分	好(9分)	良(7分)	一般(5分)	较差(3分)	差(1分)
通道情况	双侧完全连续	双侧大部分连续	双侧部分连续;单侧完全连续	单侧部分连续	双侧无通道

(5)无障碍通道空间连续度评价

评价方式与标准同上一个指标"步行通道空间连续度评价",评价标准见表 7-2-6。

(6)街道小品达标性评价

对街道中垃圾箱、座椅、艺术小品等进行评价。其中垃圾箱评价标准参考相关街道设计,即箱体在不同道路类型的间距要求(表 7-2-7)。休闲座椅、艺术小品没有固定的标准,因此在评价中将设置有座椅与小品的街道分别标记为座椅达标与小品达标,结合垃圾箱达标进行统一评价。街道区段中街道家具中有两项及以上达标为"优"——记 9 分;一项为"中"——记 5 分;没有任何一项达标为"差"——记 1 分。

垃圾箱达标评价表   表 7-2-7

道路类型	交通型街道	生活型街道	综合型/商业型街道	景观型街道	其他
间距要求(m)	200~400	50~100	50~100	100~200	50~100

(7)宽高比评价

街道宽高比是评价街道尺度的重要方法之一,不同的宽高比带给街道使用者不同的空间感知。芦原义信(2006)在《街道的美学》中指出不同功能与类型的街道应该拥有不同的最佳宽高比,本次研究利用人工智能对三维建筑模型的识别,根据相关研究和规划的宽高比评价研究,进行宽高比的好中差分数评价(表 7-2-8)。

宽高比评价表   表 7-2-8

道路类型	评价区间		
	好(9分)	中(5分)	差(1分)
商业	0.66~2	0.33~0.66,2~3	其他
生活	0.66~2	0.33~0.66,2~3	其他
交通/综合/景观	1.0~2.0	0.66~1,2~3	其他

(8)贴线率评价

贴线率=街墙立面线长度÷建筑控制线长度×100%。贴线率是对街道围合度的一种判读方式。综合性、商业性和生活性街道应强调更高的围合度,即更高的贴线率控制。本次研究根据不同的街道类别对贴线率进行好中差分数评价(表 7-2-9)。

贴线率评价表   表 7-2-9

街道类别	评价区间		
	好(9分)	中(5分)	差(1分)
交通型街道	55%~65%	45%~55%,65%~75%	<45%,>75%
综合型/商业型街道	>80%	70%~80%	<70%
生活型街道	>70%	60%~70%	<60%
景观型街道	55%~65%	45%~55%,65%~75%	<45%,>75%

(9)绿视率评价

日本学者折原夏志(2006)将绿视率按五段评价划分:少于 5% 的绿视率街道绿量感知差,5%~15% 的街道绿量感知较差,15%~25% 的街道感觉有一些绿化,25%~35% 的街道感觉有较多绿化,35% 以上的街道感觉绿化很好。因此，本次研究基于其成果进行好中差分数评价（表7-2-10）。

绿视率评价表　　　　　　　　　　　　　　　　　　　　　　　表7-2-10

评分	好（9分）	良（7分）	一般（5分）	较差（3分）	差（1分）
绿视率	<5%	5%~15%	15%~25%	25%~35%	>35%

（10）透明度评价

沿街建筑立面底层设计应注重虚实结合，避免大面积实墙，鼓励店铺与使用者的互动。本次研究中，根据道路类型对透明度进行好中差分数评价。其中由于街道功能差异，生活服务性街道的透明度要求较其他种类低（表7-2-11）。

透明度评价表　　　　　　　　　　　　　　　　　　　　　　　表7-2-11

道路类型	评价区间	
	达标（9分）	不达标（1分）
商业/综合	≥60%	<60%
生活	≥30%	<30%
交通	≥60%	<60%
景观	≥60%	<60%

（11）天空开敞率评价

天空开敞率是指某个位置上天空相对整个视野的面积占比，用以描述该位置的天空可见程度，是对于街道通透度的一种体现。不同功能性的街道对于天空开敞率的要求有所区别。本次研究利用人工智能方法对街景影像进行识别后，判读天空开敞率而进行好中差分数评价（表7-2-12）。

天空开敞率评价表　　　　　　　　　　　　　　　　　　　　　表7-2-12

评分	好（9分）	良（7分）	一般（5分）	较差（3分）	差（1分）
一般街道	<5%	5%~10%	10%~20%	20%~30%	≥30%
景观性街道	≥30%	20%~30%	10%~20%	5%~10%	<5%

（12）建筑视野率评价

建筑视野率是指某个位置上建筑相对整个视野的面积占比，用以描述该位置的建筑可见程度，是对于街道围合度的一种体现。对于不同功能性的街道建筑视野率有所区别。本次研究利用人工智能方法对街景影像进行识别后，判读建筑视野率进行好中差分数评价（表7-2-13）。

建筑视野率评价表　　　　　　　　　　　　　　　　　　　　　表7-2-13

评分	差（1分）	较差（3分）	一般（5分）	良（7分）	好（9分）
一般街道	<20%	20%~30%	30%~40%	40%~50%	≥50%
景观性街道	≥50%	40%~50%	30%~40%	20%~30%	<20%

（13）空间趣味度评价

空间趣味度是通过人工智能对有趣的街道空间照片进行深度学习后，应用机器对收集的街景影像进行打分判读，模拟人工好中差打分评价街道的趣味程度（表7-2-14）。

空间趣味度评价表　　　　　　　　　　　　　　　　　　　　　表7-2-14

评分	差（1分）	较差（3分）	一般（5分）	良（7分）	好（9分）
空间趣味度	<2	2~5	5~6.5	6.5~8	≥8

（14）星级店铺密度评价

根据陈泳（2014）对于上海市淮海路和徐磊青对上海市南京西路的研究，均指出店铺密度达到每百米7个，能够最好的平衡人流量与商铺活力。该指标数据来源自大众点评开源大数据，对于店铺区位和准确性有一定的不准确性，因此只利用点评分数达到 3 星的店铺进行好中差分数评价（表 7-2-15）。

星级店铺密度评价表　　　　　　　　　　　　　　表 7-2-15

评分	差（1分）	较差（3分）	一般（5分）	良（7分）	好（9分）
店铺密度（个/百米）	<2	2~4	4~5	5~7	≥7

（15）街道开朗度评价

街道开朗度的评价是通过人工智能深度学习后，机器对收集的街景影像进行"好中差"打分判读街道的开敞度。与传统单纯指代开阔程度不同，本次研究的开朗度不单纯指高天空开敞率和低建筑视野率，机器判读的是能给市民带来愉快开朗体验的街道体验，是一个综合性评价（表 7-2-16）。

街道开朗度评价表　　　　　　　　　　　　　　表 7-2-16

评分	差（1分）	较差（3分）	一般（5分）	良（7分）	好（9分）
开朗度	<2	2~4	4~6	6~8	≥8

7.2.3 武汉中心城区街道品质分析实证研究

为验证指标模型在武汉市中心城区的合理性与适用度，本次研究在武汉市中心城区选取一片区域对上一节的指标模型进行验证。进行实证研究的区域须处于城市重要的功能片区，用地类型多元复合，道路种类多样，同时具备武汉市典型的城市风貌特征，即不仅承载武汉的核心城市物质空间功能，而且是历史、地理等非物质空间层面的城市载体样板，能够很好的代表武汉市中心城区街道空间品质。基于如上考虑，本次研究选取汉口江岸区一元路片 1.87 平方公里为研究区域（图 7-2-2）。

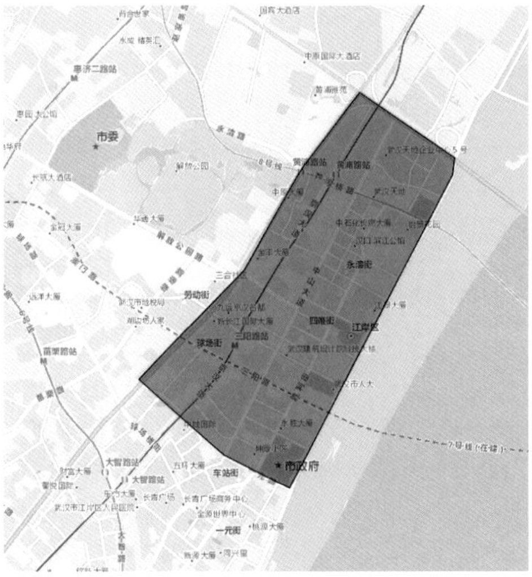

图 7-2-2　实证研究用地范围图

（一）研究范围

研究范围北起黄浦大街，南抵一元路和新马路，东达沿江大道，西临解放大道。片区范围内街道密度较高，涵盖多种功能性街道，即高架路和轨道交通线路的交通性干道、商业性代表街道、沿江景观性道路，服务市民生活性道路等。同时一元路片地处汉口原租界区，范围内新旧建筑融合、道路新旧程度不一、道路空间差异化较大，可供研究的空间现状丰富多元，拥有较好的研究条件。

（二）街道数据样本设定

按道路名称划分，片区内共有街道 31 条，其中顺江道路 7 条，垂江道路 24 条。按道路等级划分，片区内有快速路 2 条，主干道 2 条，次干道 4 条，支路 26 条，公共通道 4 条。按道路功能划分，片区内分布有交通性道路 4 条，综合商业性道路 3 条，景观性道路 1 条，生活服务性道路 24 条（表 7-2-17）。

道路分类表 表 7-2-17

道路	街道形态	街道等级	街道功能
解放大道	顺江	主城快速路	交通型
京汉大道	顺江	主城次干道、支路	交通型
中山大道	顺江	主城次干道、支路	综合型
长春街	顺江	主城支路、公共通道	生活服务型
胜利街	顺江	主城次干道	生活服务型
沿江大道	顺江	主城主干道	景观型
解放南路	顺江	主城支路	生活服务型
黄浦大街	垂江	主城快速路	交通型
卢沟桥路	垂江	主城次干道、支路	商业型
大连路	垂江	主城支路	生活服务型
郝梦龄路	垂江	主城支路	生活服务型
张自忠路	垂江	主城支路	生活服务型
新兴街	垂江	主城支路	生活服务型
沈阳路	垂江	主城支路	生活服务型
山海关路	垂江	主城支路	生活服务型
陈怀民路	垂江	主城支路	生活服务型
六合路	垂江	主城支路	生活服务型
解放公园路	垂江	主城支路	生活服务型
五福小路	垂江	主城支路	生活服务型
五福路	垂江	主城支路	生活服务型
四唯小路	垂江	主城支路	生活服务型
麟趾路	垂江	主城支路	生活服务型
四唯路	垂江	主城支路	生活服务型
三阳路	垂江	主城主干道	交通型 / 综合型
二曜小路	垂江	公共通道	生活服务型
二曜路	垂江	主城支路	生活服务型
建设街	垂江	主城支路	生活服务型
公安路	垂江	公共通道	生活服务型
一元小路	垂江	公共通道	生活服务型
新马路	垂江	主城支路	生活服务型
一元路	垂江	主城支路	生活服务型

　　为方便数据样本的计算与分析，本次研究将街道进行切段处理。综合考虑片区较大的道路网密度和较多样的道路情况，道路基本区段单元以道路交叉口进行切分，没有交叉口进行切割的较长道路，根据主要建筑主入口和公共通道入口进行切分，最终形成 118 段道路分析区段（图 7-2-3），每条道路区段是本次分析的最小单元。

（三）评价指标分析

　　本次研究从多源数据角度出发，对四大类共 15 个指标进行分析。数据来源包括传统的规划二维平面数据、街景影像数据、调研数据和大数据。评价方法在第二小节指标模型建立中已进行了详细的阐述，本小节只对评价结果进行分析。

1. 街道空间功能指标

　　主要针对街道功能性空间进行评价。指标共 3 个，包括步行空间宽度、道路可达性和路边停车设施。

　　经过评价分析得到街道空间功能的三个指标评价结果（图 7-2-4）。如图可见步行空间较好的街道区

段普遍是高等级道路和较新修建的道路段，而修建年代较为
久远的城市支路，如大连路、郝梦龄路、沈阳路和陈怀民等
路段明显步行空间宽度不足，步行体验较差。可达性评价结
果显示，解放大道和与其相交的新兴街、解放公园路、三阳
路等可达性等级明显较高，可见较高等级道路和其相交道路
在可达性上有一定优势。区域范围内路边停车评价整体情况
较好，仅有少数较老旧路段未能达标。

图 7-2-3　研究区域道
路区段图

2. 街道空间设施指标

　　主要针对街道空间上的各类设施进行评价。指标共 3 个，
包括步行通道空间连续度、无障碍通道空间连续度和街道家具。

　　经过评价分析得到街道空间设施的三个指标评价结果（图
7-2-5）。研究区域内整体步行通道连续度较好，行人通行
系统较为完整。无障碍通道连续度情况差异较大，高等级道

图 7-2-4　街道空间功
能指标评价图

图 7-2-5　街道空间设
施指标评价图

路均拥有连续完整的无障碍通道，但在城市支路连续度情况较差。街道家具整体表现较一般，各街道缺乏完善的街道家具设施布局。

3. 街道视觉感受指标

主要针对使用者在街道中的视觉感觉进行评价。指标共 6 个，包括宽高比、贴线率、绿视率、透明度、天空开敞率和建筑视野率。

经过评价分析得到街道视觉感受 6 个指标评价结果（图 7-2-6）。街道宽高比和贴线率整体在垂江生活服务性道路上评价表现较好，这些街道拥有更宜人舒适的空间尺度和更适宜的街道围合感。绿视率评价结果显示非快速路的顺江道路在绿化配置上较好，但景观性沿江大道的绿视率有待增强。透明度评价结果表明快速路黄浦大街和解放大道两侧透明度明显不足，而较狭窄的小巷道如一元小路、二曜小路等两处透明度不足。天空视野率整体评价良好，在沿江大道表现突出。建筑视野率评价整体较为一般，情况同一道路不同区段间评价差异大，但沿江大道表现突出。

4. 街道风貌感受指标

主要针对街道的体验感受进行评价，指标共 3 个，包括空间趣味度、星级店铺密度和街道开朗度。

经过评价分析得到街道风貌感受 3 个指标评价结果（图 7-2-7）。区域内整体趣味度较好，在卢沟桥

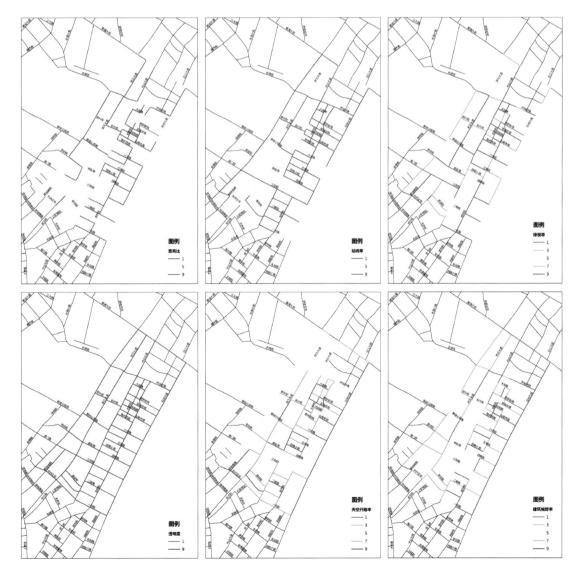

图 7-2-6 街道视觉感受指标评价图

图 7-2-7　街道风貌感受指标评价图

路近武汉天地片道路区段表现优越，部分生活服务街道区段因其浓厚的生活气息形成了较高的评价得分。星级店铺密度评价在武汉天地片和武汉二中附近街道区段表现优越，但整体店铺密度评价得分一般。研究片区街道开朗度评价整体较好，在狭窄的小巷道表现较差，感受逼仄不宜人。

（四）实证研究结果分析及验证

　　将各指标进行评价并叠加权重因子后，得到街道空间品质评价总得分（图 7-2-8）。研究表明，中山大道与郝梦龄路、大连路交汇段（近武汉二中）拥有片区最高的得分，且为片区内唯一过 8 分的高品质路段。长春街最北段、胜利街与张自忠交汇段、与六合路交汇段以及京汉大道与公安路交汇段均有高得分表现。

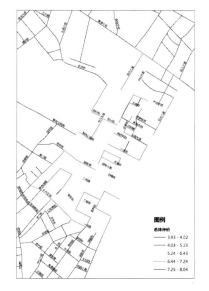

图 7-2-8　总指标评价图

　　通过对比街景图片，发现高得分街道空间在街道围合感、尺度感和景观方面均有着优越表现。对中山大道最高得分街景图片切片进行分析，街道路面非机分离，两侧步行空间完整连续，高绿视率契合武汉的气候特征，两侧适当后退的建筑结合行道树使街道空间既充满围合感，道路左侧近学校段步行道路空间舒适，较为狭窄的右侧步行道路空间是该区段内唯一空间品质的缺陷（图 7-2-9）。但整体来看，学区周边的交通管制合理，建筑高度合适，沿街小商铺多元，街道整体充满活力和趣味。

　　随后根据不同类型的街道进行进一步分析。生活服务性街道在片区内得分情况差异大，在较高得分街道区段内，道路普遍拥有良好的围合感、较为宜人的空间尺度和舒适的绿化环境（图 7-2-10、图 7-2-11），但在街道可达性、街道家具和建筑视野率等评分上需要加强。

　　交通性道路在片区内整体评价较为一般，解放大道和黄浦大街分数整体较低。京汉大道作为交通性和综合性兼具的街道，评价中等偏上。选取高得分区段街景影像照片进行分析，显示该区段非机分离，步行空间连续且尺度适宜，提供景观性较好的街头空间绿地，整体绿视率较好（图 7-2-12）。得分较低道路段在可达性、贴线率和设施配置上表现尚可，但在建设中过于突出交通功能（图 7-2-13），而辅道两侧步行空间尺度不宜人、商铺透明度不足且景观配置未达到标准（图 7-2-14），忽视街道整体风貌。目前，中心城区交通性道路虽然以交能功能为主，但随着城市功能不断复合，辅道两侧空间的品质建设重要性逐渐突显，研究片区在这方面仍显落后。

研究片区商业性和综合性道路评价整体较好。其中武汉天地和武汉二中附近街道区段有明显较好的空间品质，街道的围合度、宽高比、绿视率、空间尺度等均有较高的得分（图 7-2-15）。此外特别指出，由于中山大道两侧施工情况较为复杂，获取街道影像和现状数据时，部分区段仍在施工中，表现受影响而导致得分下降。

景观性街道整体评分中等偏上。总体上设施和景观配置较好，但较差的设计感降低了整体趣味性评价，一定程度上影响了街道两侧活力，同时防洪墙隔断一侧步行空间的尺度较差，一定程度上也降低了品质评分（图 7-2-16）。

图 7-2-9 中山大道切片街景影像图（左）
资料来源：百度街景图片

图 7-2-10 生活性街道高得分区段街景影像图（右）
资料来源：百度街景图片

图 7-2-11 生活性街道高得分区段街景影像图（左）
资料来源：百度街景图片

图 7-2-12 京汉大道高得分区段街景影像图（右）
资料来源：百度街景图片

图 7-2-13 解放大道低得分区段街景影像图（左）
资料来源：百度街景图片

图 7-2-14 解放大道低得分区段街景影像图（右）
资料来源：百度街景图片

图 7-2-15 卢沟桥路高得分区段街景影像图（左）
资料来源：百度街景图片

图 7-2-16 沿江大道区段街景影像图（右）
资料来源：百度街景图片

7.2.4 结论与建议

随着信息化技术持续发展，大数据和人工智能时代到来。新技术和新数据不仅能充分释放数据资源潜能，从"数据治理"角度探索传统的规划技术不能达到的层面，也能解决传统规划调研中人力资源不足的问题。

基于多源数据的分析方法，更有效的将宏观、中观和微观数据有机结合，弥补传统技术无法在短期获取大量宏观和中观数据的劣势，补足信息化新技术无法直接进行主观测度的不足，为城市规划研究与实践带来了全新的视角。

本研究基于多源数据分析手段，制定了一套街道空间品质评价指标，并通过对武汉市中心城区这一区域的实证研究，证实用此种方式对城市街道空间品质进行评价是有效的。研究中使用了新兴的数据识别技术和数据研究手段，分析街道影像和相关规划数据。这些不同的技术手段能进行更高效的分析，从更多元的角度考查评估街道的功能和空间品质，而研究中使用的人工智能技术更是大幅度解放了人力资源，更精确客观地判读资料数据。多源的数据资源使分析不仅仅停留在单纯的物质空间基础客观数据分析，还拓展到街道非物质空间层面。现在城市规划进入存量规划时代，城市规划对于旧城改造更新的需求不断增加，对于老街区和旧街道空间功能品质评价成为重点关注的部分，而高效可靠的街道功能、空间品质分析技术和不同数据的分析思路在未来的规划实践中将起到重要的作用，新兴技术能代替部分繁琐无谓的人工数据分析，新兴数据能从不同的角度分析城市空间的功能，从而使规划工作更科学有效。

不可否认的是，鉴于城市街道空间的复杂性，该指标体系仍有不全面的地方，例如缺少对街道空间两侧建筑的相关指标评价，包括建筑立面的整洁性与特色风貌评价、建筑色彩与规范的契合度评价、建筑前区面积评价等；缺少对街道环境整洁性的评价，如人工智能对于街道整洁度的评价、街道气味的评价和空气质量数据等；缺少对街道设施更细化的评价，如安全性评价、可持续设施评价和设施复合利用度评价等。因此，后续的研究需要重点关注两个方面：一是推进人工智能的进一步评价学习，例如街道环境整洁性的评价、街道安全性评价以及更加细致的街道设施识别系统；二是进一步收集和梳理各类数据，利用大数据技术手段跟踪监测环境质量数据、人群与车流数据、各类智慧城市设施的数据等，以及利用新的科技资源增加传统数据的获取路径，例如建立数据资源共享云平台，多方面收集数据，提高微观数据的获取效率。

7.3 武汉市中山大道街道功能活力影响要素的识别与分析

7.3.1 研究概述

商业中心区街道是城市重要的功能空间和公共空间，也是人感知和体验城市活力的重要场所之一。前人关于城市街道的研究十分丰富，不同领域的学者研究视角有所不同，在"人本主义"的倡导下，对于反映街道功能的能效——"活力"的研究逐渐成为学界的热点。

1961 年，美国社会学家简·雅各布斯在《美国大城市的死与生》中提出，街道有生气，城市也有生气，街道沉闷城市也沉闷。城市的街道要产生良好的经济资源需要满足 3 个必须的条件：首先，街区应具有多样化的混合功能用途，并且要采取小街区密路网的交通组织形式；其次，还需要具有多元化样式、年代的临街建筑；最后，高密度的人流聚集（包括居民和游客）也是必不可少的条件。1971 年，丹麦建筑师扬·盖尔在《交往与空间》一书中提出，街道的宽度、长度、路面铺装材料、休憩空间、建筑临街界面的多样性、步行距离、机动车通行速度等要素对于在街道空间中的活动感受都有不同程度的影响。1979 年，日本建筑师芦原义信在《街道的美学》中强调了街道环境中人是体验的主体，并提出开敞而非封闭的临街景观、临街绿化带、精心设计的街道家具，吸引人的临街建筑等这几类要素是创造出给人美观和愉快的街道的必备要素，此外，街道中的广场、街道宽高比、建筑界面都会影响人的体验。龙瀛（2016）在《街道活力的量化评价及影响因素分析——以成都为例》一文中，对成都全市的街道活力开展了定量研究，构建了街道活力定量评价指标体系，分析了街道活力的外在表征和街道物质构成因素之间的关系。姜蕾（2016）在《城市街道活力的定量评价方法初探》中，从街道活力的表征和街道活力构成两个维度对街道活力进行了评价，利用基于现场调研的数据对街道活力进行定量分析。

通过对已有文献的分析，大部分研究重点集中于宏观层次的街道空间对比研究，并且对街道活力的构成与含义描述较为含糊，研究结果对于中微观层次街道空间的规划指导意义不大。与此同时，采用量化手段对街道活力的研究刚刚起步，现有的街道活力量化研究多利用人工统计的数据，如到街道现场进行实地测量或统计，耗时耗力，准确性更需要进一步考证，而利用新兴的互联网大数据的综合应用尚不太成熟。

武汉市中山大道是位于武汉中心城区内核的一条百年商业街，是最能体现武汉商业历史、商贸文化、商业服务功能的街道空间之一。2014~2016年，中山大道结合地铁的建设实施了封闭改造，2016年底重新开街。改造工程对中山大道的物质空间环境带来了明显的提升，但近两年来的运营发现，中山大道的商业功能实际活力与改造目标有一定差距。因此，对中山大道功能活力情况展开相应的分析研究则显得尤为重要，确定与其活力相关的影响因素，才能找到症结所在，提出相应的优化建议。

本研究试图通过对街道功能活力概念的解析，基于活力表征与活力构成两个维度来构建商业中心区街道活力的评估指标体系，对武汉市中山大道商业街道空间进行实证分析。其中，主要采用多元数据收集和统计相关评估指标，运用回归分析方法识别出对街道活力影响度较大的评估指标，结合现场调研和访谈的情况，分析判断街道活力功能的问题所在，提出提升街道活力的规划策略。

7.3.2 商业中心区街道功能活力影响要素识别方法构建

（一）确定评估维度

作为城市街道功能活力定量评估的基础，评估维度的确定应该具有较强的针对性。本次研究的对象是商业中心区街道的功能活力。不同的价值取向会对评价维度的选择产生不同的影响，政府决策者和规划设计师由于本身具有利益相关者的属性，将在评价中产生丧失客观性和独立性，面对"精英阶层"的评价失效，我们必须将评价的重点回归街道本身。因此本次研究将基于以下两个方面对评估维度进行选择：一方面是街道功能活力的表征要素，即这条街道上发生的公共活动的丰富程度；另一方面是街道功能活力的影响要素，即街道的物质空间环境相关要素，他们的数量、属性、类别等均会对街道功能表征要素产生影响。

在活力表征的维度下，对于商业中心区的街道空间而言，街道功能活力的表征不仅包括了人的活动，也应该包括经济活动。人流在这里的活动和聚集表征了街道公共活动的活跃程度；而一系列的消费行为在这里产生和聚集，则表征了经济活动的丰富程度，经济活动的表征要素主要包括消费金额和消费频次两类。

在活力影响的维度下，可以依据研究目的进一步分为以下两个尺度层面。

首先，宏观尺度上的研究主要是针对街道活力的横向对比，这类研究的重点聚焦于人口分布、交通区位、周边用地、街区可达性等宏观环境要素与街道活力之间的关系。值得一提的是，宏观环境要素的确对街道的功能活力产生了非常重要的影响，但是根据许多研究结论发现，某些宏观环境十分接近的街道和社区，依然存在着功能活力的差异性，有些街道的活力明显不如相似环境中的另一些街道。可见，宏观尺度的街道功能活力研究不足以完全解释上述现象产生的原因，我们需要更加全面更加深入地对成因进行分析。因此，微观层面的物质空间环境特征是另外一个研究的重点。

在微观尺度上，物质空间环境特征主要包括街道周边要素与街道自身要素，街道周边要素主要包括交通可达性、周边常驻人口密度和周边停车位个数；街道自身要素主要包括街道商业占地面积比例、功能混合度、店面密度、功能密度、开敞度、天空率、贴线率、建筑密度等，涵盖了街道的视觉感受、尺度舒适性、功能多样性等多个方面，能够较为综合地反映微观尺度下的街道物质空间特征。

综上所述，本研究将从商业中心区街道功能的活力表征和活力影响两个维度来评估街道的活力。街道功能活力表征维度包括人流活力和经济活力两个层面；而街道功能活力影响的维度下，依据研究目的选择微观环境尺度下街道物质空间环境特性要素进行分析。量化分析和定性分析相结合，探讨中山大道活力分布不均衡的原因。

（二）制定识别方法

1. 预构指标体系

指标体系的预构是街道功能活力影响要素识别的关键内容，指标体系的预构要能够全面反映街道活力的重要特征，同时也要具有可操作性、可获取性以及可量化性，因此，本研究对相关文献中的指标体系进行了总结与梳理。

凯文·林奇（1981）曾提出城市良好形态的五项准则——活力、可感知性、适宜性、可接近性、可控制性，英国政府环境部与建筑环境委员会在此基础上，基于公众的意见进一步提出了 7 项城市开发项目的评价准则：个性与特色、连续与围合、公共空间品质、可识别性、多样性、适应性、交通情况。杨·盖尔（2002）提出的"PSPL 调研法"强调通过地图标记、现场计数和问卷发放的方法，对 12 个关键要素进行感知评价，主要包括防护性、舒适性和愉悦性 3 个方面。之后，他在《人性化的城市中》对街道界面特征进行了研究，主要包括每百米街道上的商铺数量、界面的透明度、临街建筑的功能混合度等，研究结果指出这些界面特征与街道活力有着十分密切的联系。空间句法作为专门进行空间二维定量分析的软件，经常被用于街道品质及街道活力等方面的研究，Campos 等人（2003）利用空间句法对伦敦市的步行环境进行了分析，研究发现 17 项街道环境指标中沿街界面的活跃程度与人流量呈现出显著的正相关关系。国内学者徐磊青等（2014）以上海市南京西路为案例，对商业街的空间特征对步行者停留活动的影响进行了研究，研究指标涵盖了街道空间尺度、建筑界面、街道家具、人行道尺度、店铺密度、座椅总长等，最后通过实证分析与数理推导揭示了这些指标对步行活动影响的关系。龙瀛团队（2016）利用街景识别技术对街道活力、街道品质等问题进行了量化研究，主要研究指标包括外在表征、自身特征和环境特征三个方面。武汉市街道设计导则研究（2019）将步行与活动空间的重点设计要素分为步行空间、活动空间、绿化空间和街道附属设施四大类，并通过刚性指引与弹性指引来进行管控。

基于上述文献的分析总结，从街道活力表征和街道活力影响两个维度构建相应的评价指标体系，如表 7-3-1 所示。

商业中心区街道功能活力测评指标体系预构 表 7-3-1

评估维度	评估层面	具体内容	评估指标
活力表征	空间活力	人的聚集程度	活动聚集人数
	商业活力	消费的量	刷卡金额
		消费的频次	刷卡频次
活力影响	街道周边因素	区域人口	人口密度
		停车设施	公共停车场
		交通可达	公共交通站点数量
	街道自身因素	功能聚集	店面密度
			商业建筑占地面积比例
			功能密度
			功能混合度
		空间体验	绿视率
			开敞度
			天空率
			贴线率
			建筑密度
			街道宽高比
			人行道宽度

2. 构建识别方法

本次研究将实证对象分为 6 段街区，依据预构的指标体系分别统计不同区段内的数据，形成 6 组数据作为下一步研究的基础。以往对于街道环境质量评估的研究中，多采用加权评估法对街道活力影响要素进行综合影响评价，但是评估过程中往往存在较多主观的判断和分析，本研究为减少主观判断的影响，采用线性回归分析作为数据处理的基本数理方法。其中，将活力表征要素设为 Y 变量，包括 $Y1$、$Y2$、$Y3$，而活力影响要素设为 X 变量，包括 $X1$、$X2$、$X3$，……，$X14$，分别统计 6 组 Y 变量与 X 变量对应的数据。首先将数据进行预处理，再对标准化后的变量进行一元线性回归分析，根据得到的回归系数分析两者之间的相关关系。在此基础上，进一步对散点图的分布形态进行研究，探讨什么样的街道环境特征能够对街道活力产生更加积极和关键的影响。

7.3.3 中山大道功能活力影响要素识别与分析实证研究

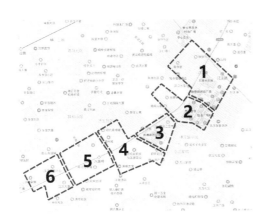

图 7-3-1 中山大道分段研究范围

（一）中山大道概况

武汉中山大道位于汉口核心区，作为全国公布的第一批历史文化街区之一，具有丰富的街区风貌特色，沿线共有各级文保单位、优秀历史建筑 151 余处。中山大道两侧的商业店面十分丰富，诞生过许多武汉本土的商业老字号，承载了汉口百年的商业繁荣史，可以说是一条最能体现武汉商业历史、商业灵魂、商业历史文化风情的商业文化大道。

本次研究选取中山大道江汉关至民意四路段作为具体的实证对象，并依据不同路段商业氛围的区别，将全段由北至南分为 6 个连续区域，作为后续研究的基础（图 7-3-1）。

（二）中山大道功能活力影响要素指标的数据获取

1. 数据来源

基于本次研究数据的可获得性与可操作性，主要通过大数据爬取、互联网查询统计、街景识别分析、实地调研以及街道使用者的访谈和问卷调查等方式对数据进行采集，具体指标数据与数据来源如表 7-3-2 所示。

2. 要素的量化

（1）空间活力要素

基于联通手机信令数据，计算中山大道 6 段的人流量。利用日间手机信令的到达数据，将不同基站栅格范围内的人流量按照面积覆盖的情况，统计入不同 6 个区段的人流量。数据采集时间为 2018 年 1 月。

（2）商业活力要素

基于银联刷卡数据对中山大道不同分段内的消费情况进行统计，利用 POS 机的刷卡位置、笔数和金额来实现对消费频次和金额的记录，得到分段的消费

数据来源一览表　　　　表 7-3-2

要素类别	数据来源
人流量	手机信令数据
消费频次	银联刷卡数据
消费金额	银联刷卡数据
交通可达性	网站公开数据
周边常住人口密度	手机信令数据 / 人口统计数据
周边停车场（位）个数	网站公开数据
街道商业占地面积比例	现状调研数据
功能混合度	高德 POI 设施数据
功能密度	高德 POI 设施数据
店面密度	现状调研数据
开敞度	现状调研数据
天空率	街景数据
贴线率	现状调研数据
建筑密度	现状调研数据
高宽比	现状调研数据
人行道宽度	现状调研数据
绿视率	街景数据

频次／金额数据。

（3）街道周边要素

交通可达性是指在街道周边 500m 的辐射范围内公交站点的密度；周边常住人口密度是指在周边 500m 范围内常住人口的数量与所覆盖面积的比值；周边停车场（位）个数是指周边 800m 范围内停车位的个数。

（4）街道自身要素

街道商业占地面积比例是指街道中商业建筑的基底面积与研究范围内街道总占地面积的比例。功能混合度是指相应街道中 POI 类别的混合度，用香农－威纳指数表示。功能密度表示街区内 POI 数量的密度，店面密度是指街段中每 100m 范围内商业店铺的数目。开敞度是指街道中开敞界面长度与街道总长度的比值。天空率是指站在街道中心以人的视角高度所看到的天空面积比例。贴线率是指建筑沿街立面线长度与街区建筑控制线沿街侧长度的比值。建筑密度是指建筑基底面积与街道总用地面积的比值。宽高比是指一段街道内街道宽度与建筑外墙高度的比值的平均值。人行道宽度是指各区段街道两侧人行道宽度的平均值。绿视率是指站在街道中心以人的视角高度所观察到的绿化空间所占比例。每个区段选取五个典型空间进行综合评价，获得的数据如下（表 7-3-3）。

数据统计情况一览表　　　　　　　　　表 7-3-3

要素维度	要素分类	要素细分	第一段	第二段	第三段	第四段	第五段	第六段
活力表征要素	空间活力	人流量（人）	15624	12252	4536	3880	5688	7097
	商业活力	消费频次（笔）	15668	12368	797	603	2998	3196
		消费金额（万元）	1532.54	1405.95	142.25	147.05	123.33	139.31
活力影响要素	街道周边要素	交通可达性（个）	6	8	6	7	5	6
		周边常住人口密度（人/hm²）	506	495	498	494	522	535
		周边停车位个数（个）	55	61	22	22	18	18
	街道自身要素	街道商业占地面积比例（%）	31.50	26.90	19.40	18.60	26.60	24.50
		功能混合度	1.82	1.77	1.50	1.39	1.66	1.66
		功能密度（个/hm²）	1251	999	467	355	345	299
		店面密度（个/100m）	6.58	7.76	16.67	17.78	17.56	15.48
		开敞度（%）	30.08	35.32	11.18	10.22	33.49	34.46
		天空率（%）	12.28	11.45	14.25	14.84	17.32	15.96
		贴线率（%）	64.89	63.59	86.82	89.66	76.28	72.32
		建筑密度（%）	45.60	56.50	54.20	59.70	43.40	30.80
		宽高比	1.11	1.24	1.75	1.69	1.54	1.62
		人行道宽度（m）	16.41	15.92	11.54	11.22	17.13	17.63
		绿地率（%）	29.45	29.96	32.56	34.48	21.61	13.56

（三）中山大道功能活力影响要素的识别

1. 活力表征要素与活力影响要素的统计情况分析

本研究将中山大道分成了 6 段，各街段长度在 200~300m 范围内。从活力表征要素来看，大多数的行人活动集中在街段 1、2 内，占据了全段活动的 50% 以上；消费频次在全段分布极其不均匀，街段 1、2 集中了全段 78% 的消费活动，而街段 3、4 只有不到 4% 的消费活动聚集；消费金额的分布与消费笔数表现出

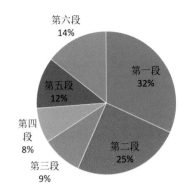

图 7-3-2 各街段人流量分布比例

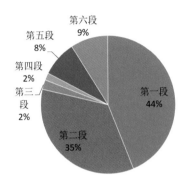

图 7-3-3 各街段消费频次分布比例

一致性,在街段 1、2 的范围内产生的消费金额占据了全段的 80% 以上。总的来看,消费热力与人流热力呈现出较为显著的正相关性(图 7-3-2、图 7-3-3)。

从活力影响要素来看,交通可达性、周边停车位个数、功能混合度等要素在不同的街段中分布差异较大——街段 1、2 主要集中了王府井百货、新佳丽广场、大洋百货等几处商业综合体,功能混合度与功能密度相对较高,但此类内向型商业设施导致其店面密度、宽高比、天空率等值均较低;街段 3、4、5、6 沿街界面整齐,底层以单元门面为主,大都有较高的店面密度和贴线率,其中街段 3、4 的人行道在整段研究范围内属于宽度较窄的路段,开敞度也相对较低。另外,绿视率、周边常住人口密度、建筑密度等指标在不同街段的数值差别不大,根据现场人流分布的情况,大致可以判断出这些要素对街区活力的影响不是很大。

2. 活力表征要素与活力影响要素的相关性分析

为了进一步探究物质空间特征与街区活力表征之间的相关性,本研究试图以街道周边要素与街道自身要素为自变量($X1$~$X13$),以活力表征要素为因变量($Y1$~$Y3$),通过 SPSS 软件进行多元线性回归分析。为避免各项数值在单位上的不统一,先对量化结果在 SPSS 软件中进行标准化预处理,分析过程如表 7-3-4。

数据标准化预处理结果 表 7-3-4

要素维度	要素分类	要素细分	第一段	第二段	第三段	第四段	第五段	第六段
活力表征要素	空间活力	人流量	1.5790	0.8638	-0.7728	-0.9119	-0.5284	-0.2296
	商业热力	消费频次	1.5119	0.9991	-0.7989	-0.8291	-0.4569	-0.4261
		消费金额	1.3806	1.1968	-0.6382	-0.6312	-0.6657	-0.6424
活力影响要素	街道周边要素	交通可达性	-0.3228	1.6137	-0.3228	0.6455	-1.2910	-0.3228
		周边常住人口密度	-0.1696	-0.7925	-0.6160	-0.8518	0.8366	1.5932
		周边停车位个数	1.1282	1.4313	-0.5388	-0.5388	-0.7409	-0.7409
	街道自身要素	街道商业占地面积比例	1.4122	0.4730	-1.0583	-1.2216	0.4117	-0.0170
		功能混合度	1.1602	0.8287	-0.8287	-1.4917	0.1658	0.1658
		功能密度	1.5654	0.9409	-0.3775	-0.6551	-0.6799	-0.7939
		店面密度	-1.3870	-1.1551	0.5957	0.8138	0.7706	0.3619
		开敞度	0.3627	0.8056	-1.2350	-1.3168	0.6505	0.7330
		天空率	-0.9379	-1.3139	-0.0453	0.2220	1.3456	0.7294
		贴线率	-0.9824	-1.1017	1.0302	1.2907	0.0633	-0.3002
		建筑密度	-0.2592	0.7621	0.5466	1.0619	-0.4654	-1.6459
		宽高比	-1.4770	-0.9739	0.9997	0.7675	0.1870	0.4966
		人行道宽度	0.5088	0.3333	-1.2105	-1.3158	0.7544	0.9298
		绿视率	0.3185	0.3832	0.7127	0.9560	-0.6751	-1.6953

（四）数据结果分析

1. 功能活力影响要素与人流量的相关性

从表 7-3-5 中数据可以观察到，周边停车场（位）个数、街道商业占地面积比例、功能混合度及功能密度与人流量的分布呈正相关，其中：功能密度显示出较强的相关性，即功能密度越高，人流量越大；而店面密度、贴线率及高宽比对人流量产生负面影响，尤其是店面密度与宽高比呈显著负相关，也就是说店面密度越大、宽高比越大，反而人流量会越少。相关性较强的功能活力影响要素与人流量散点图如图 7-3-4。

要素相关性分析结果　　　　　　　　　　　　　　　　　　　　表 7-3-5

标准化相关系数/显著性	人流量		消费频次		消费金额	
	系数	显著性	系数	显著性	系数	显著性
交通可达性	0.26	0.618	0.315	0.543	0.470	0.347
周边常住人口密度	−0.101	0.848	−0.182	0.730	−0.366	0.475
周边停车场（位）个数	0.897	0.015	0.933	0.006	0.985	0.000
街道商业占地面积比例	0.871	0.024	0.857	0.029	0.740	0.093
功能混合度	0.885	0.019	0.867	0.025	0.769	0.074
功能密度	0.943	0.005	0.96	0.002	0.981	0.001
店面密度	−0.976	0.001	−0.982	0.001	−0.987	0.000
开敞度	0.582	0.225	0.564	0.243	0.436	0.387
天空率	−0.732	0.098	−0.761	0.079	−0.869	0.025
贴线率	−0.888	0.018	−0.846	0.022	−0.799	0.056
建筑密度	−0.104	0.845	−0.007	0.990	0.180	0.732
宽高比	−0.972	0.001	−0.988	0.000	−0.954	0.003
人行道宽度	0.523	0.287	0.484	0.331	0.321	0.535
绿视率	0.031	0.953	0.107	0.841	0.276	0.597

注：　▨ $P \leqslant 0.05$，一定程度相关性　　▨ $P \leqslant 0.01$，较强相关性　　▨ $P \leqslant 0.001$，显著相关性

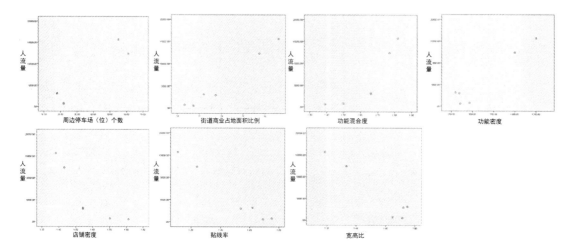

图 7-3-4　功能活力影响要素与人流量相关性散点图

2. 功能活力影响要素与消费频次的相关性

对于消费频次而言，周边停车场（位）个数、街道商业占地面积比例、功能混合度及功能密度与其呈正相关，分析结果和人流量的相关要素的分析结果一致，周边停车场个数与功能密度对消费频次产生正向影响，相关性较强；而店面密度、贴线率及高宽比对人流量产生负面影响，其中店面密度与宽高比呈显著负相关，店面密度越大、宽高比越大的路段反而消费频次会越少，这与我们平常的认知存在一点偏差，需要进一步的分析。相关性要素与消费频次散点图如图7-3-5。

3. 功能活力影响要素与消费金额的相关性

对于消费金额而言，周边停车场（位）个数及功能密度与其呈显著正相关关系，店面密度与宽高比对消费金额产生较显著的负面影响，而周边常住人口密度、开敞度、人行道宽度与绿视率等都对消费金额的影响不大，相关性要素与消费金额散点图如图7-3-6。

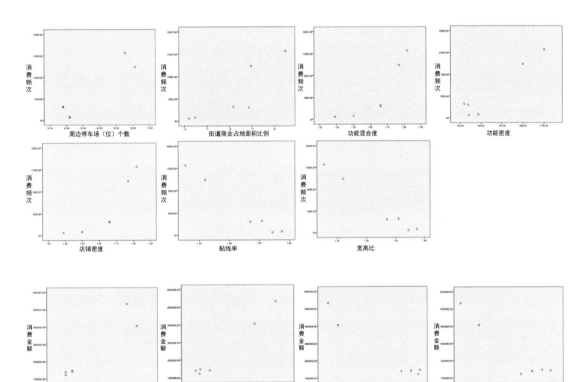

图 7-3-5 功能活力影响要素与消费频次相关性散点图

图 7-3-6 功能活力影响要素与消费金额相关性散点图

（五）中山大道功能活力问题分析总结

1. 量化研究结果分析总结

总体来说，周边停车场（位）个数、街道商业占地面积比例、功能混合度、功能密度、店铺密度、贴线率、宽高比与街道的空间和商业活力的相关性较显著，其中店铺密度、贴线率、宽高比与街道活力呈负相关关系，与大部分街头调研的使用者主观感受一致，交通便利（方便停车）、商业功能集中其多样化程度丰富的商业空间更容易对游客产生吸引。此外，周边常住人口密度、天空率、绿视率等指标与街道活力的相关性较差，对街道中的活力分布情况产生的影响较小。

2. 其他相关调研结果分析

我们根据实地调研访谈的资料整理发现，还有很多其他无法量化研究的因素对街道内活力分布产生了显著的影响，这些因素涉及产权、经营者的经营理念、消费客群的消费方式改变等，甚至在这些影响下消费客群的年龄结构逐渐产生变化，吸引而来的新客群又进一步集聚在原本活力较高的地区，加剧了中山大道内活力分布不均衡的现象。

（1）业态分布

经过现场调研后我们发现，业态在空间的分布可能对街道活力产生一定的影响。在街段1、2内大型商业综合体集聚，业态功能丰富，吸引了大量客流；而3、4街段由于产权原因部分街段没有沿街门面，同时业态普遍杂乱，既无大牌连锁或口碑老店入驻，也无旅游上下游产业和文化艺术类消费业态，吸引行人驻足和消费的能力较差；在5、6街段内集聚了一批老牌的珠宝首饰类的店铺，但是店铺装修陈旧，经营项目偏低端，加之现在消费者对珠宝首饰的消费理念转变，追求名牌、出境消费的现象普遍，导致这类中低端的本地珠宝首饰店铺客源流失，人气下降。

（2）经营模式

明确了业态分布对街道活力产生的影响后，我们进一步分析造成这样业态分布的原因。经访谈后发现，店铺所有者的经营模式与经营理念是造成业态分化的重要原因——商业综合体作为大型商业设施，拥有足够的空间与经济实力去引进中高端业态，同时综合体内的统一管理和调度，大大降低了内部店面的竞争关系，吸引了更多不同类型的客流，并尽可能提供了最大的获利空间；而剩下的一些沿街店铺开间和进深均较小，店铺所有者的资金实力不强，难以满足中高端大牌商户的入驻要求，同时店铺所有者的经营理念相对落后，互相之间的竞争关系明显，经营业态的同质化现象比较突出，对客流的吸引和利润空间的创造都产生了负面的影响。

（3）消费客群喜好

研究范围内中山大道的业态以餐饮和中低端服饰零售为主，它们成为吸引客流的主力业态，其他类型的业态活力较差，反过来也可以认为消费客群的喜好更倾向于餐饮和中低端服饰零售这两种业态。边缘业态的经营者往往无力对经营内容进行投入创新，或者直接替换为主力业态相应的下游业态以求存活。由此可见，餐饮和服饰零售两大类业态与消费客群的喜好相互促进，主力业态优势越来越明显。

同时由于中山大道的交通限行，周边停车场较少，私家车难以到达，大部分消费者的出行都是乘坐公共交通，而经济实力较强且倾向于私家车出行的中老年消费客群则占比较少，在大数据调研获得的资料中显示，大部分消费客群是年龄在26~35岁青年群体，消费客群的年龄趋向于年轻化，这是出行环境、业态、经营模式共同作用的结果。同样的，年轻化的消费客群又进一步促进了餐饮和中低端服饰零售这两种业态的发展。

7.3.4 结论与建议

数据时代的来临为海量数据的收集与分析奠定了基础，通过多源数据的收集与应用，街道空间活力的测度研究逐步展现出定量化与精确化的趋势，数据驱动下的街道空间活力研究将成为该领域的热点。大数据方法提高了数据收集的准确性，能够更加真实地反映现实情况，同时大大节省了人力、物力，并且弥补了传统手段难以统计的消费情况数据，为街道空间活力的分析研究提供了有力的支持。

因此，结合大数据和传统调研数据方法，本研究通过分析商业中心区街道活力的构成维度，预构了街道活力影响要素的评价指标体系，丰富了现有的街道活力指标体系，在此基础上利用回归分析方法构建了一套以相关性分析为基础的定量化研究方法，并对中山大道的活力分布问题进行了实证研究，从而补充和优化利用大数据方法对城市微观空间的定量化研究。

总的来说，本次研究主要采用大数据手段对相关指标要素进行统计，然而由于大数据的可获得性和数据精度等方面的限制，对研究结果会造成一定的偏差，后续研究可采用更加精确、更加合适的数据源，并通过复合手段对统计结果进行验证，以提高分析结果的准确性。此外，本次研究的量化分析方法主要采用了一元线性回归分析法，属于较简单的相关性分析方法，只能基于单要素的影响研究其与街道活力之间的相关性，而未能将要素之间的相互影响考虑在内。因此，在下一步的研究中可将多要素集合成为要素系统，采用更加合适的数理模型分析其对街道活力的影响。

本章参考文献

[1] JACOBS, J. The death and life of great American cities: The Failure of town planning[M]. London:Penguin Books, 1984.
[2] 克里斯托弗．亚历山大．建筑模式语言 [M]. 中国建筑工业出版社 , 1989.
[3] LYNCH K . The Image of the City[M]. Cambridag,MA:MIT Press, 1960.
[4] EWING R , HANDY S . Measuring the Unmeasurable: Urban Design Qualities Related to Walkability[J]. Journal of Urban Design, 2009, 14(1):65-84.
[5] 扬·盖尔．交往与空间 [M]. 中国建筑工业出版社 , 2002.
[6] NAIK N , P HILIPOOM J , RASKAR R , et al. Streetscore—— Predicting the Perceived Safety of One Million Streetscapes[C]// IEEE Conference on Computer Vision & Pattern Recognition Workshops. IEEE, 2014.
[7] HILLIER B , HANSON J . The social logic of space: The logic of space[J]. 1984, 10.1017/CBO9780511597237(2):52-81.
[8] 折原，夏志．緑景観の評価に関する研究——良好な景観形成に向けた緑の評価手法に関する考察（特集 緑環境の評価）——(緑環境評価の新しい視点)[J]. Ibec, 2006, 27.
[9] 周进，黄建中．城市公共空间品质评价指标体系的探讨 [J].

建筑师 , 2003(3):52-56.
[10] 苟爱萍，王江波．基于 SD 法的街道空间活力评价研究 [J]. 规划师 ,2011,27(10):102-106.
[11] 唐婧娴，龙瀛．特大城市中心区街道空间品质的测度——以北京二三环和上海内环为例 [J]. 规划师 , 2017, 033(2):68-73.
[12] 王兰，王静，徐望悦．城市空间品质评估及优化 [J]. 城市问题 , 2018, (7):77-83.
[13] 叶宇，张昭希，张啸虎，et al. 人本尺度的街道空间品质测度——结合街景数据和新分析技术的大规模、高精度评价框架 [J]. 国际城市规划 , 2019, 34(1):18-27.
[14] 唐婧娴，龙瀛，翟炜，等．街道空间品质的测度，变化评价与影响因素识别——基于大规模多时相街景图片的分析 [J]. 新建筑 , 2016, 5(5):110-110.
[15] 贺慧，陈艺，林小武．基于开放数据的商业街道公共空间品质影响因素识别及评价研究——以武汉市楚河汉街和中山大道为例 [J]. 城市建筑 ,2018(6):26-34.
[16] 芦原义信．街道的美学 [M]. 天津：百花文艺出版社 , 2006.
[17] 陈泳，赵杏花．基于步行者视角的街道底层界面研究——以上海市淮海路为例 [J]. 城市规划 ,2014,38(6):24-31.
[18] 徐磊青，康琦．商业街的空间与界面特征对步行者停留活动的影响——以上海市南京西路为例 [J]. 城市规划学刊 ,2014(3):104-111.

本章参考项目

《上海市街道设计导则》2016
《武汉市街道设计导则》2018
《武汉市城市道路全要素规划设计导则》2019
《汉口原租界区街道系统规划》2015

第八章

武汉市规划量化分析平台研究实践

8.1 武汉市规划量化分析平台的建设背景

回顾规划信息化的发展历程，规划"一张图"信息平台是规划信息平台建设的典型代表，主要目的是实现规划信息的整合管理，为规划管理部门提供信息查询和基本地图操作。而在规划编制机构，如规划院使用的信息平台，基本模式也与一张图类似，只是加强了一些空间数据的分析计算功能，定位为辅助规划师开展工作的工具。随着大数据热潮的来临，数据大屏成为信息平台建设的新范式，炫酷的数据可视化效果在指标监测类型的信息平台上广泛使用。但是，这两种典型的信息平台建设模式都与规划师的实际业务融合不够，规划师在信息平台上主要是"查"信息，较少开展"用"和"算"，这种工作模式体现了传统规划师重设计绘图、轻数据分析的特点。为了让规划师转变工作思路和工作模式，提升数据应用能力，习惯和掌握更多量化分析方法，笔者所在规划院决定以全新理念和技术打造服务于规划编制的信息平台，围绕规划工作中数据应用需求，密切结合业务流程，打造规划师开展量化分析的工作平台，促进规划编制方式的转型升级。

8.2 城市规划量化分析平台的建设目标

武汉城市规划量化分析平台建设的目标人群为处于设计一线的规划师，定位于服务规划编制全流程的工作平台，满足规划师对数据查询、处理、分析、展示的各种需求。平台的设计目标是融合多源数据，具备可查询、可分析、可展示的数据洞察能力，以模型算法为核心、以在线协同为手段，打造可评估、可模拟、可协作的智能规划新模式。

8.3 城市规划量化分析平台的功能设计与总体框架

8.3.1 整合多源数据资源

开展城市规划量化分析的基础是多源、多维的数据资源。多源是指数据来源的多样性，既包括传统的数据资源，如人口、用地、建筑等，也包括新来源大数据，如手机信令、公交刷卡、POI 数据等，既包括规划常用的空间数据，也包括各类统计调研表格数据。在数据的维度上对应规划编制研究的体系，既需要城市、区域尺度的宏观数据，也需要细化到街坊地块的微观尺度数据。

除了数据资源的整合，数据如何实现以用户为中心的高可用性处理是平台建设首要考虑的问题。传统的规划信息平台数据管理思路偏重于数据的堆叠，核心是数据"量"的提升以及整合，但是随着数据源的不断完善和丰富，数据建设的重点不再是收集，而是关联，不再是力求全覆盖，而是强调数据的有效性。

随着规划行业对于数据资源的重视和投入，数据的丰富程度较之以前有了明显的提高，资源堆砌式的数据建设方式必然向深度挖掘数据价值方式转变，而要体现数据价值，可以从两个方面着手：一是将数据转化为信息，从"数据是多少"到"数据说明了什么"；二是发掘各种数据之间的关联性，从单一、静态数据呈现到多元、动态规律的研究。

8.3.2 集成数据挖掘分析工具

量化分析离不开数据挖掘分析工具，传统规划师偏重于制图工具和技能的掌握，而缺乏较强的数据分析应用的能力，随着大数据的广泛应用，超出 Excel 处理能力的海量数据也让规划师望而却步，这些因素客观上也制约了规划师数据思维的形成。数据的挖掘分析不能局限于常规的计算和统计，规划师更需要多空间数据分析、数据关联分析、数据聚类以及可视化等高阶应用工具，而且希望操作上尽量简便。因此，平台的设计上将数据分析工具作为一个重要的模块，拟通过提供各种直观简便的工具提升规划师的数据应用能力，继而提高规划的工作效率。

8.3.3 算法模型支持科学规划

对于城市规划量化分析来说，最核心的特征就是以算法模型的应用取代传统的单纯依赖经验判断的规划方法，以精准的数据、明确的逻辑和可靠的计算提供基于客观评价标准的决策依据。城市规划量化分析方法目前有很多的探索与实践，特别是结合具体规划实践提炼出来的方法和逻辑，非常具有操作性。武汉市规划研究院开展的大数据与城市规划量化分析工作的目的就是通过在规划实践基础上开展专题研究，提炼出切实可行的算法逻辑，然后通过信息平台的建设转换为模型，供规划师使用。因此，信息平台在功能设计上将模型的算法实现和交互设计作为重点。

8.3.4 基于数据的协同工作模式

相对于 BIM 技术在建筑设计领域的应用，规划工作中各环节之间的协同一直不太紧密，主要原因是因为传统规划以定性为主的工作模式，协同要求实现信息共享化和流程信息化，成果之间的校核也以图纸之间的差异冲突检测为主。在城市规划量化分析工作中，协同的重点在于数据的协同，包括数据的共享、数据分析的分工协作与同步更新、基于量化指标的互相校核和基于算法模型的统一评价方法，这种基于数据的协同工作模式将使规划工作的效率明显提高，节省规划工作中用于反复进行数据统计分析的时间，同时通过数据和算法的共享促进规划项目组内部提高成果的数字化程度。

8.3.5 总体框架设计

基于对城市规划量化分析工作的认识和规划实践的需求理解，城市规划量化分析平台的总体框架以数据库、指标库和模型库这 3 个核心库为支撑，并对功能模块进行场景化设计，即对应贯穿规划编制全流程的现状分析、评估模拟和成果制作这 3 个典型阶段（图 8-3-1）。现状分析场景依托数据库和指标库实现客观科学的数据解读实现精准的现状感知，评估模拟场景依托模型库对规划方案进行评估、模拟与方案比选，成果制作则基于云空间打造在线协同工作模式。

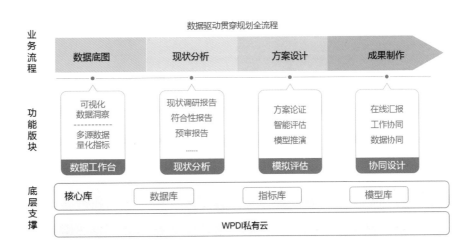

图 8-3-1 系统框图

8.4 城市规划量化分析平台的功能特色

8.4.1 融合多源数据分析的数据工作台

（一）多源、多维、小颗粒度、高关联性数据库

平台全面集成传统数据－大数据、空间数据－非空间数据、基础数据－指标数据、自身数据－对标数据。按照时间、空间和专题三重维度构建高关联性的数据立方体（图8-4-1，图8-4-2），并将所有数据和指标分解到地块尺度或者标准网格，便于各类规划提取相应数据。平台对海量多源数据进行了标准化处理，实现统一的WH2000坐标系（武汉市2000坐标系），统一的空间化处理，使新来源数据以及统计表格数据都具有空间关联属性，形成统一的数据底图，为各类规划提供标准的基础数据服务。

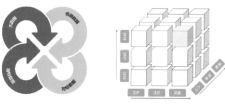

图8-4-1 多元数据融合（左）

图8-4-2 数据立方体（右）

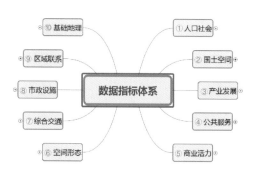

图8-4-3 数据指标体系

（二）围绕指标体系的数据组织方式

平台对接国土空间规划编制需求，建设共含十大类、300余项的数据指标体系（图8-4-3）。基于数据资源和国土空间规划业务逻辑，形成可计算、可定制、可监测的指标库，对接自然资源部关于国土空间规划监测预警评估工作的指标体系，便于规划师更精准地认知现状，洞察城市运行规律，落实相关要求。

平台根据每项数据的内容和规划业务逻辑重新组织了数据表达方式，提炼出核心指标，实现图表一体化和可视化（图8-4-4），帮助规划师快速直观地发现数据呈现出来的规律。为了便于规划师对相关数据进行时空双维度的研究，平台对数据按照时间和空间进行了数据集组织，方便规划师观察数据在时间和空间变化的动态特征。

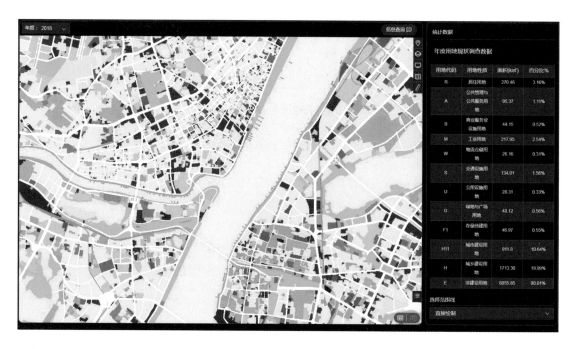

图8-4-4 图表一体化
资料来源：WPDI 规划量化分析平台

（三）融合 GIS 与 BI 的数据分析工具

平台提供聚合分析、缓冲区分析等 GIS 空间分析能力（图 8-4-5），实现了多要素在多尺度网格上的汇聚叠加分析，满足规划师常规空间分析应用的需要。同时结合数据挖掘的功能需求，集成了数据统计、关联分析等 BI 工具（图 8-4-6），并将 GIS 与 BI 有机结合，满足大量的数据展示以及地图和图表之间可视化联动操作，打造轻量级大数据分析可视化模块，全方位地支撑规划师实现数据洞察（图 8-4-7）。

图 8-4-5 空间分析
资料来源：WPDI 规划量化分析平台

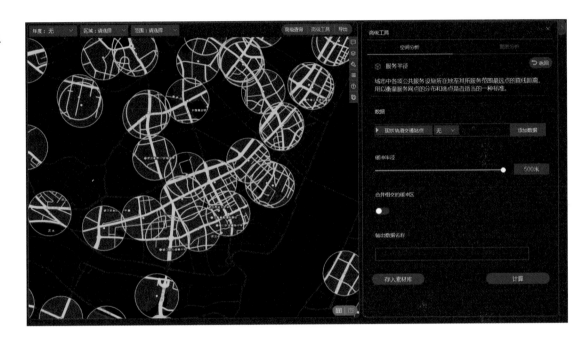

图 8-4-6 数据筛选
资料来源：WPDI 规划量化分析平台

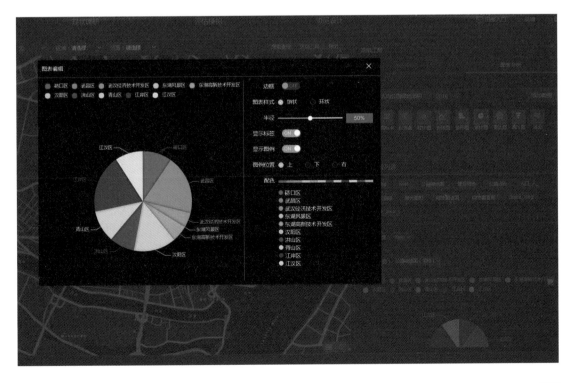

图 8-4-7 数据高级查询
资料来源：WPDI 规划量化分析平台

8.4.2 基于统一数据底图的现状分析

现状分析功能模块依托标准化的数据库和服务，为具体规划编制项目统一提供现状分析阶段需要的数据资源和基础性的数据统计分析，这种数据服务模式具有高效、准确的特点，极大地提高了规划基础数据搜集和规划符合性检查的效率和准确性。

平台提供一键导出现状分析报告的功能（图 8-4-8）。报告可以基于项目范围线，一键生成包括现状用地、建筑、人口、经济产业、公服设施和综合交通在内的各项现状基本指标；或者一键生成项目范围线内的城市总体规划、土地利用总体规划、城市控制性规划、山体水体保护等专项规划、公共服务设施专项规划及必要的审批信息。数据统计分析结果可以直接导出为常用的 PPT 格式。分析报告的模板也可以根据规划的类型进行定制。

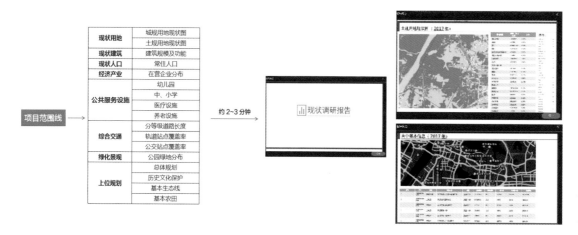

图 8-4-8 数据分析报告智能生成
资料来源：WPDI 规划量化分析平台

8.4.3 基于规划算法逻辑的模拟评估

平台构建了对应现状评估、规划方案优化和实施评估 3 个规划流程阶段，面向多个规划业务专项，综合运用空间统计、空间运算、机器学习等技术的模型推演体系。具体的算法模型转化为平台的各类工具，由模拟评估版块对用户提供。根据算法逻辑的复杂程度，模拟评估分为 3 个部分：单要素单模型推演、多要素的智能评估和综合性的方案论证。

平台目前能够对公共服务设施服务水平、市政设施服务水平、用地适宜性、空间布局合理性等问题进行量化评估，制定包括等时圈分析、居住区配套设施评估、中小学承载力评估等模型工具（图 8-4-9），模型均来自于实际的规划业务，由规划师、数据分析师、软件工程师等共同完成。

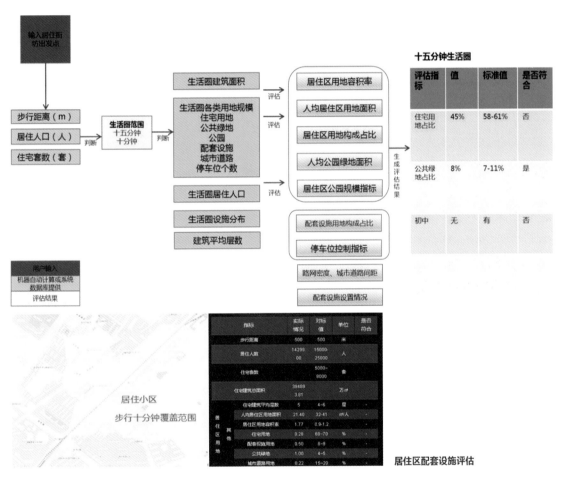

图 8-4-9　规划模型算法逻辑示意

8.4.4 基于云端数据联动的规划协同

平台基于私有云架构建设，同时提供公有数据资源和用户上传的私有数据，以素材库为核心，融合用户常用的数据、数据分析图表以及分析模型，作为规划协同的关键连接点，将数据、模型和分析方法进行分享。基于数据的规划协同功能主要分为两种模式，一是素材库中的各种数据资源与规划汇报的 PPT 进行联动更新；二是通过配置数据大屏的方式将素材库的内容进行在线编排，打造全新的在线互动汇报模式，数据的内容、类型和可视化方式均可以即时修改和联动更新（图 8-4-10）。

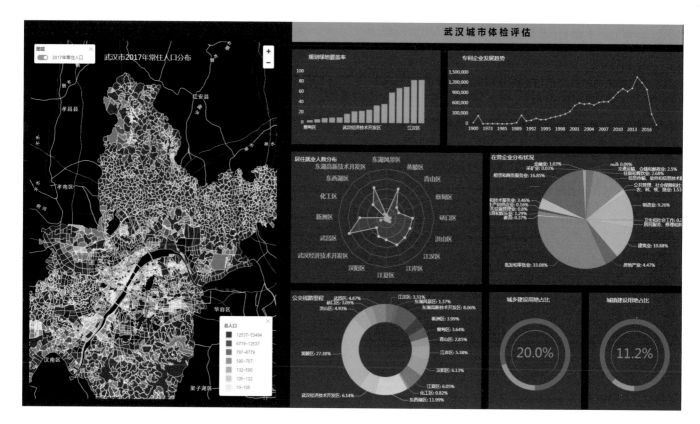

图 8-4-10 自定义数据大屏
资料来源：WPDI 规划量化分析平台

8.5 武汉市规划量化分析平台的前景与展望

　　融合多源、多维数据，支撑规划师开展数据洞察，并通过算法模型实现科学的城市规划量化分析，量化分析平台为规划编制工作全流程提供了数据、工具和算法服务，并提供了云空间的规划协作平台，这些要素构成了国土空间规划时代基于数据驱动的规划编制新模式。

　　从城市规划量化分析方法的探索和发展趋势来看，不论是数据指标体系，还是算法模型体系都是一个长期动态发展的构建过程，平台的建设也将是一个不断建设、不断应用、不断反馈和不断迭代更新的过程。

POSTSCRIPT
后记

量化分析发展的核心动力来源于人类测量、记录、分析并认知世界的渴望。测量和记录一起促进了数据的诞生和演化，而本质上，世界是由信息构成的，数据又可以说是信息世界的现实投影。正如"数据"这个词拉丁文的原意为"已知"或理解为"事实"一样，对人类生活方方面面的数据进行记录并量化分析，便是人们揭示社会现象与发展规律，获取新的理解认知，并不断创造新价值的源泉。

半个世纪以来，从计算机的诞生到信息技术全面融入社会生活，信息爆炸已经积累到一个开始引发变革的程度，因记录存储、分析工具或技术的不足带来有限量化分析的时代过去，当前正快速发展为探索运用大数据和云计算等技术量化社会生活方方面面的重大转型时代。基于数据存储、加工、分析的量化技术几乎应用到了人类发展的所有领域。城市规划领域也不例外，规划支持系统已不仅仅是传统的计算机信息技术在规划领域的简单应用，而是将规划自身的基础理论以专业计量模型的形式，依托丰富的数据资源融入到信息技术中，力图更科学客观地解决城市具体问题，探索城市发展规律及轨迹，以支撑规划的科学决策，提高城市管理和服务水平。

当今，在我国规划研究和编制领域，不少研究学者和规划编制单位正积极思考并大力推动中国定量城市研究的发展。武汉市作为领先实践规划信息化与量化研究的城市之一，40余年来致力于推动构建一套系统的城市规划量化支持系统。本书的研究是武汉市规划研究院在武汉市规划信息化建设与大量城市规划量化分析应用基础上的理论总结与实践探索，着重从服务规划编制工作的角度出发进行了深入、系统地思考，其价值在于理论框架的创新性、规划实践的应用性和对未来的启发性。希望本书能够对相关研究和规划编制工作起到借鉴与启发的作用，推动和开展我国的城市定量研究与规划应用工作。

从动笔写作到完成书稿，已经一载有余，而我们开始对武汉城市规划量化分析的理论与实践研究工作，至今已经历了数十个春秋。城市规划量化研究是一项综合性、科学性、时代性很强的工作，涉及各个领域、方方面面，在成书的过程中得到了城市规划界、地理学界、社会学界的前辈们指导，在此表以衷心地感谢。同时，本书也体现了武汉市规划研究院众多规划工作者集体智慧的结晶，来自各个专业领域的规划工作者合作研究、共同实践，为书籍的写作提供了大量富有启发性的建议和丰富的应用例证，在此一并致谢。此外，虽然在本书编写中，作者作出了很大的努力，力求为读者展现一个全面、深入、系统的研究体系，但由于时间、数据、资料等方面的原因，全书仍有不尽人意之处，敬请专家和读者指正。

不断发展的数据和量化分析技术是一种资源，也是一种工具，它辅助城市规划工作者从另一个角度认知规律、解决问题，但它为我们提供的并不是最终答案而是参考答案，引导我们不断地去探究、去发现，以便在不久的将来获得更好的方法和答案，以应对城市这个复杂系统的运行与发展。

武汉市规划研究院